# 电子产品设计宝典
# 可靠性原则 2000 条
## 第 2 版

张　赪　编著

机械工业出版社

本书从设计总则、结构材料及电子元器件的选用、电磁兼容设计、热设计、抗振设计、三防设计、维修性设计、测试性设计、安全性设计、电路可靠性设计、结构可靠性设计、人机设计、标识及包装设计、软件设计等14个方面系统归纳总结了在电子产品研发的全过程中，研制人员（包括总体、软硬件、结构设计师等）在设计过程中如何保障产品可靠性实现的基本原则，其中既包括强制性原则，也包括非强制性原则；既有总体性原则，也有实施细则，还有一些推荐采用的方法、建议等。而且本书随章节给出了相应的实际案例，可让读者进一步巩固所学知识。最后一章针对大型的实际案例，具体讲解可靠性原则的实际应用。

本书特别适合于工作在科研生产一线的广大设计工程师阅读，也可作为大、中专学校相关专业学生在踏入社会工作之前的参考读物。

## 图书在版编目（CIP）数据

电子产品设计宝典可靠性原则 2000 条/张赪编著. —2 版. —北京：机械工业出版社，2016.1（2024.9 重印）
ISBN 978-7-111-52032-0

Ⅰ.①电… Ⅱ.①张… Ⅲ.①电子工业-产品设计 Ⅳ.①TN602

中国版本图书馆 CIP 数据核字（2015）第 261872 号

机械工业出版社(北京市百万庄大街 22 号 邮政编码 100037)
策划编辑：任 鑫 责任编辑：任 鑫 责任校对：丁丽丽
封面设计：路恩中 责任印制：邓 博
北京盛通数码印刷有限公司印刷
2024 年 9 月第 2 版第 7 次印刷
169mm×239mm · 17.5 印张 · 339 千字
标准书号：ISBN 978-7-111-52032-0
定价：49.00 元

# 第2版前言

不管我们多么努力，也不管我们多么不愿意承认，要想真正做出百分之百可靠的产品是不太现实的。这里面不仅有技术上的原因，还包含一些非技术原因，比如费用，有时候可能基于成本角度的考虑，不得不降低对元器件或零部件使用等级的要求或者省略掉一些费用高昂的试验验证环节；又如时间因素，现代电子产品更新换代的速度实在太快，为了抢占市场先机，很多产品并没有完全成熟稳定就推向市场，就连 Windows 都在不停地"维修"（打补丁）。

而这时，经验就成为了我们行为的指南，它能让我们在不断地坚持对可靠性追求的同时又能对时间、成本压力的不妥协成为可能，从而找到一种最佳的平衡点。本书的目的就是想将这些经验与众分享，通过借鉴前人的经验从而更快速有效地找到这个平衡点。上一版的书由于本人的原因显得教条了一点，正好出版社给了我这次机会，让我感到非常幸运的可以对本书的内容进行一些修订充实以显得更丰富。本次修订除了更正了上一版中的一些错漏之外，还在相应的章节后补充了一些更细致的应用说明和相关试验介绍，在本书的最后更是独立增加了一整章的案例介绍，从"板卡级"、"设备级"、"系统级"三个不同层次产品研发的角度介绍了可靠性应用过程中采取的一些措施。由于受本人能力限制，其不尽全面，权当抛砖引玉，望各位读者谅解并同时提出改进意见。

本书的再版得到机械工业出版的大力支持，本书的责任编辑任鑫先生也倾注了极大的心血和付出了艰辛的努力，在此表示特别的谢意。此外还有校对人员，他们认真严谨的工作态度令我钦佩，还有版式设计、封面设计、印制等朋友们的共同努力才有了本书的面市，值此成书之际在此表示衷心的感谢。本次修订的过程中，同样得到了袁献章老师、苏桦老师、张景全老师及秦玉宝老师的帮助。此外，钟勇老师和杨朝久老师在修订的过程中也给予了极大的关注和支持，并且根据自身的经验提出了许多修订意见。在此再次表示深深的感谢！我的邮箱是 wit882@ sina. com。

张　桢

# 第1版前言

在工作中经常发现产品规划得非常好，各项要求也非常严格，各种产品规范、可靠性大纲、保障性大纲等要求也编制得很完善，但生产出来的产品总是不断重复许多这样或那样的问题。其实细细分析一下，有很多问题在设计之初（方案设计阶段）或设计过程中（详细设计阶段）是完全可以避免的，究其原因很大一部分在于我们编制的产品规范、可靠性要求等如何切实地落实到每个设计人员所设计的每一块电路板、每一个零件、每一台设备、每一套系统之中去。因为产品可靠性的实现，并非是把冠冕堂皇的字眼和要求载入规范、大纲之类的文件，便可自动实现、一劳永逸、万事大吉，它需要根植到每个设计者的心中。

产品的可靠性是通过设计、生产和管理而实现的，而产品的设计，它决定着产品的固有可靠性。电子产品可靠性设计技术包括许多内容，主要有可靠性分配、可靠性预测、冗余技术、漂移设计、故障树分析和故障模式、效应和致命度分析、元器件的优选和筛选、应力-强度分析、降负荷使用、热设计、潜在通路分析、电磁兼容和设计评审等。设计失误是指导致产生性能、过应力、测试性和危险性等问题的设计缺陷。实验室及环境试验只能暴露一部分在特定环境下的问题，长期的生产、运行和维护才能暴露出所有问题。而提高设计可靠性的唯一途径就是改进设计，故对设计进行早期严格检查和实施指导是减少设计失误的最有效方法。

现在的电子产品设计包含着相当广泛的技术内容，它是包括电学、力学、机械学、材料学、热学、化学、光学、声学、美学、工程心理学、环境科学等多门学科的综合应用。由于产品的设计是综合考虑各种因素、条件，并结合各专业知识而形成的能满足产品设计输入要求的实物的过程。故在此过程中各方面的要求肯定存在矛盾和冲突的地方，而我们的设计希望在这错综复杂的各项限制条件中折中取舍，以形成最佳方案。特别要强调的是，产品的研发是个综合性的工程，这也要求每个设计师应更多的站在他人的立场去考虑问题，如软硬件设计师应要了解一些结构设计方面的知识和要求，结构设计师应能懂一点电气设计方面的知识。同时一个好的设计师也应该是一个好的工艺师，而工艺工作是电子设备制造的基础工作，贯穿于产品研制与生产的全过程，是实现产品设计、保证产品质量、降低消耗、降低成本，提高劳动生产率、发展生产的重要手段，大家设计时多考虑一点制造工艺方面的问题，则大家的合作更会事半功倍。

本书主要根据电子产品特点并参考相关国际、国内标准，在广泛学习前人的经验及结合个人在工作心得的基础上，综合总结了一些项目设计中如何切实落实可靠性的基本原则，其中既包括强制性原则，也包括非强制性原则，还有一些推荐采用的方法和建议等。本书主要供广大从事电子产品设计的工程技术人员学习、参考，也可作大、中专院校师生的参考读物。尤其为广大在校大、中专学生踏入社会后应对社会工作、更快地适应并符合实际工作的要求提供了帮助。

本书在编写过程中得到了袁献章老师、苏桦老师、暴国栋老师、张景全老师及秦玉宝老师的大力支持，他们均提出了相当宝贵的意见和建议，在此表示深深的感谢！

由于作者水平有限，书中存在不少错漏的地方，希望广大读者对书中错漏之处批评指正，不胜感激！同时由于现代电子产品千变万化，要求各不相同，本书所列原则不能尽述，同时这些原则亦需在现实工作中灵活运用，所以也希望并欢迎各位读者与我联系，一起将大家工作中的心得体会、好建议、好方法共同分享，与各位同仁共同探讨，共同提高，这也是为提高电子产品的质量贡献力所能及的力量。我的邮箱是：wit882@sina.com。

张　頔

# 目　录

# 第一章　总　　则

1. 可靠性工作必须遵循预防为主、早期投入的方针，应把预防、发现和纠正设计、制造、元器件及原材料等方面的缺陷和消除单点故障作为可靠性工作的重点。在研制阶段，可靠性工作必须纳入产品的研制工作，统一规划、协调进行。

2. 必须遵循采用成熟设计的可靠性设计原则，控制新技术在新型装备中所占的比例，尽量不采用不成熟的新技术。应在原有成熟产品的基础上开发、研制新产品，逐步扩展，形成系列。在一个型号上不要采用过多的新技术，采用新技术要考虑继承性，新产品的继承性系数一般应在85%以上。如必须使用新技术，则应对其可行性及可靠性进行充分论证，并必须有良好的预研基础，进行各种严格试验。

3. 在确定设备结构整体方案时，除了要考虑技术性、经济性、体积、重量、耗电等外，可靠性是首先要考虑的重要因素。在满足体积、重量及耗电等条件下，必须确立以可靠性、技术先进性及经济性为准则的最佳结构整体方案。

4. 在方案论证时，一定要进行电气和结构的可靠性论证。

5. 在确定产品技术指标的同时，应根据需要和实现可能确定可靠性指标与维修性指标。应对可靠性指标和维修性指标进行合理分配，明确分系统、部件，以及元器件的可靠性指标。

6. 对已投入使用的相同（或相似）产品，应考察其现场可靠性指标、维修性指标，以及对这两种指标有影响的因素，以确定提高当前研制产品可靠性的有效措施。

7. 在确定方案之前，应对设备将投入使用的环境进行详细的现场调查，并对其进行分析，确定影响设备可靠性最重要的环境及应力，以作为采取防护设计和环境隔离设计的依据。

8. 设计设备时，必须符合实际要求，提出局部过高的性能要求，必将导致可靠性下降。

9. 在设计初始阶段就要考虑小型化和超小型化设计，但要以不妨碍设备的可靠性与可维修性为原则。

10. 实施统一化设计。统一规划，凡有可能均应选用通用零件、标准元器件，以保证全部相同的可移动模块、组件和零件都能互换。设计设备时应尽可能采用现有的通用零部件、工具和附件，并采用标准的命名来标记。

11. 实施简化设计。在满足技术性能要求的情况下，尽量简化方案和结构、电路设计，减少整机元器件数量及机械结构零件。记住：简单就是可靠。

12. 实施集成化、模块化设计。采用单元设计可以把一个小系统的各元器件或完成一种功能的各零件组合成一个可以拆卸的部件，并具有互换性。在设计中，尽量采用固体组件，使分立元器件减少到最低程度。其优选顺序为大规模集成电路→中规模集成电路→小规模集成电路→分立元器件。系统设计时应保证系统各单元之间、单元内各零部件之间兼容性良好，能可靠地工作，而不应产生互为干扰或对其中的设备造成损害或降低其使用性能。

13. 实施降额设计。根据经济性及重量、体积、耗电约束要求，确定设备降额程度，使其降额比尽量减小，不要因为选择过于保守的组件和零件，导致整个系统的体积和重量过于庞大。

14. 实施容错设计。容错设计就是在出现故障时，系统仍能工作的能力。它也许原功能水平有所降低，但必须是在可接受的水平之上。

15. 实施冗余设计。当用其他技术（如降额、简化或采用更好的部件）不能提高可靠性或当产品改进所需费用比重复配置更多时，冗余技术就成为唯一可以采用的方法。在确定方案时，应根据体积、重量、经济性、可靠性及维修性确定设备的冗余设计，应尽量采用功能冗余。记住：采用冗余技术要付出代价。它会使重量、体积、复杂度、费用和设计时间增加。故在系统设计中采用冗余设计之前既要考虑冗余的优点也要考虑它的缺点。一种好的冗余设计应该是既能提高可靠性又能降低成本。简单的备件储备不一定是最经济的。

16. 根据设备的设计文件，建立可靠性框图和数学模型，进行可靠性预计。随着研制工作深入地进行，预计预分配应反复进行多次，以保持其有效性。

17. 如果有容易获得且行之有效的普通工艺就能够解决问题，就不必要过于追求新工艺。因为最新的不一定是最好的，并且最新的工艺没有经过时间的考验。此外，还应从费用、体积、重量、研制进度等方面权衡选用。

18. 在产品研制的早期阶段应进行可靠性研制试验。在设计定型后大批投产前应进行可靠性增长试验，以提高产品的固有可靠性和任务可靠性。

19. 提出整机的元器件限用要求及选用准则，编制元器件优选手册（或清单）。

20. 关键、重要的零部件应列出清单，严格规定使用操作规程、制作工艺，严格控制公差（指标）准确度，并要在设计图样和文件上进行标识。在产品实现过程中，应对关键件和重要件进行标识，确保关键件、重要件的可追溯性。

21. 尽量采用计算机辅助设计（CAD）和（或）计算机辅助制造（CAM）。

# 第二章  结构材料及电子元器件的选用

## 第一节  结构材料的选用

电子设备经常要在各种不同的环境条件下使用，其中除了需承受恶劣的气候环境，复杂的机械环境，还有各种电、磁环境等，故电子设备的结构设计除了应保证结构材料及形式具有足够的强度和刚度外，还需考虑恶劣的气候条件引起的电子设备中金属和非金属材料的腐蚀、老化、霉烂、性能显著下降等。所以应根据设备所处环境条件的性质、影响因素的种类、作用强度的大小来合理选择相应的结构材料并采取相应的防护措施和防护性结构设计，以有效保证设备的可靠性。

**一、通用原则**

22. 材料包括防护材料的选择，应由设备体系—整机—分机—部件—零件等由大至小的方式系统地进行，层层考虑材料之间的相容性。在整机设计制造过程中，应处理好元器件材料、装联材料、结构材料和防护安全材料之间的相容性及彼此间的组合匹配关系，并结合维修性、寿命周期、综合成本等因素进行系统优化选择。

23. 全面考虑材料的综合性能和性价比（即性能价格比）。除应考虑材料的力学性能（强度、硬度、弹性），物理性能（导电性、导热性、磁性、光学性能、密度等），冷、热加工性能和性价比等因素外，还要考虑材料的耐蚀性能和可表面处理特性。在允许范围内，有时宁可降低一些材料的其他性能要求，也要满足材料的耐蚀性能和表面处理性能要求。

24. 不应选用在产品使用环境下及产品有效期内易发生虫蛀、腐蚀、脱皮、龟裂的材料，必须使用时，应采取防护措施。

25. 尽量避免选用在工作时或在不利条件下可燃或会产生可燃物的材料，必须采用时应与热源、火源隔离。

**二、金属材料的选用**

26. 选择耐腐蚀的金属材料，如不锈钢、铝合金等，也可以考虑选用非金属材料代替金属材料。

27. 容易产生腐蚀而不容易维修的部位，应选择高耐蚀性的材料。例如，湿热带海洋性气候地面电子整机的天线管系等易腐蚀部位，应优选钛合金、奥氏体不锈钢（0Cr18Ni，12Mo2Ti 等）、海军黄铜（锡黄铜）等材料，弹簧应优先采用耐蚀的奥氏体不锈钢材料，组合件尽量使用同寿命的材料。

28. 选择腐蚀倾向小的材料和热处理状态。在可用硬铝，也可以用防锈铝的情况下，优先选用防锈铝；在使用硬铝合金时，优先选用 2A12-T4（LY12-CZ）而不用 2A12-H112（LY12-R）。

29. 选择杂质含量低的材料。应选择氮、磷、硫、硅等有害杂质含量低的钢材；在强度满足设计要求的情况下，也应尽量选用含碳量低的钢材。铝材中应优先选铜、铁、镍、硅、镁等杂质含量低的铝合金；在青铜中铅的含量应低于 0.02%。

30. 金属材料的耐腐蚀性。

1）在恶劣的使用条件下，应选择耐腐蚀性能好的材料。这些材料有金、钯、铂、铑、铬、镍、钛及钛合金、锡、锡铅合金、奥氏体型不锈钢（如 0Cr18Ni9，1Cr18Ni9，1Cr18Ni9Ti，00Cr18Ni10）等。

2）在一般使用条件下，应选择耐腐蚀性能较好的材料。这些材料有铁素体和马氏体型不锈钢、铜和铜合金、纯铝、铝镁合金、铝锰合金、铝镁硅合金、银、铅及铅合金等。

3）在良好的使用条件下，可选择耐腐蚀性能较差的材料。这些材料有碳钢、低合金钢、灰铸铁、不耐腐蚀铝合金、锌和锌合金、镁和镁合金等。

31. 选择可镀、涂且防护性能好，工艺稳定的材料。为了选用可镀、涂工艺性能好的材料，铝合金尽量避免使用 H112（R）状态 2A12 硬铝合金；铸造铝合金应选用针孔级别为 1 级、2 级的，针孔级别不要超过 3 级，它是可镀覆处理的最高级别铸造铝合金。注意：同一牌号、不同批次的金属材料，其镀覆性能和转化膜的外观与质量可能有所不同；采购时一定要明确材料的名称、牌号、状态、规格尺寸和技术条件（标准编号），而且要选择质量信誉高、制造工艺稳定可靠的生产厂商定点供货。进货时，应检验，必要时要检测材料的可镀覆性能。

32. 材料的选择应与其邻近的元器件或设备的材料具有相容性，如电偶腐蚀的相容性，非金属材料与金属材料气氛或接触腐蚀相容性等。

33. 材料应在热膨胀系数，受外热或自发热时的补偿反应以及化学性质等方面和被密封零件互不抵触。

34. 金属材料的选择应尽量避免易产生应力腐蚀开裂的材料。

35. 碳钢在各种环境中的耐腐蚀性都较差，所有碳钢零件都应进行有效的表面防护处理；合金钢的耐腐蚀性得到改善，但仍需要较好的表面防护。对于抗拉强度在 1300MPa 以上的高强度合金钢零件，应特别注意其应力腐蚀和氢脆的敏感性。

36. 除马氏体不锈钢经钝化处理后，需涂敷防腐蚀覆盖层外，其他不锈钢都可经钝化处理后直接使用。

37. 铝合金的选择应考虑合金的抗应力腐蚀和剥蚀性能，尽可能地选用对应力腐蚀和剥蚀敏感度低的合金和热处理工艺。

38. 钛及钛合金有优良的抗蚀性，一般可经钝化处理后直接使用。但钛合金与铝合金或合金钢等接触时，会引起与之接触的其他合金产生电偶腐蚀，应对与钛合金接触的合金进行表面处理，必要时钛合金也应表面处理（阳极氧化）。钛合金对磨蚀有较高的敏感性，在钛合金之间或钛合金与其他金属界面之间易产生磨蚀。在结构设计中，应尽可能采取使磨蚀减至最小的结构方案。

**三、非金属材料的选用**

39. 非金属材料与金属材料一样，除了要具有所需的功能特性外，还应具有相应的环境适应性（如耐霉性，耐高低温、耐光老化的特性，耐水，耐油性，润滑剂、润滑脂的耐氧化性等），以及良好的抗降解、抗老化、抗疲劳等性能。

40. 选用非金属材料应不会造成邻近或接触材料的腐蚀，如对金属材料的接触腐蚀和其他非金属材料溶胀、变质等。

41. 选用非金属材料时，不但要注意抗霉性能，而且要考虑材料所散发的气体对周围金属及镀层的影响。

42. 使用有机纤维材料要考虑防霉和缩水处理。

43. 当镀银发热元件与含硫材料接触时，应采取有效的防护措施。

44. 在密封装置或狭小空间内应尽量避免使用聚氯乙烯、氯丁、酚醛、多硫化物等类聚合物。

45. 高频电路中不得使用吸水性绝缘材料，亲水性材料应进行憎水处理。

46. 电绝缘材料的选用应满足下列一般要求：耐高温、低温；吸湿性低、透湿性小；较高的介质强度；较小的介电常数；介质损耗角正切值小；一定的机械强度；防臭氧性能好；防燃烧等。

47. 应根据使用条件选用下列电绝缘材料：陶瓷、陶瓷浸渍纤维制品、绝缘层压制品、云母制品、绝缘薄膜、绝缘漆。

48. 不应选用电工胶带、纺织品胶带或塑料压敏胶带或木材作为电气绝缘。

49. 选择工程塑料应该考虑以下因素：

1）机械：受应力的形式和大小，负荷的形式和时间，抗疲劳要求，允许的变形，超负荷和意外受力情况，抗冲击要求等。

2）温度：正常的工作温度，最高和最低的工作温度，使用环境温度。

3）环境：接触溶剂和各种蒸发情况，与酸、碱等的化学反应，吸水情况，受紫外线和环境（氧化）影响，受砂、雨侵蚀，受霉菌、细菌、微生物影响等情况。

4）毒性：阻燃性助剂或分解产物的毒性。

5）外观：透明度，表面光度，色泽的一致和持久性。

6）一般：允许误差和尺寸稳定性，重量因素，空间限制，制品期望寿命，助剂的析出，蒸汽和气体的透过性，磨损要求，阻燃性等。

7）制造：加工工艺的选择，装配方法，修剪和二次加工（装饰等），质量控制和监督。

8）成本：材料成本、加工成本。

9）回收：加工废料及该产品报废后能否回收利用。

10）法规：安全法规（阻燃、食品级、医用等），工业规定（汽车工业、电子工业等）。

50. 选用塑料时还应注意以下几个方面的问题：

1）塑料的导热性一般较低。

2）塑料的线膨胀系数一般较金属大，有的易吸水，因此尺寸变化较大，设计选用时需考虑配合间隙和公差范围。

3）有的塑料有应力开裂的倾向，设计选用时要避免应力集中或做适当的后处理，并严格要求加工工艺。

4）有的塑料有蠕变或变形的倾向，选用时需注意。

5）任何塑料都有一定的使用强度范围以及能承受的压力和速度极限，选用时最好先查阅相关材料手册。

6）尽可能选用阻燃无烟类塑料。塑料在燃烧时往往释放大量的烟雾，这些烟雾一般都有毒性，是导致火灾中人员伤亡的主要元凶。故除了阻燃还要抑制烟雾。如 POM、PA6、PMMA、LDPE、HDPE、PP、PTFE、PVDC 等塑料一般可作为无烟塑料直接使用，而 PET、PC、PS、ABS 及 PVC 等塑料需经过消烟处理后才能使用。

51. 不宜选用塑料材料的场合如下：

1）超高的材料强度：如拉伸强度超过 300MPa 时，建议选用高强度金属材料或超级陶瓷材料。

2）耐热要求高：塑料的最高使用温度一般在 300℃ 左右，大多数塑料的使用温度为 100～260℃。在使用环境温度超过 400℃ 时几乎无合适的塑料材料可选。

3）尺寸准确度要求高：塑料材料的成型收缩率大且不稳定，因此塑料制品的尺寸准确度不高。建议选用金属或高级陶瓷。

4）高绝缘性：在超高压电力环境下，要求绝缘材料的耐电晕性要特别突出。塑料材料中耐电晕性好的有 PE、PI 及 XLPE，它们也只可用于 550kV 以下的高压电力环境。对于超过 550kV 的高压电力环境建议选用云母等其他绝缘材料。

5）高导电性材料，高磁性材料：塑料材料向来以绝缘性能好而著称，传统的磁性材料一般为铁氧体和稀土两类。虽然近年来也开发出了一些导电塑料和磁性塑料，但仍有许多不足。建议在高导电性和高磁性要求的场合不要选用塑料材料，还是选用传统的导电金属材料和磁性材料较为稳妥。

52. 建议选用塑料材料的场合如下：

1）轻：塑料的相对密度一般为 0.83 ~ 2.2，仅比木材稍高。因此在制品特别要求轻重，而木材又不能满足需要时，一般选择塑料或泡沫塑料。

2）比强度高：在各种材料中，塑料具有最高的比强度，比特种合金铝还高。在既要求轻质又要求高强度的中、低载荷使用环境中，塑料是最合适的材料。

3）形状复杂：塑料的易加工特点使其能成型形状复杂的产品。对于形状复杂的产品，用塑料材料用注射方法成型相比金属结构件加工既简化了加工工艺要求，又能大大节省成本的支出。

4）耐腐蚀：塑料具很高的耐腐蚀性，仅次于玻璃和陶瓷。尤其是聚四氟乙烯，它能耐各种强酸、强碱及强氧化剂，连"王水"（浓硝酸和浓盐酸按 1:3 的比例混合而成）都有一定的抗腐蚀性。

5）自润滑性好：在很多摩擦接触的结构中禁止使用润滑剂，以防止污染，具有良好自润滑性的塑料材料则成为最佳选择。

6）防振、隔热、隔声性能好：塑料尤其泡沫塑料具优异的防振、隔热、隔声性能。软质 PU、PE、PS 泡沫塑料常用在防振上，如 PE、PS 常用于防振包装；硬质 PU、PS、PF 和脲醛等泡沫塑料常用于隔热应用；隔声时，PS 泡沫塑料最常用。

7）综合性能高：在所有材料中，塑料的综合性能最高。如 PC，其在具有刚、韧、硬的性能的同时还具有耐磨、耐腐蚀、电绝缘性优异等优点。

53. 应根据粘接强度、工作温度、固化条件、电气性能、耐膨胀性、被粘接材料的特性和所承受的载荷等优先选用性能优异的热固性胶粘剂；所选用的胶粘剂不应对被结合件或附近的零部件产生有害影响。所用的粘合剂应防水，在使用环境条件下，粘合应牢固，并具有一定的耐久性。耐候性较好的胶粘密封剂有硅橡胶胶粘密封剂、聚氨酯胶粘密封剂、环氧-丁腈胶胶粘密封剂等。胺固化环氧胶粘密封剂不宜在海洋大气环境暴露使用。

# 第二节 电子元器件的选用

电子元器件是电子产品最基本组成单元，电子设备的故障有很大一部分是由于元器件的性能、质量或选用的不合理而造成的，故电子元器件的正确选用是保障电子产品可靠性的基本前提。可靠性设计就是选用在最坏的使用环境下仍能保证高可靠性的元器件的过程。

**一、通用原则**

54. 元器件和接插件应选用符合国家标准和专业标准的元器件，不用或少用非标准元器件。如果必须采用非标准的元器件，则该元器件应相当或优于类似的标准元器件，且应确定生产厂商共同进行质量控制，并对其进行环境实验。

55. 在选用元器件时，不仅要考虑满足电气性能要求，而且应经可靠性筛选，选择能满足可靠性要求的元器件。

56. 尽量减少元器件规格品种，增加元器件的复用率，使元器件品种规格与数量比减少到最低程度。

57. 电子元器件在选用时应考虑降额使用。

58. 采用的外购产品应是经过生产定型或转厂鉴定，且应是成批生产的产品。

59. 在电路设计中应尽量选用无源器件，将有源器件减少到最低程度。

60. 在设计时应选用其主要故障模式对电路输出具有最小影响的部件及元器件。

61. 选择元器件时应考虑其失效模式，尽量不用已知的易失效的元器件。元器件在经过长期应用和环境条件的变化时，会引起其特性参数发生变化，在选用时应考虑其变化的极限。

62. 非经主管部门批准或客户同意不得选用高失效率的元器件。如简便电源插头、香蕉插头、电池、套筒式轴承等。

63. 正确选用那些电参数稳定的元器件，避免设备和电路产生漂移失效。

64. 在选用元器件时，除按加到元器件上的电应力性质及大小选用外，还应注意尽量降低环境影响的灵敏性，以保证在最坏环境下，元器件仍能正常工作。

65. 在脉冲工作下的元器件应有较大的电流裕量和良好的频率特性。

66. 在选择元器件时应考虑电磁兼容性要求，应选择噪声系数小和对电磁干扰影响不敏感的元器件。

67. 尽可能选用密封元器件。使用在潮湿环境条件下的电子设备，选用元器件时要特别注意其密封性和耐潮性。选用密封元器件时应采用陶瓷、金属、玻璃或用这些材料复合封装的密封元器件。尽量不使用塑料封装的元器件。

68. 应优先选择高集成度的元器件。优先选择小功率的元器件。优先选择功能强、体积小、重量轻的元器件。

69. 应选择能满足设备要求，但不一定是最好的元器件。

70. 采用对静电放电敏感的半导体器件时，应选用含有保护元件的器件，例如使用输入端带有静电保护电路的 MOS 器件。

71. 当结温超过 90℃时应避免采用锗半导体；当结温超过 180℃时应避免采用硅半导体。

72. 在设计时就应考虑到元器件的供货、淘汰和替代问题，以免影响使用、保障及后续维护费用的增加。

73. 在满足质量要求的前提下，性价比相当时，应优先选用国产元器件。

**二、半导体集成电路**

74. 集成电路的优选顺序为超大规模集成电路→大规模集成电路→中规模集成电路→小规模集成电路。

75. 尽量选用金属外壳集成电路，以利于散热。

76. 选用的集成稳压器，其内部应有过热、过电流保护电路。

77. 超大规模集成电路的选择应考虑可以对电路测试和筛选，否则影响其使用可靠性。

78. 集成电路 MOS 器件的选用应注意以下内容：

1）MOS 器件的电流负载能力较低，并且容抗性负载会对器件工作速度造成较大影响。

2）对时序、组合逻辑电路，选用器件的最高频率应高于电路应用部位的 2~3 倍。

3）对输入接口，器件的抗干扰要强。

4）对输出接口，器件的驱动能力要强。

79. 应用 CMOS 集成电路时应注意下列问题：

1）CMOS 集成电路输入电压的摆幅应控制在源极电源电压与漏极电源电压之间。

2）CMOS 集成电路源极电源电压 VSS 为低电位，漏极电源电压 VDD 为高电位，不可倒置。

3）输入信号源和 CMOS 集成电路不用同一组电源时，应先接通 CMOS 集成电路电源，后接通信号源；应先断开信号源，后断开 CMOS 集成电路电源。

4）CMOS 集成电路输入（出）端如接有长线或大的积分或滤波电容时，应在其输入（出）端串联限流电阻（1~10kΩ），把其输入（出）电流限制到 10mA 以内。

5）当输入到 CMOS 集成电路的时钟信号因负载过重等原因而造成边沿过缓时，不仅会引起数据错误，而且会使其功耗增加，可靠性下降。为此可在其输入端加一个施密特触发器来改善时钟信号的边沿。

80. CMOS 集成电路中所有不同的输入端不应闲置，按其工作功能一般应作如下处理：

1）与门和非门的多余端，应通过 0.5~1MΩ 的电阻接至 $V_{DD}$ 或高电平。

2）或门和或非门的多余端，应通过 $0.5 \sim 1M\Omega$ 的电阻接至 $V_{SS}$ 或低电平。

3）如果电路的工作速度不高，功耗也不要特别考虑的话，可将多余端与同一芯片上相同功能的使用端并接。应当指出，并接运用与单个运用相比，传输特性有些变化。

81. 选用集成运算放大器和集成比较器时应注意下列问题：

1）无内部补偿的集成运算放大器在作负反馈应用时，应采取补偿措施，防止产生自激振荡。

2）集成比较器开环应用时，有时也会产生自激振荡。采取的主要措施是实施电源去耦，减小布线电容、电感耦合。

3）输出功率较大时，应加缓冲级。输出端连线直通电路板外部时，应考虑在输出端加短路保护。

4）输入端应加过电压保护，特别当输入端连线直通电路板外部时，必须在输入端采取过电压保护措施。

**三、半导体分立器件**

82. 半导体分立器件选择时应注意其失效模式的影响，其失效模式主要有开路、短路、参数漂移和退化。

83. 半导体分立器件选用时应考虑负载的影响，对电感性负载应采取吸收反电动势措施；对电容性负载，低冷电阻负载应考虑限制通过器件的峰值电流。

84. 高温是对晶体管破坏性最强的因素，故必须对晶体管的功耗和结温进行降额使用；电压击穿是导致晶体管失效的另一主要因素，故其工作电压也需降额；功率晶体管有二次击穿现象，因此其安全工作区也需进行降额。

85. 功率晶体管在遭受由于多次开关过程所致的温度变化冲击后会产生"热疲劳"失效。使用时应根据功率晶体管的相关详细规范要求限制壳温的最大变化值。

86. 功率晶体管应降低饱和电压降。

87. 晶体管其预计的瞬间电压峰值和工作电压峰值之和不得超过降额电压的限定值。

88. 对推挽级晶体管，应考虑采取抑制两管同时导通的措施。一般可采取使晶体管基极-发射极反偏的设计。

89. 在满足电路性能要求的条件下，尽量选用硅管而不用锗管。因为硅管结温（$150 \sim 175^{\circ}C$）比锗管结温（$75 \sim 90^{\circ}C$）高；硅管的 $BV_{CBO}$ 较锗管 $BV_{CBO}$ 高。所以在高温高压工作时应选用硅管而不选用锗管。

90. 在微弱信号放大电路中，应选用低噪声放大管，应注意晶体管手册所给出的噪声系数是按其额定频率测定的，不能盲目套用。

91. 穿透电流小的晶体管往往噪声小，应优先选用。

92. 当用晶体管驱动电磁继电器时，为防止在过渡过程中继电器线圈产生的自感电动势击穿晶体管，应在继电器的绕组上并联吸收元器件。吸收元器件除使用二极管、电容器、电阻器外，还可使用压敏电阻器。

93. 晶体管用在强干扰条件下，为防止它因强烈输入干扰而损坏，应在其输入端加装限幅器。

94. 尽量不用点接触型二极管。

95. 选用国产整流二极管时应注明其后缀，其后缀英文字母表示反向工作电压。

96. 晶闸管选择时其结温不应超过规定要求，否则漏电流增大，会使结温升高，进而使器件失效。

## 四、电阻器和电位器

97. 电阻器的选用应注意如下几个问题：电阻器的电压和电流限制；耗散功率；电阻器的电负荷性能取决于其长期工作时所允许的发热温度，必须按其降功耗曲线选用电阻器；可靠性；温度系数；噪声系数；老化系数等。

98. 电阻器除了按阻值及额定功率来选用外，高阻值电阻器还应考虑工作电压是否超过额定值，而低阻值电阻则主要考虑其耗散功率。

99. 当在脉冲负荷下工作时，承受的最高峰值电压不应超过允许值，总功耗不应超过额定值。

100. 引起电阻器失效的主要原因是温度和电流密度。

101. 电路中如有高压电脉冲，应选用玻璃釉膜型电阻器。

102. 在各类电阻器中，线绕电阻器噪声最小，合成电阻器噪声最大。

103. 实心电阻器可靠性好，除了对电性能有较高要求的地方外，均可使用。

104. 薄膜型电阻器按其结构主要有金属氧化膜电阻器和金属膜电阻器两种。薄膜型电阻器的高频特性好，电流噪声和非线性较小，阻值范围宽，温度系数小，性能稳定，应用最广泛。

105. 金属膜电阻器断续负荷比连续负荷工作条件苛刻，直流负荷比交流负荷工作条件苛刻。

106. 选用金属膜电阻器时，如果希望噪声低些，可以选用噪声电动势为 A 级的，它比 B 级的噪声系数小 12dB。

107. 金属膜电阻器（RJ）和金属氧化膜电阻器（RY）化学稳定性好，它的温度系数、非线性、噪声电动势都比碳膜电阻器优良，额定工作温度可达 125℃；短时负荷及脉冲负荷性较好。

108. 金属氧化膜电阻器的阻值范围偏低，可以用之补充金属膜电阻器的低阻部分。这两种电阻器可用于稳定性和电性能要求较高的地方。这两种电阻器特别适用于高频应用，但应注意，在 400MHz 及 400MHz 以上频率工作时，其阻值将会下降。

109. 线绕电阻器分为精密型与功率型。线绕电阻器具有可靠性高、稳定性好、无非线性，以及电流噪声、温度和电压系数小等优点。

110. 功率型线绕电阻器可以经受比稳态工作电流高得多的脉冲电流，但在使用中应作相应的降额。

111. 在要求高准确度及电性能有特殊要求的地方，可以选用精密线绕电阻器（RX）和金属膜电阻器。

112. 精密线绕电阻器为密封封装，可以防止潮气进入和氧化，其温度系数可达 $1 \sim 15$ppm，经过老练处理后，性能很稳定。

113. 金属膜电阻器性能稳定，温度系数可达 $(0.5 \sim 10) \times 10^{-6}$，准确度可达 $1 \times 10^{-6}$，经过老练处理后，性能很稳定。

114. 选择电阻器与电容器组合。当温度升高时，电阻值升高而电容量下降，使时间常数 $Z = RC$ 值不变，达到补偿的目的。

115. 选用负温度系数热敏电阻来补偿晶体管参数变化。

116. 尽量少用或不用电位器。对于一经调节的不再经常调节的使用情况，可采用微调电位器。对于调节后不允许再变动的地方，可采用锁紧式电位器。

117. 为防止振动引起的阻值变化，电位器应有锁紧装置。

118. 尽管线绕电位器电流噪声小，温度系数低，耐热性好，但其分布电容和分布电感较大，不宜用在高频电路中，仅适用于 50kHz 以下电路使用，否则会影响产品性能和可靠性。

## 五、电容器

119. 电容器必须在规定的工作频率范围内使用。

120. 为保证电路长期可靠地工作，设计时应允许电容器有一定的电容量误差和绝缘电阻下降。

121. 应尽量选用有温度系数小、稳定性好、损耗小、固有频率高的电容器。

122. 优先选用瓷介电容器、钽电容器。但一般要尽量避免采用液体钽电容器。

123. 使用电容器时，应注意如下事项：

1）应防止电流过载。由于开关动作和瞬间浪涌持续长，且幅度大，将使容量非永久性偏移，密封也可能受到破坏。

2）应防止电压过载。由于开关动作或负荷突然中止，在电容器上产生过高电压瞬变引起内部电晕，导致绝缘电阻下降。电容器使用中的工作电压不仅要考虑直流电压，还要考虑交流峰值电压和可能发生的浪涌或瞬变电压。

3）应注意频率效应。流过电容器的电流与频率成正比，当将低频电容器用于高频电路时，由于介质损耗加大高频电流会使电容器过热而击穿。

4）要注意高温对电容器的影响，高温会使电容器过热，使介质强度下降而击穿或容量偏移。

5）要注意潮湿对电容器的影响。潮湿会使电容器外部腐蚀或长霉，降低介质强度、介质常数以及降低绝缘电阻，产生大于规定值的漏电流，从而降低了击穿电压和产生较高的内温。

124. 为了限制干扰电平，应选用漏电流小的电容器。

125. 在低阻抗电路中电容器并联使用时，将增加直流浪涌电流失效的危险，同时应注意并联电容器中存储的电荷通过其他电容器放电。

126. 如果电路需要电容器在很宽频带工作时，可以用两种不同频带电容器以解决电容器频率限制问题。

127. 固定纸/塑料薄膜电容器包括纸介、金属化纸、金属化塑料、穿心等薄膜电容器，薄膜电容器的绝缘电阻高，介质损耗低，但易老化，耐热性差。

128. 纸介电容器易老化，热稳定性差、工作温度低，易吸潮，一般不采用。如采用需采取防潮措施或选用密封纸介电容器或小型耐热纸介电容器等，但仅限直流及低频电路中。

129. 金属化纸介电容器，一般应用在脉冲电路中，它具有"自愈"能力，但其降额系数不应选得太小，否则"自愈"能力减弱。

130. 除非另外有规定外，不应该使用非金属外壳的纸塑固定电容器。只有在封装或密封的组件中，才可以使用非金属塑料包装的电容器。

131. 一般金属板薄膜电容器耐受大电流冲击能力不如金属箔薄膜电容器。

132. 压缩型可变电容器及纸介电容器不应采用。

133. 绦纶电容器使用温度最好不要超过100℃，且不应用于高频电路中。

134. 玻璃釉电容器具有损耗因子低，温度稳定性好，绝缘电阻高的特点。

135. 云母电容器具有损耗因子小，绝缘电阻大，温度、频率稳定性好，耐热性好的特点，但非密封云母电容器耐潮性差，在经常工作在潮湿环境下的电子设备不宜采用。

136. 固定陶瓷电容器绝缘电阻高，对温度、频率稳定性较好。陶瓷电容器耐热性能较差，焊接温度过高可能损伤密封或使电极与引出线连接变差，温度突变也可能使密封与介质破损。

137. 电解电容器按极性可分为有极性、无极性电容器，按正极所用金属可分为铝、钽、钛、钽银合金型电解电容器。

138. 铝电解电容器不能承受低温度和低气压，只限于地面使用。海军中一般不采用铝电解电容器。

139. 电源滤波电路中应限制使用铝电解固定电容器。

140. 在计算机和数字电路的电流滤波电路中，所采用的铝电解电容器应考虑脉冲电流大的特点，并选用多组电容器并联或特大容量电容。

141. 对于铝电解电容器，一般库存两年以上不要装机。如要使用，应进行赋能处理后再使用。

142. 铝电解电容器长期使用于高温 40℃ 和盐雾条件下，会发生外壳腐蚀，容量漂移和漏电流增大。舰载、海岸设备要慎用。当受空间粒子轰击时，电解质会分解，空间、宇航设备最好不用。

143. 在低温下工作的电子设备最好不选用铝电解电容器，而应选用钽电解电容器。

144. 在交流电路中使用钽电解电容器最好是选用双极性的（即无极性的），但使用电压和工作频率不宜过高，振动和冲击也不宜过大。

145. 在一般情况下，固态钽电容器可靠性较好，但应注意在电压高于 70V 时，固态钽电容器的可靠性明显下降，一般在 63V 以上使用液态钽电容器较好。

146. 应注意液态钽电容在低气压情况下不能使用。因其密封性较差，在低气压下工作，容易发生漏液现象，引起性能蜕变，导致失效。

147. 钽电容在电路中，应控制瞬间大电流对电容器的冲击。建议串联电阻以缓解这种冲击。如果无法插入保护电阻时，应使用 1/3 额定电压以下作为工作电压。

148. 固体电解质极性钽电容，一般不允许施加反向电压，更不能在纯交流电路中使用。

149. 银外壳非固体电解质极性钽电容不能承受任何反向电压。

150. 当施加超过钽电容所能承受的纹波电压、纹波电流时，会导致钽电容失效：

1）直流偏压与交流分量电压峰值之和不得超过电容器的额定电压值。

2）交流负峰值电压与直流偏压之和不得超过电容器所允许的反向电压值。

3）纹波电流通过钽电容器时产生了有功功率损耗，进而电容器自身温升导致的热击穿失效概率增大，因此有必要对通过电容器的纹波电流或电容器允许的功率损耗进行限制。

151. 单引出头的电解电容器，因另一极是不能焊接的铝外壳，不易保证良好接地，对电磁屏蔽不利，应慎用。

152. 使用瓷管电容器和线绕式半可调电容器时，应把连接外层金属的一端作接地端（或接交流低电平），以利电磁屏蔽。

153. 使用可变电容器及半可变电容器时，应把动片作为接地端，以利于电磁屏蔽。

154. 除了分定片调谐电容器以外，空气介质可变电容器，应是动片接地型的，相对片间间隙不应小于 0.2mm，间隙小于 0.2mm 时应加有防护罩，其片间承受电压及转动寿命应符合产品技术要求。

155. 半可变电容器调整完成时，其容量应位于其变化范围之间。

156. 带有换向器（旧称整流子）的电动机，在电源线上采用的防火花干扰滤波电容器，以选用穿心电容为最佳。

157. 选择温度系数相反的两个电容器组合。如用聚苯乙烯电容器（具有负温度系数）与云母电容器（具有正温度系数）并联，可以减少容度温标。也可用聚苯乙烯电容器与聚碳酸酯电容器并联。

158. 选用电容器来补偿某些晶体管参数漂移。如用单结晶体管（UJT）组成的弛张振荡器可用正温度系数涤纶电容器来补偿。

159. 某些所谓的"交流电容器"，实际上是对工业电网频率 50Hz 而言的，不适用于较高频率。

### 六、继电器

160. 继电器触点吸合最小维持电压（直流或交流有效值）为额定值的 0.9 倍，最大线圈电压（有起动特性要求）为额定短时起动电压的 1.1 倍，即继电器线圈工作电压应控制在额定电压的 0.9～1.1 倍的范围内。

161. 禁止使用非密封机电式（电磁式）继电器。

162. 设备电路开关电流大于 10A 的地方，不应使用普通继电器。

163. 触点负载容量的选择必须考虑电路的特性（交流或直流）和负载特性，即电阻性、电感性、电容性和照明负载。

164. 选择接触良好的继电器和开关，要考虑截断峰值电流，通过最小电流，以及可接受的最大接触阻抗。

165. 并联触点可以提高触点闭合可靠性，但不允许用并联触点的方式提高负载容量，因为这种方式会影响继电器的可靠性。

166. 必要时触点应加防止抖动电路。

167. 负载转换继电器，应该是专用继电器。

168. 如有可能，要使用有屏蔽的继电器，并把屏蔽层进行电气接地。

169. 电感、电容和白炽灯负载的开/关瞬间，其瞬态脉冲电流可比稳态电流大 10 倍，这种瞬态脉冲电流超过继电器的额定电流时，将严重损伤触点，大大降低继电器的工作寿命。应采取相应的防范措施。

170. 继电器吸合/释放瞬时的触点电弧会引起金属电腐蚀，使触点表面变得粗糙，进而出现接触不良或释放不开的问题。应用时电路中应包含消弧电路。

171. 环境温度的升高，将使线圈电阻加大。为使继电器正常工作，需有更大的线圈驱动功率。

172. 不能采用单相多对触点继电器去接通或转换三相交流电，因其可能会造成相间短路故障。

173. 一般不采用多个固体继电器来实现多组电路的通断或转换，因采用多个固体继电器组成复杂，不如采用一个多对触点电磁继电器简单方便。

### 七、A-D、D-A 转换器

174. 选择 A-D 转换器时需要考虑的问题如下：

1）A-D 转换器应用的系统、输出数据的位数（分辨率）、系统要达到的准确度和线性。

2）输入 A-D 转换器的输入信号范围、极性、信号的驱动能力。

3）对转换器输出的数字代码逻辑的要求：是否需要带输出锁存或三态门；是否通过计算机接口电路；是用外部时钟、内部时钟还是不用时钟；输出代码需要二进制码，还是 BCD 码；是串行，还是并行。

4）系统是在静态条件下还是在动态条下工作；带宽要求；要求 A-D 转换器的转换时间是多少；采样速率为多少；是高速应用还是低速应用。

5）要求参考电压是内部的还是外加的；是固定的还是可调（或可变）的。

175. 选择 D-A 转换器时需要考虑的问题如下：

1）以位数表现的转换准确度和转换时间。

2）数字输入特性，包括接收数码制、数据格式及逻辑电平等。

3）数字输出特性，如在规定的输入参考电压及参考电阻下的满码（全 1）输出电流，最大输出短路电流及输出电压允许范围等。

4）锁存特性及转换控制。

5）参考源，在 D-A 转换器中，参考电压源是唯一影响输出结果的模拟参数。

6）接口的通用性。

7）经济性。

### 八、连接器

176. 连接优选顺序为徒手操作→卡锁→旋转几分之一圈→通用工具操作→旋转多圈→需用专用工具。为求快速解脱，尽量不用旋转多圈或需要用专用工具操作的接插件。

177. 连接器选择时应考虑的因素有连接器结构形式，连接点数，电气、机械性能要求，冲击、振动和其他环境条件，可靠性，标准化，维修性等。

178. 选用连接器时还应考虑根据不同的使用环境选择相应类别的连接器，如有电磁兼容性要求时选用屏蔽型连接器，有气密性或防水要求时应选用密封型连接器。

179. 选择合适的连接器类型，使其能提供足够数量的插针供各屏蔽层端接用。

180. 选择多触头的连接器时，应带有键槽、极性（阴或阳）等，应能防止不适当的连接、错位或错接。

181. 电连接器有源触头数目过大时（如大于 100），应采用触头总数相同的两个电连接器，以提高可靠性。

182. 为防止多个同类型及型号的电连接器插错，通常应选择不同型号和针孔排列的电连接器，圆形电连接器可选变键槽结构形式。

183. 应根据连接器安装位置空间大小、使用要求及针孔线缆连接形式选择合适的前装或后装电连接器。

184. 连接器的触头布局应采用标准形式，电源电压、数字与模拟信号触头的安排应与集成电路中的类似，如针 8 为地、针 16 为电源电压。高压或高频信号应优先安排在中间，以便使电磁干扰最小。

185. 连接器的选择应保证仅用微小的力就能拆装，以防止连接器承受高机械应力。

186. 尽量避免选用直角外壳的连接器，如果不可避免，在电缆敷设时应特别注意每根电缆的位置以防磨损或伤人。

187. 用于电信号输入设备的电连接器，其插座应为针，反之，插头应为孔。

188. 尽可能选用线簧式接触件的电连接器。

189. 在大电流应用情况下，不能使用额定容量与工作电流相接近的插头座。

190. 在高压应用情况下，要特别注意气隙结构的耐压程度，应选用超过实际应用电压值的插头座。

191. 注意插头座的本身材料耐高温的标称值，应选用比实际可能出现高温要高的插头座。

192. 在应用插头接头时，只要条件允许，就将多线接插件中的所有多余触头与工作触头并联。

193. 印制电路板连接器配合时，应当限制印制板厚度公差范围。若印制电路板过厚，会使弹性元件弹性变形，过薄则使接触压力太小，引起接触不可靠。

194. 辅助设备或测试设备的连接器应能迅速而方便地接上并立即工作。

195. 在下列场合，必须使用插头插座连接：

1）在各子系统（分机）、各整件、各部件之间必须使用。不允许用把电缆编成辫子状直接进入接线盒的形式。

2）在野外条件下需要更换的模件、零件和部件必须使用。不允许采用直接焊接的形式。

196. 能采用少量的多芯连接器（多引脚接插件）时，就不用大量的少芯连接器（少引脚接插件）。

197. 应尽量选用有锁定装置的连接器。若采用没有锁定装置的连接器时，则在整机设计时，应加压板或锁定，以防因振动冲击而造成接触表面的磨损。

198. 接触对端连接应防止虚焊或连接不良。连接细线很易折断，应外加段套管对连接处加以保护。

199. 选用射频连接器时应注意频率范围，电压驻波比，插入损耗和射频泄漏等参数是否适用。

200. 选用射频连接器时其特性阻抗应与同轴电缆特性阻抗相匹配。

201. 在高频同轴连接器上焊接电缆时，电缆外导体应均匀梳平，内外导体焊完后要修光、焊接点处不能变粗，要保持直径相同；否则高频驻波比将增高。

202. 当使用频率超过 0.1MHz 时，若小型化接插件上同时有高电平、低电平和快速脉冲信号传输，这时，应特别注意串音干扰，必要时在接触对之间加接地线、屏蔽隔板或金属罩。

203. 在接插件的接触端面上可以涂很薄的、抗腐蚀能力很强的润滑剂，我国生产的接点固体润滑剂（BY-2）对镀金和镀银接插件是非常适用的。它可以降低插拔力，提高镀银表面抗硫化能力，但使用环境温度不宜超过 55℃。

204. SL 型系列视频插头，一般只适用于 300MHz 以下。不应用来代替 L 型系列射频插头座来传输 300MHz 以上的信号。

205. 连接每一个端头或接线片的导线数应不多于三根，端接线总的截面积不应超过端头或接线片的截面积。

206. 用于互连组件的接线端子板和接线条，应留有 10%，至少不小于两个备用接线端子。

207. 应根据电缆的尺寸及走向要求选择合适的尾夹尺寸和形式。

**九、熔丝**

208. 熔丝的额定值应与被保护部位的额定电流值（包括起动电流和工作电流）相当。

209. 熔丝的选择需考虑以下因素：

1）正常工作电流。

2）施加在熔丝上的外加电压。

3）要求熔丝断开的不正常电流。

4）允许不正常电流存在的最短和最长时间。

5）熔丝的工作环境温度。

6）脉冲、冲击电流、浪涌电流、起动电流和电路瞬变值。

7）是否有超出熔丝规范的特殊要求。

8）安装结构的尺寸限制。

9）熔丝组件：熔丝夹、安装盒、面板安装等。

210. 熔丝的安排应使得支路中熔丝在主路的熔丝熔断以前熔断。

211. 除非另有规定，熔丝和断路器的绝缘电压的最小值应为 1000V 外加两倍的额定值，绝缘电阻应大于100MΩ。

**十、其他**

212. 导线的选用应根据电路性能、电流大小、耐压高低、频率特性、环境温度、机械强度等，合理地选用导线规格、品种及颜色。一般情况下不宜选用线径过细的导线。

213. 不宜采用硬连接电缆而宜用软电缆。软电缆应有足够的长度，以便维修安装或设备移动时有充分的位移距离而不致使电路接头断开。

214. 视频模拟信号一般选用同轴电缆，数字信号可根据信号特征及阻抗匹配特性优先选用同轴电缆，扭绞线或带线，限制使用单线传输。

215. 穿过强干扰电磁场或用于高功率射频信号的同轴电缆，应选用有双屏蔽套的同轴电缆。

216. 通常在弯曲状态工作的导线和电缆，如连接在能活动（旋转的）或移动的元器件上的电缆，应采用绞合多芯电缆。

217. 聚氯乙烯绝缘的电缆不得用于航空、航海和航天产品上。

218. 如有可能，应尽量采用光缆传输线。

219. 所有的面板指示仪表，都应有外部零点调整。

220. 只要有可能，被指示出正常工作的数值应在满刻度偏移的1/3或1/4之间。

221. 有照明的开关和面板上的照明灯需有在前面即可更换的照明灯。应使用卡口照明灯，照明灯的型号应尽量统一。

222. 不要将单端放大器与已接地的电桥一起使用，以免将电桥的一个臂造成短路。

223. 在有强低频磁场干扰的场合，必须选用带防磁罩的电表。

224. 为了防止通过电源变压器引入干扰信号，应采用全波整流变压器而不采用桥式整流变压器。

225. 为了消除变压器的交流声，应特别注意变压器铁心的构造和制作。

226. 当电路对电感器的 $Q$ 值稳定性有较高要求时，应尽量控制电感器的工作环境温度恒定。

227. 对扼流圈和线圈的电流应加以控制，使其不得超过允许值。

228. 在杂散耦合可能起有害作用的电路中，要使用带有屏蔽的电感器。

229. 可变电感器接触部分，无论使用转子还是使用滑动触头，在转动时应保证接触良好。

230. 为了减少电磁干扰应尽量采用无刷电动机。

231. 开关应满足接触良好、定位可靠、跳步清晰、阻力适当、转换寿命长等要求。

232. 经常拨动的开关，禁止使用小型钮子开关。

233. 微动开关的选择应考虑过行程的限制。

234. 切忌用触头并联方式来增加电流量。因为触头在吸合或释放瞬间并不同时通断，这样可能在一个触头上通过全部负载电流，使触头损坏。

235. 开关在有挥发性物质的情况下工作时，应选择密封开关。密封形式的选择：舰船应选用水密结构；航空、航天应选择气密结构。

236. 除非另有规定，一般均应采用自动断路器。只有要求在过载情况下能紧急使用时，才应采用非自动断路器。

237. 电动机、电动发电机和电能变换器应使其噪声电平尽量低，必要时增设消声设备和措施。

238. 质量要求高的场合一般不选用 LC 滤波器，虽然其简单，但稳定性差。

239. 陶瓷滤波器稳定性好，但工作频率一般不超过 100MHz。

240. 石英晶体滤波器工作稳定性好，但不宜用作大带宽的带通滤波器。

241. 在实际使用环境如果有较强的磁场，选用的磁性元器件应加磁屏蔽。

242. 选用磁性器件时，应注意选择合适的频率范围。

243. 应用脉冲磁控管时应注意以下内容：

1) 调制脉冲波形必须满足磁控管提出的要求。

2) 在应用中必须在其规定应用极限值之间。

3) 能量传输系统应当尽量减小电压驻波比，最大电压驻波比不能大于 1.5。

4) 在设计调制器时必须使直流电压能够控制阳极直流电流。

5) 对阳极灯丝进行保护，可采用旁路电容、灯丝电源应有足够的电阻等以防浪涌烧坏灯丝。

6) 灯丝电源最好设计成可调的，以便根据使用要求，在磁控管加上不同的阳极电流时，能够调整灯丝电压，保证阴极正常工作。

# 第三节　应用示例

元器件的选择和电路设计是影响板级电磁兼容性（EMC）的主要因素，每一种电子元器件都有其各自的特性，因此在设计时就需要仔细考虑、选择最合适的元器件。由于电子元器件的种类较多，不能一一尽述，下面择其中对电磁影响较大的电容和电感作一简要介绍。

**一、电容的应用**

电容的种类繁多，性能各异，选择合适的并不容易，但电容的恰当使用却能解决许多 EMC 问题。适当地了解各种电容的内部结构能更有效地帮助我们选择最合适的电容。

铝电解电容通常是在绝缘薄层之间以螺旋状缠绕金属箔而制成，它虽可在单位体积内得到较大的电容值，但也使得该部分的内部感抗增加。

钽电容由一块带直板和引脚连接点的绝缘体制成，其内部感抗低于铝电解电容。

陶质电容的结构是在陶瓷绝缘体中包含多个平行的金属片。其主要寄生为片结构的感抗，并且通常这将在低于兆赫兹的区域造成阻抗。

绝缘材料的不同频响特性意味着一种类型的电容会比另一种更适合某种应用场合。铝电解电容和钽电解电容适用于低频终端，主要是存储器和低频滤波器领域。在中频范围内（从 KHz 到 MHz），陶质电容就比较合适，常用于去耦电路和高频滤波。特殊的低损耗（通常较贵）陶质电容和云母电容适合于甚高频应用和微波电路。

为得到最好的 EMC 特性，电容具有低的等效串联电阻（Equivalent Series Resistance，ESR）值是很重要的，因为它会对信号造成大的衰减，特别是应用频率接近电容谐振频率的场合。

1. 旁路电容

旁路电容的主要功能是产生一个交流分路，从而去除进入易感区的那些不需要的能量。旁路电容一般作为高频旁路器件来减小对电源模块的瞬态电流需求。通常铝电解电容和钽电容比较适合作为旁路电容，其电容值取决于 PCB 上的瞬态电流需求，一般在 $10 \sim 470\mu F$ 范围内。若 PCB 上有许多集成电路、高速开关电路和具有长引线的电源，则应选择大容量的电容。

2. 去耦电容

有源器件在开关时产生的高频开关噪声将沿着电源线传播。去耦电容的主要功能就是提供一个局部的直流电源给有源器件，以减少开关噪声在板上的传播和将噪声引导到地。陶瓷电容常被用来去耦，其值决定于最快信号的上升时间和下降时间。例如，对于一个 33MHz 的时钟信号，可使用 $4.7 \sim 100nF$ 的电容；对一个 100MHz 时钟信号，可使用 10nF 的电容。同时为了去耦，除考虑电容的电容值外，应该选择 ESR 值低于 $1\Omega$ 的电容。

3. 电容谐振

如图 2-1 所示，电容在低于谐振频率时呈现容性，而后电容将因为引线长度和布线自感呈现感性。而表 2-1 列出了两种陶瓷电容的谐振频率，其中一种具有标准的 0.25in

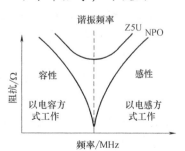

图 2-1 阻抗和不同的电介质材料

引脚和3.75nH的内部互连自感，另一种为表面贴装型并具有1nH的内部自感。表面贴装型的谐振频率是通孔插装类型的两倍。

**表2-1　电容的谐振频率**

| 电容值 | 通孔插装（0.25引线） | 表面贴装（0805） |
| --- | --- | --- |
| 1.0μF | 2.5MHz | 5MHz |
| 0.1μF | 8MHz | 16MHz |
| 0.01μF | 25MHz | 50MHz |
| 1000pF | 80MHz | 160MHz |
| 100pF | 250MHz | 500MHz |
| 10pF | 800MHz | 1.6GHz |

另一个影响去耦效力的因素是电容的绝缘材料（电介质）。去耦电容的制造中常使用钡钛酸盐陶瓷（Z5U）和锶钛酸盐（NPO）这两种材料。Z5U具有较大的介电常数，谐振频率在1～20MHz之间。NPO具有较低的介电常数，但谐振频率较高（大于10MHz）。因此Z5U更适合用于低频去耦，而NPO适合用于50MHz以上频率的去耦。

常用的做法是将两个去耦电容并联。这样可以在更宽的频谱分布范围内降低电源网络产生的开关噪声。同时，多个去耦电容还能提供更宽的布线以减小引线自感，因此也就能更有效地改善去耦能力。两个电容的取值应相差两个数量级以提供更有效的去耦（如0.1μF电容和0.001μF电容并联）。

对于数字电路的去耦，低的ESR值比谐振频率更重要，因为低的ESR值可以提供更低阻抗的到地通路，这样当超过谐振频率的电容呈现感性时仍能提供足够的去耦能力。

**二、电感的应用**

电感是一种可以将磁场和电场联系起来的元件，其固有的、可以与磁场互相作用的能力使其比其他元件更敏感。电感比电容和电阻而言的一个优点是它没有寄生感抗，因此其表贴类型和引线类型没什么差别。

由于开环电感的磁场穿过空气，这会引起辐射并带来电磁干扰（EMI）问题。因此在选择电感是尽量选择闭环电感，因为其磁场被完全控制在磁芯。螺旋环状的闭环电感的一个优点是：它不仅将磁环控制在磁芯，还可以自行消除所有外来的附带场辐射。

而根据电感的磁芯材料不同，铁磁芯电感用于低频场合（几十千赫兹），而铁氧体磁芯电感用于高频场合（到兆赫兹）。所以铁氧体磁芯电感更适合于EMC应用。

在EMC的特殊应用中，有两类特殊的电感：铁氧体磁珠和铁氧体夹。铁氧体磁珠是单环电感，通常单股导线穿过铁氧体型材而形成单环。这种器件在高频范围的衰减为 10dB，而直流的衰减量很小。类似铁氧体磁珠，铁氧体夹在高达兆赫兹的频率范围内的共模（CM）和差模（DM）衰减均可达到 10～20dB。

在 DC-DC 变换中，电感必须能够承受高饱和电流，并且辐射小。线轴式电感具有满足该应用要求的特性。在低阻抗的电源和高阻抗的数字电路之间，需要 LC 滤波器，以保证电源电路的阻抗匹配，如图 2-2 所示。

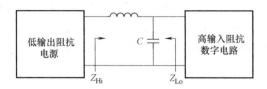

图 2-2　LC 滤波器匹配阻抗

电感最广泛的应用之一是用于交流电源滤波器，如图 2-3 所示。

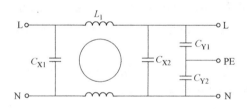

图 2-3　AC 电源滤波器

在图 2-3 中，$L_1$ 是共模扼流圈，它既通过其初级电感线圈实现查分滤波，又通过其次级电感线圈实现共模滤波。$L_1$、$C_{X1}$ 和 $C_{X2}$ 构成差分滤波网络，以滤除进线间的噪声。$L_1$、$C_{Y1}$ 和 $C_{Y2}$ 构成共模滤波网络，以减小接线回路噪声和大地的电位差。对于 50Ω 的终端阻抗，典型的 EMI 滤波器在差分模式能降低 50dB/十倍频程，而在共模降低为 40dB/十倍频程。

# 第三章 电磁兼容设计

电磁兼容是指系统、分系统、设备在共同的电磁环境中能协调地完成各自功能的共存状态。电磁兼容设计是通过提高产品的抗电磁干扰能力以及降低对外的电磁干扰，避免由于干扰导致的产品故障，从而提高产品的可靠性。电磁兼容设计一般需要从抑制干扰源、切断干扰传播途径等方面进行设计。

## 第一节 通用设计原则

244. 在设计的初始阶段，应预先研究哪些部件可能产生电磁干扰和易受电磁干扰，以便采取措施，确定要使用哪些抗电磁干扰的方法。

245. 必须记住，最有效的电磁干扰控制技术，应在设计部件和系统的最初阶段加以采用。

246. 设备内测试电路应作为电磁兼容性设计的一部分来考虑；如果事后才加上去就可能破坏原有的电磁兼容性设计。

247. 分机、电路必须进行电磁兼容性设计，解决设备与外界环境的兼容，减少来自外界的电磁干扰或其他电气设备的干扰，解决产品内部各级电路间的兼容。克服设备内部、各分板及各级之间由于器件安装不合理、连线不正确而产生的辐射干扰和传导干扰。

248. 如果可能，敏感电路应设计成在低增益和大集电极电流下工作。

249. 如果可变电阻器有一端未与线路相接，应将此端与滑臂连接，以防止开路。应确保调至最小电阻时，电阻器和额定功率仍然适用。

250. 使用具有适当额定电流的单个连接插头，避免将电流分布到较低额定电流的插头上。

251. 避免使用电压调整要求高的电路，在电压变化范围较大的情况下仍能稳定工作。

252. 正确选择工作信号电平；选用频率低的微控制器；减小信号传输中的畸变；减小来自电源的噪声。

253. 在高频情况下，印制电路板上的引线、过孔、电阻、电容、接插件的分布电感与电容等不可忽略。电阻产生对高频信号的反射，引线的分布电容会起作用，当长度大于噪声频率相应波长的 1/20 时，就会产生天线效应，噪声通过引线向外发射。印制电路板的过孔大约会引入 0.6pF 的电容，一个集成电路本身的封装材料引入 2~6pF 电容，一个电路板上的接插件，有 520nH 的分布电感。一个双列直插的 24 引脚集成电路插座，会引入 4~18nH 的分布电感。

254. 应尽量使用负逻辑接收电路及使用高阻抗电路。如 CMOS、HTL 数字电路、差动输入运算放大器。尽量采用数字电路。

255. 传输低电平信号的变压器应采用环形磁路和对称绕组，以提高抗磁场干扰的能力。

256. 严格机加及装配工艺，减少电源变压器本身的漏磁场。

# 第二节　接地与搭接

## 一、接地

257. 设备的设计和结构应保证所有外部零件、表面和壳体（天线和传输线终端除外）在正常工作期间始终处于接地电位的状态。

258. 合理采用电路接地技术。一般设备中至少要有三个分开的地线：一条是低电平电路地线（称为信号地线）；一条是继电器、电动机和高电平电路地线（称为干扰地线或噪声地线）；另一条是设备使用交流电源时，则电源的安全地线应和机壳地线相连，机壳与插箱之间绝缘，但两者在一点相连，最后将所有的地线汇集一点接地。

259. 从设备到接地线的通路应满足如下要求：

1）是连续的和永久性的。

2）应有足够的载流能力，以便安全地传导加在通路上的任何工作电流或故障电流。

3）还应有足够低的阻抗，以限制对地电位，同时便于电路中的过载电流保护装置动作。把安装在长管路（管道或电缆）内的非工作导线接地以供杂散电源或静电放电用。

4）应有足够的强度，使接地线不可能断开。

260. 对可能出现较大突变电流的电路，要有单独的接地系统，或单独的接地回路，以减少对其他电路的瞬态耦合。

261. 一般来说，频率在 1MHz 以下时，可采用一点接地体系。频率在 10MHz 以上时，可采用多点接地体系。当频率在 1MHz~10MHz 之间时，若地线长度不超过波长 1/20，则可采用一点接地体系；否则应采用多点接地体系。

262. 低频设备，即工作于 30kHz 或更低频率的设备中，应采用单点接地网络。一般情况下，按下述方法处理：

1）敏感数据线的屏蔽层在负端接地。

2）高电平信号线的屏蔽层在源端接地。

3）高阻抗直流信号源引出线上的屏蔽层在源端接地。

263. 模拟电路采用单点接地，以防止共阻抗干扰。

264. 数字电路采用多点接地和接地平面。

265. 单板上模拟电路的地与数字电路的地应单点接地。

266. 振荡器应使用单点接地系统。

267. 所有I/O接口的滤波、防护电路的地应连接到系统的屏蔽体，并尽可能靠近I/O连接器。

268. 系统内部的独立模块，如电源盒、显示模块等，应安装在系统的接地平面（即结构件）上，并与其保持良好搭接。

269. 小信号电路的接地应与其他的接地隔开；可能产生大瞬变电流的电路应有单独的接地系统。

270. 除同轴电缆外，在任何情况下，不应以屏蔽装置作为载流接地线。

271. 所有产生电磁能的电气和电子组件或部件都应设有从设备外壳到结构的低阻抗连续通路（搭接线）。

272. 带有接金属外壳引出脚的高频晶体管，外壳引出脚应接地。

273. 所有外露金属零件，操纵杆、套管均应接地。

274. 低频设备中的信号接地网络从设计到装配必须保证与设备外壳间有完整的电气隔离。

275. 高频设备中，要求进行多点等电位接地。设备内部的各种信号线对应按要求用最短的导线接至公共的金属参考面或等电位接地平面，设备底板通常作为信号参考平面。设备底板再通过外壳或机柜接至等电位接地平面。高频信号参考网络的所有互连电缆都应有足够的尺寸。

276. 信号电路接地应遵循以下原则：

1）组件内应采用高电导率的薄金属板或金属线作为地线或公共地线。

2）电路应就近接地，接地导线应尽量短。

3）在组件内，信号电路与电源电路应分别使用单独的地线回路。

4）小信号电路、大信号电路和干扰电路应分别使用单独的地线回路。

5）信号电路应有单独的低阻抗接地回路，避免用机箱结构架或底板作回路。

6）对于在不同电平上工作的电路，不应采用长的公共地线。

7）单级电路应采用单点接地形式，并将该级内的接地端集中接在印制电路板组装件公共接地线的同一点上。

8）低频多级电路应采用单点接地形式，首先将每级内的接地端集中在一起，再分别用导线接在地线板或公共地线的同一点上，而该点应选择在低电平级电路的输入端。

9）高频（高于300kHz）多级电路（包括开关电路、数字电路）应采用多点接地形式，分别将每级内的接地端集中接在地线板或公共地线的就近点上，但各接地点之间的间隔应不大于0.15λ（λ为波长）。

10）对频率为30～300kHz的电路，若用单点接地形式，则此地线长度不应大于0.15λ，否则应采用多点接地形式。

11）低电平信号电路接地点应与其他所有接地点分开。

277. 电源地线和信号地线在整个底板上应分别敷设，以便尽可能减小信号线间的耦合。下述方法可以避免地电势问题：

1）对交、直流电压和信号分别使用单独的地线回路。

2）把地线回路沿直线连接到最大的导体上，使其阻抗最低。

3）利用几个独立的地线通路连接到电源公共点，并保证电路有低的接地阻抗。

4）避免采用多端式接地母线或横向接地环路。

5）在接地母线中尽可能少地用串联接头，并且要确保它们有良好而紧密地电气连接性能。

278. 接地平面应当防止各种地回流产生干扰电源，以免在敏感电路的输入端引起干扰。应根据实际情况安排电路元器件，使地回流路径短而直，并且尽可能使其交联最少。

279. 作为设备整体一部分的通用电源插座必须接地。利用安全接地导线将此电源插座的接地端子与安装该插座的设备外壳、机架或机柜相连接。除了由插座座架自身所形成的接地连接外，还必须附加安全接地导体。

280. 由每个设备延伸的可触及导电零件必须接地到设备外壳，以防止这些零件在电源线发生故障或失效时带电。

281. 屏蔽体接地的准则如下：

1）屏蔽体接地线的阻抗应尽量小。

2）单层屏蔽的信号电路的屏蔽层应连接到被屏蔽电路的输出端接地线上，并尽量将屏蔽罩直接连接到地线上。

3）双层屏蔽的信号电路的每层屏蔽层应分别连接到被屏蔽电路输出端的同一点上，并通过外层接地。

4）当电缆长度小于0.15λ（λ为根据系统中使用的最高频率所确定的波长）时，应单独接地；大于0.15λ时，应以0.15λ的间隔多点接地；当不能用该间隔实现多点接地时，则应两端接地。

282. 电缆是整体部件时，屏蔽层应在设备内部接地。当电缆上有连接件时，应用连接件通过箱体接地。同轴电缆应有一根接地电线，不应仅用屏蔽层接地。

电缆上的屏蔽层至少应有一点与接地线牢固连接，其阻抗应最小，并满足对设备电磁兼容的要求。

283. 安装在绝缘体上的电气元件（如继电器、接触器等）的外壳应分别单独接地，而不应相互串联后再由一根电线接地。

284. 用于金属外壳手提式工具和设备的插头和方便插座，应采取措施在插头与插座配对接触时能使工具和设备的金属构架或壳体自动接地。

285. 除非控制按钮或控制杆与轴之间装有绝缘，否则控制轴与衬套应接地。

286. 设计时应注意接地故障和按危险位置确定的电压极限。

287. 一切屏蔽线（套）两端应与地有良好的接触。屏蔽层如果接地不良，相当于一个大电容，更容易受到干扰，不如不加。

288. 除射频电缆外，所有输入电源电缆和接到其他设备上的互连电缆都应装有接地线。接地线应通过连接器上的接线端接到机壳或机座上，且只用于提供接地电位。电源回线不作接地线用。

289. 当地线作为线路的一部分时，任何外部电缆或内部互连电缆在其两端的电缆接线端应有一条地线。

290. 每个非上架安装的单元或设备，应装入外壳或机柜，并用低电阻接地电缆将它们连接到设备接地网络上最靠近的点。此电缆的横截面积至少应为 $3.4 mm^2/m$。

291. 对于在不同电平上工作的电路，不可用长的公共接地线。

292. 对于高灵敏的电子设备，安装时要注意，动力供电和避雷地线不可裸露与墙相贴，以防地线电源的一部分经墙壁流过对电子设备形成干扰。

293. 只要不产生有害的接地环路，所有电缆屏蔽套都应两端接地，对非常长的电缆，则中间也应有接地点。

294. 接地引线尽可能短、粗、直，且要直接接地，尤其对高频电路，其接触面之间不允许有不导的电物质。设备接地导线规格最低要求见表 3-1 中的要求。

表 3-1　设备接地导线规格最低要求

| 设备电路中自动过电流装置的标称或调定电流 /A | 导线截面积尺寸 | |
| --- | --- | --- |
| | 铜线/mm$^2$ | 铝或铜包铝线/mm$^2$ |
| 15 | 2.1 | 3.3 |
| 20 | 3.3 | 5.3 |
| 30 | 5.3 | 8.4 |
| 40 | 5.3 | 8.4 |
| 60 | 5.3 | 8.4 |
| 100 | 8.4 | 13 |

（续）

| 设备电路中自动过电流装置的标称或调定电流 /A | 导线截面积尺寸 | |
| --- | --- | --- |
| | 铜线/mm² | 铝或铜包铝线/mm² |
| 200 | 13 | 21 |
| 400 | 27 | 42 |
| 600 | 42 | 68 |
| 800 | 54 | 85 |
| 1000 | 68 | 107 |
| 1200 | 85 | 127 |
| 1600 | 107 | 179 |
| 2000 | 127 | 204 |

**二、搭接**

295. 搭接的目的：保护设备和人身安全，防止雷电放电的危害；建立故障电流的回流通路；建立信号电流单一而稳定的通路；降低机柜和壳体上射频电位；保护人身安全，防止电源偶然接地时发生电击危害；防止静电电荷的积聚。

296. 必须把搭接设计纳入系统设计。

297. 搭接优选顺序为永久性直接连接→半永久性直接连接→间接或跨线连接。

298. 永久性直接连接可以采用热焊、铜焊、锻合、冷焊或拴接。半永久性直接连接可采用螺栓和齿形防松垫圈或夹具。防松垫圈和夹具应用较连接金属电化序低的金属制成或涂敷。

299. 只有在直接连接不可能时才可采用间接或跨线连接。例如，当互相连接的两部分之间必须留有间隙或者安装在防振架上。

300. 当无特殊要求时，系统应在全寿命期内满足下列电搭接的直流电阻要求：

1）设备壳体到系统结构之间（包括所有的接触面）的搭接电阻不大于10mΩ。

2）电缆屏蔽层到设备壳体之间（包括所有的连接器和附属的接触面）的搭接电阻不大于15mΩ。

3）设备内部的单个的接触面（如组件或部件之间）的搭接电阻不大于2.5mΩ。

301. 电子设备的机箱上应安装可靠的连接片，以便能将设备连接到机架上，机箱内的底盘应与机箱连接。

302. 所有接触面在连接前都应清洁，不得有保护涂层，连接配合面时，应保证对射频电流是低阻抗通路，并降低噪声。

303. 搭接必须实现并保持金属表面之间的紧密接触。配接表面必须光滑、清洁，并且没有非导电的表面处理层。

304. 搭接紧固件必须能施加足够的压力，以便在设备和周围环境出现变形应力、冲击和振动时仍能保持表面的良好接触。

305. 搭接条仅是直接搭接的替代连接件。如果搭接条能尽量保持最小的长宽比和最低的电阻，并且其电化序（又称电化学序）又不比被连接元器件高，就可以认为它们是一种相当好的替代连接件。

306. 接点最好由相同金属连接而成。如不能实现相同金属的连接，则必须特别注意，应选择电化序中彼此接近的金属，以减少腐蚀，或通过选择连接材料和选择辅助元件（如垫圈）来控制接点的腐蚀，以保证腐蚀作用仅影响可替换的元件。同时还要采用保护性的表面处理层来控制接点的腐蚀。

307. 必须对接点提供保护，以便防潮和防其他腐蚀因素。

308. 可以用软钎焊填充搭接中的缝隙，但不能靠软钎焊提供连接的强度。

309. 设计、使用搭接条时的注意事项如下：

1）搭接条必须是扁平、实心的狭长条金属导体，因为实心的搭接条其自感小，故应优先选用。

2）搭接条必须直接搭接到主体结构件，而不能通过邻近单元来连接。

3）搭接条不能以两根或多根串联安装。

4）搭接条应尽可能短。

5）搭接条不能用自攻螺钉紧固，建议使用螺栓固定搭接条。

6）搭接条的安装方式应保证振动或相对运动时不致影响搭接通路的阻抗。

7）搭接条应采用铝带、镀锡铜、镀镉磷青铜或镀镉钢带制造。

310. 连接器和同轴连接器必须搭接到各自有关的面板，必须把面板表面清理干净，直至露出基体金属，清理区域至少应比待装连接器的外围大出3mm。

311. 所有连接器的直流搭接电阻都不应大于2.5mΩ。

312. 在要求射频密封而又不能采用熔焊连接的场合，搭接表面必须用机械方式加工平整，使得在整个连接区域形成一个高质量的接触表面。紧固件必须定位紧固，以便在整个搭接区域保持均匀的压力。

313. 所有位于高功率辐射装置辐射场内的紧密结合金属部件，如法兰连接、屏蔽罩、检测板、接头都应与底盘相连接。

314. 连接片与波长相比越短越好，长宽比应维持在5:1或更低。

315. 跨接线应用宽、薄、结实的金属条，且勿用编织线（不适用于强电流非射频跨接线）。

316. 对于减振支座的搭接设计应考虑两个被连接表面间的相对运动，搭接条不应妨碍支座的减振作用。在甚高频或更高的频率范围内工作的装置，应在每个减振支座上安装两个搭接条。

# 第三节　屏蔽与隔离

## 一、屏蔽

317. 选择金属屏蔽，其机械性能需能支持自身。这样的屏蔽体应有充分的厚度，除甚低频以外，应尽可能获得良好的屏蔽。

318. 当电磁波频率高于1MHz时，使用0.5mm厚的任何一种金属板制成的屏蔽体，都能将场强减弱99%；当频率高于10MHz时，用0.1mm的铜皮制成的屏蔽体可将场强减弱99%以上；当频率高于100MHz时，绝缘体表面的镀铜层或镀银层就是良好的屏蔽体。

319. 一般而言，屏蔽层是铁质材料的，对电场、磁场均有屏蔽作用，否则只对电场有屏蔽作用。

320. 应采用良导体（铜、铝）作为高频电场的屏蔽材料，采用导磁材料（电工纯铁、高磁导率合金）作为低频磁场的屏蔽材料。

321. 采用多层屏蔽可提高屏蔽效果，扩大屏蔽的频率范围。

322. 一般应对电源变压器或电源模块加以屏蔽；一般应对继电器及其附属线路加以屏蔽。

323. 设计图样中应明确标示需严格控制的机加及装配工艺，减少电源变压器本身的漏磁场。

324. 隔离放大器的输入变压器，一次绕组要进行电屏蔽。

325. 接收机中的信号滤波器和天线内部电路应加以屏蔽。接收机机箱内的射频部分和输出部分之间应进行屏蔽。

326. 接收机中的本振电路应加以屏蔽。本振的屏蔽罩必须尽量连接，有必要时使用双层屏蔽。

327. 多点接地的音频电路和内部电源应加以屏蔽。

328. 所有滤波器都应加以屏蔽，其输入线与输出线之间应进行有效隔离。当要求滤波器的衰减必须大于60dB时，其输入线和输出线应考虑双重屏蔽。

329. 如有必要，对切断强电流的开关，要进行彻底的屏蔽与滤波。

330. 射频及中频线圈、同轴电容器和内部天线电路都必须加以屏蔽。

331. 设备或屏蔽体应尽量少开洞、开小洞。若必须开洞时可以采取如下减少孔洞泄漏措施：在100kHz~100MHz频段内加铜网，可采用金属管作为通风管，以衰减低于金属管截止频率的电磁干扰。

332. 对设备上装显示元件的大孔，应附加屏蔽措施防止泄漏，如附加屏蔽罩、加装导电玻璃或采用夹金属网的屏蔽玻璃等。

333. 除引爆装置与雷达调试器外，为了达到良好的屏蔽目的，排潮气孔的直径应小于3mm。

334. 如有可能，将屏蔽孔改造成波导，使其截止频率高于无关信号。因为截止波导具有衰减量较大、空气压力损失最小的特点，故其可作为较为可靠的屏蔽手段。在外壳必须钻孔的场合，应考虑用波导法屏蔽。

335. 穿过屏蔽外壳的带轴类器件，可用波导法实施屏蔽。

336. 截止波导式通风孔对比普通屏蔽网的优点如下：

1）在规定的频率范围内，能比屏蔽网提供更大的衰减。

2）在相同孔径条件下，能允许通过更多的空气，而且电压降较小。

3）更可靠，不容易损坏。

4）暴露在空气中氧化后，性能下降较少。

337. 在干扰频率不大于屏蔽体截止频率的5倍时，将一端的负载与屏蔽体连接，并将屏蔽体另一端接地。在干扰频率远高于屏蔽体截止频率时屏蔽体两端接地。

338. 使用混合电路时，将许多集成电路合装在一个屏蔽罩内，能降低电磁干扰。

339. 对各种磁性元件要合理配置或加以屏蔽，以免杂散磁场相互影响。

340. 相邻变压器的绕组轴线应互成90°放置，以减少漏磁通叠加所形成的耦合，从而降低了屏蔽的要求。

341. 对于 $Q$ 值要求较高的电路，配置的屏蔽体应尽可能远离该电路，因为屏蔽体的损耗可能降低电路的 $Q$ 值。

342. 印制电路板上的屏蔽体绝不能用作电路回流导体，因为在屏蔽体表面流过的电流可能形成射频辐射。

343. 将电源滤波器壳体的四周搭接到底板。如果其表面是铝质的，要进行导电氧化处理，不能进行阳极氧化处理或涂底漆。

344. 对电源频率干扰进行屏蔽时，可采用高磁导率的屏蔽体将整个敏感电路包封。

345. 所有控制电缆都须加屏蔽，如有可能均应予以隔离。

346. 主要引线（从变压器直至其离开调制器机箱处）都必须加屏蔽层，且屏蔽层应接地。

347. 同一电缆束内所有低频信号线的屏蔽层必须互相绝缘，以便减少交叉耦合。

348. 将继电器及其附属线路装在金属屏蔽体内，使其干扰最小。

349. 屏蔽电缆的选择原则如下：

1）外接电源线路不采用屏蔽线，对干扰较大的外接电源线应加以屏蔽。

2）直流电源线应用屏蔽线，交流电源线应用扭绞线。

3）对于多点接地线路以及音频和电源线路采用屏蔽导线。

4）对于单点接地的音频线路和内部电源线采用双绞线。

5）低频信号线、要求最大限度的电磁隔离的单点接地和多点接地线路中，采用双绞屏蔽线。

6）传输射频、视频、脉冲、高频以及在阻抗匹配要求很严的场合，信号应采用同轴电缆。

7）对于使用接地线路的低频装置，要采用单层屏蔽导线电缆，对于单端接地的低频装置，采用单层屏蔽的双芯电缆。

8）平衡的信号线路应采用双绞线或带有公用屏蔽层的平衡同轴线。

9）数字电路、脉冲电路应采用绞合屏蔽线。必要时，可单独屏蔽。

10）强干扰信号传输应适用双绞线或专用外屏蔽双绞线。

350. 设计屏蔽电缆时的注意事项如下：

1）屏蔽层不能用作信号回流电路。

2）所有的信号线路（包括信号地回路）应单独屏蔽，并在屏蔽层外加装绝缘套管。

3）当多芯双绞线缆既有单个屏蔽又采用公共屏蔽时，所有屏蔽层必须彼此绝缘。

4）同轴电缆终端所接负载的阻抗，应等于该电缆的特性阻抗。

5）对线束中各屏蔽电缆必须采用公用的屏蔽接地线，且须将所有屏蔽层都接到连接器的外壳上，同时，这些屏蔽层还应通过连接器中的一个或几个插针接到地线上。

6）所有屏蔽电缆的屏蔽层都应接到带有防电磁干扰或射频干扰的连接器的屏蔽壳体上，以实现其外部搭接。

351. 在熔丝插座和送话器（话筒）及仪表插孔上应配置金属帽盖，在可能时，采用带有金属壳体的熔丝座、插孔和插座。

352. 可以在信号灯和指示灯的前面或后面进行屏蔽，前面的屏蔽材料应采用金属网或导电玻璃。

353. 在不能采用机壳屏蔽的特殊场合，可采用内部模块式屏蔽体。

**二、隔离**

354. 应对数字电路和模拟电路、强信号和弱信号等不同类型的电路进行屏蔽隔离。

355. 对高压电源设备要进行充分的屏蔽，同时还要与高敏感电路仔细隔离。

356. 可采用光耦合器、隔离变压器（带屏蔽）等进行电路隔离。

357. 必须选用有接地静电屏蔽的电源与音频输入变压器。

358. 在灵敏的低电平电路中，为消除接地环路中可能产生的干扰，对每个电路都应有各自隔离和屏蔽好接地线。

359. 两种和多种设备连体工作时，为了消除地环路电源引起的干扰，可采用隔离变压器、中和变压器、光耦合器和差动放大器共模输入等措施。

360. 振荡器应和其他电路及天线隔离。

361. 电平特高和特低的电路要采用单独的盒子分隔。

362. 应将射频放大级和混频级隔离开来。

363. 脉冲网络和变压器应进行隔离。变压器的接线与去耦脉冲网络连接，并应使这些导线尽量的短。

364. 在电路板上分配电路功能区时，应将最敏感的网络与高电平网络或产生瞬态干扰的网络进行物理分隔。

365. 在可能时，要采用模块结构，尤其是要将电源输入滤波器装载屏蔽好的模块内。

366. 采用内墙或隔舱结构，以限制干扰在设备及分系统内部的传播。

367. 借助诸如面板或隔板等内屏蔽层将高电平源与敏感的感受器隔开。

三、缝隙处理

368. 缝隙处理的一般原则如下：

1）缝隙的长度应小于 $\lambda/20$，最好小于 $\lambda/100$，$\lambda$ 为频段中最高频率电磁波波长。

2）控制缝隙两边结构结合面的表面粗糙度，建议采用 3.2 及以下。

3）表面处理时严禁做非导电处理，比如应该对铝材进行导电氧化而不是硫酸阳极化。

4）连接紧固螺钉间隙以 30~40mm 为宜，尽量不超过 50mm。

5）装配后再一起进行表面涂覆处理，以保护接合面的导电接触。

6）增加接缝深度，建议不小于 9mm。

7）以上还不能达到要求，可在接合面之间安装导电屏蔽垫。

8）双层或多层屏蔽。

369. 在缝隙、出入口的盖子、可移动的隔板，以及其他屏蔽不连续处，为使连接处具有射频密封性，应采用导电衬垫。为改善不规则搭接面或粗糙搭接面之间的连接效果，也可使用导电衬垫。导电衬垫应有足够的弹性，以便搭接处能频繁地打开或闭合。还要有足够的硬度，以便能刺破搭接表面上所有不导电的薄膜层。

370. 导电衬垫应尽量采用槽安装方式，槽的作用是固定衬垫和限制过量压缩。

371. 务必把机械断开处控制到最少，必要时可断开，但必须使接合处保持电的连续性。

372. 为了维持电的连续性，多接点弹簧压顶接触法较其他方法为优。

373. 应尽可能地减少屏蔽体的接缝数。

374. 在屏蔽开口处（例如通风口）可用细铜网或其他适当的导电材料封住。

375. 如果金属网不需经常取下，可将它沿开口周围焊接起来。屏蔽开口的金属网不可点焊。

376. 如果为了维修或接近的目的金属网必须经常取下，可用足够数目的螺钉或螺栓沿孔口四周严密固定，以保持连续的线接触，螺钉间距不可超过 25mm。

377. 应确保螺钉或螺栓施加的压力均匀。

378. 应确保金属屏蔽网的交叉点连接良好。

# 第四节　布　线　设　计

379. 可以利用控制导线间距的办法减少导线间的耦合，导线间距越大越好。

380. 低电平信号通路不应靠近高电平信号通路或未滤波的电源导线。

381. 只要可能，将所有的雷达调制脉冲电缆安装在与其他电缆至少相距 46cm 处。

382. 强信号与弱信号的地线要单独安排，分别与地网只有一点相连。

383. 尽可能采用短而粗的地线或树枝形地线每一地线回路不能跨接两支，防止互耦。

384. 减小馈线回路的面积，并使得特性阻抗远小于负载阻抗，可以有效地减小瞬态干扰和感应出的干扰电压。

385. 对电磁干扰敏感的部件需加屏蔽，使之与能产生电磁干扰的部件或线路相隔离。如果这种线路必须从部件旁经过时，应使用它们成 90°交角。

386. 当强、弱信号电平相差 40dB 以上时，线路距离应大于 45cm。

387. 敏感的线路与中、低电平线路距离应大于 5cm。

388. 电源线应尽量靠近地线平行布线。

389. 尽量缩短各种引线（尤其高频电路），以减少引线电感和感应干扰。

390. 将进入接收机的引线减至最小限度。

391. 在接收机机箱内，不要安放任何不属于接收机本身的器件，如天线开关继电器等。

392. 如果可能，应用短而且有屏蔽层的天线引入线。

393. 连接线布线设计要注意强弱信号隔离，输入线与输出线隔离。

394. 使用导电良好的金属丝密织编结的导线屏蔽软管时，其两端间需保持连续的线接触。

# 第五节 滤波和抗干扰措施

## 一、滤波

395. 在优先考虑采取良好的接地和屏蔽措施后，必要时才采用滤波技术。

396. 合理采用滤波技术，加接相应的滤波器。尽量选择简单的滤波器。

397. 在设备电路中设置各种滤波器以减少各种干扰。

398. 最大失配原则：电路的高阻抗端接滤波器的低阻抗端；电路的低阻抗端接滤波器的高阻抗端。

399. 所有进入本振屏蔽区内的电源线均应滤波。

400. 在接收机控制电路内，设置低通滤波器。

401. 滤波器应安装在组件输入线或输出线处的机箱结构件上。

402. 安装滤波器应尽量靠近被滤波的设备，用短的，加屏蔽的引线作耦合媒介。

403. 滤波器的插入不应改变信号源的负载阻抗。

404. 滤波器的插入损耗应尽量小。

405. 应根据被插入线路两端的阻抗特性来选择或设计滤波器的阻抗特性，以便实现阻抗匹配。

406. 在电动机电刷上应安装电容滤波器。

407. 如果干扰信号只包括单一频率或一个窄频带时，可使用滤波器；如果干扰信号只包括少数固定低频分量，可使用低频滤波器。

408. 应确保滤波器有良好的接地。

409. 所有滤波器都须加屏蔽，输入引线与输出引线之间应隔离。

410. 敷设滤波器引线要靠紧底板，不可把引线弯成环状。

411. 用电源线滤波器使从高于电源频率的频率直至 1000MHz 的频率范围内产生衰减。

412. 使用天线滤波器以减少天线系统接收基频的杂波辐射或谐波辐射干扰。

413. 只要能达到预定程度的电磁干扰衰减，就可以使用简单的电容器滤波器，而不采用线路复杂的滤波器。

414. 如果用开关式稳压电源向灵敏度较高的电路供电，且电源不在机箱内，则电源线进入机箱前应加滤波器抑制尖峰干扰，通常用磁环扼流圈抑制尖峰干扰。

415. 每块单板均设置电源去耦电路，以防互相干扰，通常用 RC 滤波电路，

C 由大电容、小电容并联组成。

416. 每个器件的电源端、地端间通常加装 0.05 ~ 0.1μF 的滤波电容，且应就近加装。为防止滤波电容发生短路故障而令整块电路板不能正常工作，可采取串联电容；又为了减少电容数量，可两个器件加装一对串联滤波电容。

**二、抗干扰措施**

417. 采用平衡电路（如差动放大器）抑制共模干扰。

418. 采用噪声抵消器或噪声限幅等电路抑制噪声干扰。

419. 对于数字电路，宜采用开关电源变换器，以提高电源频率和降低电磁干扰。

420. 对于要求低纹波的敏感电路，应采用一级串联稳压器。

421. 应采用具有快速恢复特性的器件（如肖特基二极管）、缓冲网络、高频滤波等技术抑制电源变换器中的干扰。

422. 电缆连接器的接触电阻必须小于 1mΩ，以便在电缆屏蔽层和安装此连接器的设备外壳之间提供一条低阻抗通路。将电缆屏蔽层周围一圈以压紧或锡焊的方法搭接到连接器壳体，夹紧后再焊，效果最好。

423. 交流中线绝不能连接到设备的任何非载流金属零件上。

424. 不能把紧固件（如螺栓、铆钉或螺钉）作为连接点上电流的主要通路。

425. 如果通道与通道之间是隔离的（如采用悬浮负载），可在数字数据探测系统中使用单端放大器。

426. 为避免通道与通道之间构成接地回路，不要将单端放大器与已接地（搭接）的传感器一起使用。

427. 将放大器输出线的防护屏蔽层接到数据系统的接地母线。

428. 数字电路由于数字脉冲的快速上升和下降会形成容性和感性耦合，可采取以下措施避免：

1）将时钟信号线与其回流引线扭绞在一起，以减少这些线周围的磁场。

2）尽可能多地采用点对点（非平行）的交叉走线，以减少容性耦合。

3）在接地走线中应配置多条通路，使接地电流沿几条连线分流。

4）应仔细进行静电屏蔽，避免数据线过载。

5）所有数字电路的引线长度应尽可能短。

6）数字电路和低电平模拟电路之间应保持最大距离。

7）必须将模拟电路和数字电路装载同一设备的机柜内时，应尽可能加大模拟和数字电路之间的距离，如装载机柜相对的两侧。系统的公共接地板可放在机柜的中心，或采用两个接地板：一个用于模拟电路接地，另一个用于数字电路接地。但这两个接地板必须用低电感母线连接在一起，然后再接到系统的接地母线。

429. 尽量压缩设备工作频率带宽，以抑制干扰的输入。

430. 在设备中，尽量控制脉冲波形前沿上升速度和宽阔，以减少干扰的高频分量（在满足电气性能的情况下）。

431. 尽量减少电弧放电，为此尽量不用触点闭合器件。

432. 在继电器线圈上一般应安装瞬变抑制器。

433. 在可能的情况下，尽量使用硬同轴线将脉冲功率降到下一级（用以保护由同轴电缆的静电容所产生的波形失真的影响）。

434. 为防止磁场穿过金属地板和屏蔽线外皮构成的回路，通常应将屏蔽线尽量贴在底板上；若周围环境不存在干扰磁场，可以采用多点接地。

435. 应尽量减少寄生振荡，并采取必要的预防措施。

436. 对不需要的电信号传输，应采用级间去耦电路、环路或调谐回路等方法来加以抑制。

437. 调压电源应设有防止在调节中发生振荡去耦电路。

438. 指示器和交变磁场应进行隔离。指示器、控制器及电源线应使用旁路电容进行去耦。

439. 在开关和闭合器的开闭过程中，为防止电弧干扰，可以接入简单的RC网络、电感性网络，并在这些电路中加入一高阻、整流器或负载电阻之类，如果还不行，就将输入和输出引线进行屏蔽。此外，还可以在这些电路中接入穿心电容。

440. 在电动机与发电机的电刷上安装电容器旁路，在每个绕组支路上串联RC滤波器。在电源入口处加低通滤波抑制干扰也很重要。

441. 在开关或继电器触点上安装电阻电容电路，在继电器线圈上跨接半导体整流器或可变电阻。

442. 在直流电源的输出端增加大容量的电解电容器和一个小容量的高频电容器以达到去耦作用。

443. 对每个模拟放大器电源，必须在最接近电路的连接处到放大器之间加去耦电容器。

444. 对数字集成电路，要分组加装去耦电容器。

445. 在接收和发射机机箱内，可将一限制电阻器安装在保弧电极的上面，以尽量减少射频范围的振荡效益。

446. 在接收机机箱内，不要安放任何不属于接收机本身的器件，如天线开关继电器等。

447. 调整天线方位，以减少电磁干扰。

448. 只要能做到就应采用多级射频电路，以使将振荡器与天线隔离，以增加选择性和灵敏度。

449. 在设计接收机时，应将接收有用信号所必需的带宽缩小至最低限度。注意：如果要用限幅器，应采用较宽的带宽，使限幅器能有效工作。

450. 至少90%的干扰是从第一级射频输入电路进入接收机的。

451. 用一个简单的旁路电容防止射频能量自输出引线进入接收机内。

452. 应将本振屏蔽罩固定到附近大支撑物的等电位点上。

453. 适当选定振荡器线圈的方位，以将周围金属上的感应电流降到最低限度。

454. 如果干扰信号由大振幅脉冲组成，在接收机的前端应使用限幅器和消隐电路。

455. 当已经确切知道干扰信号的特性和进入途径时，可使用相位消除法抵消这些信号。

456. 应提供敏感电路的抗干扰能力。用小的高频电容器来旁路电解电容器。使用管状电容器时，把连接外层金属箔的一端接地。

457. 为了使 TTL 稳定可靠地工作，可对 TTL 电路采取以下抗干扰措施：

1）每一块装有 TTL 的印制电路板电源输入端接上去耦滤波电容器，尽可能不用外接元器件（如电阻器、电容器），以抑制由电源来的瞬态干扰。

2）输入对电流、输入对地各加反向二极管以防输入信号高于电源或低于地电压。

3）输出对地加反向二极管，以防输出电压负于地电压。

4）印制电路板包边、插入金属弹性导轨与机架相连接地。

5）用双绞线作为信号的传输线。

6）分散供电，地线成网。

## 第六节　降低噪声与电磁干扰

458. 能用低速芯片就不用高速的，高速芯片应用在关键地方。

459. 可用串联一个电阻的办法，降低控制电路上下沿跳变速率。

460. 尽量为继电器等提供某种形式的阻尼。

461. 使用满足系统要求的最低频率时钟。

462. 时钟产生器尽量靠近到用该时钟的器件。

463. 石英晶体振荡器外壳要接地。

464. 用地线将时钟区圈起来，时钟线尽量短。

465. I/O 驱动电路尽量靠近印制电路板边缘，以免对其他电路产生干扰。对进入印制电路板的信号要进行滤波，从高噪声区来的信号也要进行滤波，同时用串联终端电阻的办法，减小信号反射。

466. 闲置不用的门电路输入端不要悬空，闲置不用的运放正输入端接地，负输入端接输出端。

467. 印制电路板尽量使用45°折线而不用90°折线布线以减小高频信号对外的发射与耦合。

468. 印制电路板按频率和电流开关特性分区，噪声元件与非噪声元件要距离再远一些。

469. 印制电路板上同时安装有模拟电路和数字电路时，应将两种电路的地线系统和供电系统分开，避免干扰。

470. 单面板和双面板用单点接电源和单点接地、电源线、地线尽量粗，经济条件允许可用多层板以减小电源对地的寄生电感。

471. 时钟、总线、片选信号要远离 I/O 线和接插件。

472. 模拟电压输入线、参考电压端要尽量远离数字电路信号线，特别是时钟。

473. 时钟线垂直于 I/O 线比平行 I/O 线干扰小，时钟元件引脚应远离 I/O 电缆。

474. 元件引脚应尽量短，去耦电容引脚尽量短。

475. 关键的线要尽量粗，并在两边加上保护地。高速线要短而直。

476. 对噪声敏感的线不要与大电流，高速开关线平行。

477. 石英晶体下面以及对噪声敏感的器件下面不要走线。

478. 弱信号电路，低频电路周围不要形成电流环路。

479. 任何信号都不要形成环路，如不可避免，让环路区尽量小。

480. 每个集成电路加一个去耦电容。每个电解电容边上都要加一个小的高频旁路电容。

481. 使用大容量的钽电容或聚酯薄膜电容而不用电解电容作为电路充放电储能电容。

482. 使用管状电容时，外壳要接地。

# 第七节　应用示例

电磁干扰对电路的影响包括公共阻抗耦合、串扰、高频载流导线产生的辐射和通过由互连布线和印制线形成的回路拾取噪声等。PCB 的 EMC 设计主要在于切断干扰的传输途径，基本方法是屏蔽、滤波和接地。本节将简述几种抑制干扰的方法。

**一、串模干扰的抑制**

1. 滤波

　　串模干扰也称作差模干扰，指由两条信号线本身作为回路时，由于外界干扰源或设备内部本身耦合而产生干扰信号。除信号线引入的串模干扰外，信号源本身固有的漂移、纹波和噪声以及电源变压器不良屏蔽或稳压滤波效果不良等也会引入串模干扰。抑制串模干扰的具体措施有信号滤波，信号积分等。

　　(1) 滤波器的选择

　　1) 适用于干扰频谱不同的情况：用低通滤波器来抑制高频串模干扰；用高通滤波器来抑制低频串模干扰；如果串模干扰频率落在被测信号的两侧，则用带通滤波器来抑制。常用的低通滤波器有 RC 滤波器、LC 滤波器、双 T 滤波器及有源滤波器。简单介绍如下：

　　① RC 滤波器：结构简单，成本低，但串模抑制比不高，且时间常数较大。

　　② LC 滤波器：串模抑制比较高，但需要绕制电感，体积大，成本高。

　　③ 双 T 滤波器：对固定频率的干扰具有很高的抑制比，偏离该频率后抑制比迅速减小。主要滤除工频干扰。

　　④ 有源滤波器：可以获得比较理想的频率特性，但有源器件的共模抑制比一般难以满足要求，其本身的噪声也较大。

　　通常，设备的输入滤波器都采用 RC 滤波器，在选择电阻和电容参数时除了要满足串模抑制比 (NMRR) 外，还要考虑信号源的内阻抗，兼顾共模抑制比和放大器动态特性的要求，故常采用两级阻容低通滤波网络 (见图 3-1) 作为输入通道的滤波器。

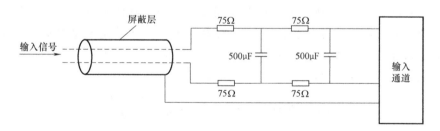

图 3-1　两级阻容滤波网络

　　2) 选择 EMI 信号滤波器滤除导线上工作不需要的高频干扰成分，解决高频电磁辐射与接收，其须保证良好接地。这类滤波器包括线路板安装滤波器、贯通滤波器、连接器滤波器。从电路形式分，有单电容型、单电感型、L 形、π 形。π 形滤波器通带到阻带的过渡性能最好，最能保证工作信号质量。

　　3) 选择交直流电源滤波器抑制内外电源线上的传导和辐射干扰，既可防止 EMI 进入电网，危害其他电路，又可保护设备自身，不衰减工频功率。

　　4) 使用铁氧体磁珠安装在元器件的引线上，用作高频电路的去耦、滤波以及寄生振荡的抑制。

　　5）尽可能对芯片的电源去耦，对进入板极的直流电源及稳压器和 DC/DC 转换器的输出进行滤波。

　　（2）滤波器的安装（见图3-2）

　　1）电源电路滤波器应安装在离设备电源入口尽量靠近的地方，不要让未经过滤波器的电源线在设备框内迁回。

　　2）滤波器中的电容器引线应尽可能短，以免因引线感抗和容抗在较低频率上谐振。

　　3）滤波器的接地导线上有很大的短路电流通过，会引起

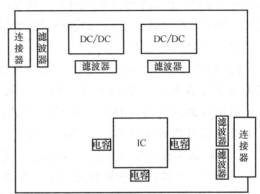

图3-2　滤波器的安装

附加的电磁辐射，故应对滤波器元件本身应进行良好的屏蔽和接地处理。

　　4）滤波器的输入和输出线不能交叉，否则会因滤波器的输入-输出电容耦合通路引起串扰，从而降低滤波特性，通常的办法是输入和输出端之间加隔板或屏蔽层。

　　2. 信号积分

　　用双积分 A-D 转换器可以削弱周期性的串模干扰的影响。因为双积分 A-D 转换器是对输入信号的积分值进行测量，若干扰信号是周期性的而积分时间又是信号周期或信号周期的整数倍，则积分后干扰值为零。

　　积分式 A-D 转换器对串模干扰抑制能力为

$$NMRR = 20 \lg (E/\Delta U_{\text{in}}) = 20 \lg \frac{\pi T_0/T}{\sin(\pi T_0/T)}$$

式中，$E$ 为串模干扰幅值；$\Delta U_{\text{in}}$ 为干扰产生的输出折算到输入端的电压幅值；$T$ 为干扰信号周期；$T_0$ 为 A-D 转换器的转换周期。

　　为了使 $T_0$ 与电源频率一致，往往用锁相环实现对 $T_0$ 对 $T$ 的跟踪；一般 V-F 型积分式 A-D 转换器不能对抗"过零干扰"，在串模干扰较大时，应选用双积分式 A-D 转换器。

　　3. 双绞线作为信号引线

　　双绞线是由两根互相绝缘的导线扭绞缠绕组成的，为了增强抗干扰能力，可在双绞线的外面加金属编织物或护套形成屏蔽双绞线。采用双绞线作为信号线的目的，就是因为外界电磁场会在双绞线相邻的小环路上形成相反

方向的感应电动势，从而互相抵消减弱干扰作用。双绞线相邻的扭绞处之间为双绞线的节距，双绞线不同节距会对串模干扰起到不同的抑制效果（见表3-2）。

表3-2 双绞线节距对串模干扰的抑制效果

| 节距/mm | 干扰衰减比 | 屏蔽效果 |
|---|---|---|
| 100 | 1:14 | 23 |
| 75 | 1:71 | 37 |
| 50 | 1:112 | 41 |
| 25 | 1:141 | 43 |
| 平行线 | 1:1 | 0 |

双绞线可用来传输模拟信号和数字信号，用于点对点连接和多点连接应用场合，传输距离为几千米，数据传输速率可达2Mbit/s。

**二、共模干扰的抑制**

1. 浮空方法

浮空可使模拟量通道对共模电压存在高的阻抗，或者说对电源和地存在高阻抗，从而达到抑制共模干扰的目的。一般可采用浮地输入双层屏蔽放大器（见图3-3）来抑制干扰。

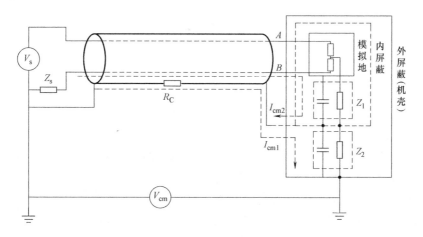

图3-3 浮地输入双层屏蔽放大器

使用浮空时应注意以下几点：

1）信号线屏蔽只允许一端接地，且只能在信号源侧接地，而放大器侧不能接地。当信号源为浮地方式时，屏蔽只接信号源的低电位端。

2）模拟信号的输入端要相应地采取三线采样开关。

3）设计输入电路时，应使放大器两输入端对屏蔽罩的绝缘电阻尽量对称，且尽可能减小线路的不平衡电阻。

2. 采用差动放大器的浮动测量方法

此方法见图 3-4 对模拟电压测量和三位或四位数字电压表来说有足够的共模抑制比，但对更高分辨率和灵敏度的检测系统就不够了。

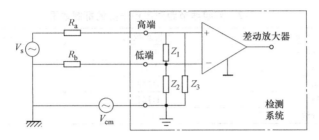

图 3-4　浮动检测

高分辨率、高灵敏度的检测系统须采用保护式检测系统（见图 3-5），且保护端能增加对电源频率或更高频率的共模抑制比。

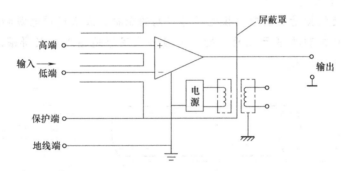

图 3-5　保护式检测系统

3. 隔离方法

1）隔离方法：利用变压器或光耦合器将各种模拟负载与数字信号源隔离开来（见图 3-6），即将"模拟地"与"数字地"断开，被测信号通过变压器耦合或光耦合器获得通路，而共模干扰由于不成回路而得到较有效的抑制。变压器是无源器件，结构简单，但性能不及光耦合器。

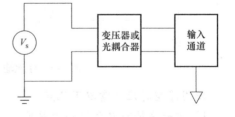

图 3-6　输入隔离

光耦合器具有很强的抗干扰能力，主要是因为其输入阻抗很低；输入回路与输出回路之间的分布电容极小，而绝缘电阻又较大；输入与输出回路间是在密封条件下进行光耦合，不受外界光的干扰。

2）光电耦合的常用电路形式如图3-7～图3-11所示。

3）光耦合器使用时应注意以下几点：

① 当工作频率升高时，虽然输入电压幅值不变，但输出却要下降。光耦合器的最高工频随负载阻抗的减小而升高。

② 光耦合器的大多数参数受温度的影响较大。

③ 使用时输入端反向电压不能超过6V，且输入特性的正向死区较大。

④ 光耦合器的输入部分和输出部分必须分别采用独立的电源。

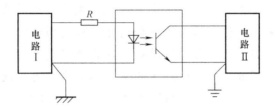

图3-7 光耦合器的常用电路形式（一）

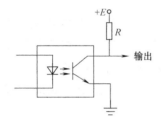

图3-8 光耦合器的常用电路形式（二）

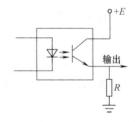

图3-9 光耦合器的常用电路形式（三）

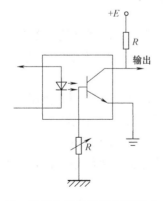

图3-10 光耦合器的常用电路形式（四）

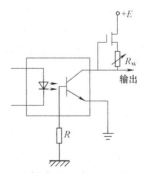

图3-11 光耦合器的常用电路形式（五）

# 第四章　热　设　计

几乎所有材料的物理特性都会随温度变化而变化；几乎所有化学反应的速率都明显地受到反应物体温度的影响，一般的规律是普通的化学反应是温度每升高10℃其反应的速率加快一倍。在温度发生变化时几乎所有的材料都会出现膨胀或收缩，这种膨胀或收缩会引起零件之间的配合、密封以及内部应力等问题。由于温度不均匀引起的局部应力集中是有害的，金属结构在加热和冷却循环作用下最终会由于产生的应力和弯曲引起的疲劳而毁坏，在不同金属连接点之间的热电偶效应所产生的电流会引起电解腐蚀等。

热传递的三种基本方式是辐射、传导和对流。采用其中的一种或综合采用这三种均可以防止温度引起的性能变化。

热设计的主要目的是通过合理的散热设计降低产品的工作温度，控制电子设备内部所有电子元器件的温度，使其在设备所处的工作环境条件下不超过规定的最高允许温度，避免高温导致故障，从而提高产品的可靠性。热设计的主要方法包括：提高导热系统的传导散热设计、对流散热设计、辐射散热设计和耐热设计。

## 第一节　总体设计原则

483. 热设计应与其他设计（电气设计、结构设计、可靠性设计等）同时进行，当出现矛盾时，应进行权衡分析，折中解决。但不得损害电气性能，并要符合可靠性要求，使设备的寿命周期费用降至最低。

484. 热设计中允许有较大的误差。但不可以此作为设计失误的借口。

485. 在设计过程的早期，应对冷却系统进行数值分析和计算。

486. 选择最简单、最有效的冷却方法，以消除全部发热量的80%。

487. 考虑经济性、体积及重量等，应最大限度地利用传导、辐射、对流等基本冷却方式，避免外加冷却装置。

488. 应对使用和维护设备提供温度适宜的环境，过冷或过热都是不允许的，应增设空调设备。

489. 设备内部的散热方法应使发热元器件与被冷却表面或散热器之间有一条低热阻的传热路径。

490. 尽量保持热环境近似恒定，以减轻因热循环与热冲撞而引起的突然热应力对设备的影响。

491. 必须假定所设计的设备会靠近比环境温度更高的其他设备。

492. 不得将设备装设在比预期的热环境更为严酷的条件下工作。

493. 设计时应使一切外露部分（包括机箱）工作在35℃环境温度下，且它们的温度不得超过60℃，面板和控制器不应超过43℃。

494. 受阳光直射的电子产品一般应加装遮阳罩。

495. 对温度敏感的元器件或设备周围应设置温度监控装置，以便当其周围温度超出该元器件允许工作温度范围时提供报警或自行断电以保护设备安全。

496. 利用金属导热是最基本的传热方法，其热路容易控制（如利用金属机箱或底盘散热），而辐射换热则需要比较高的温差，且传热路径不易控制。

497. 选用导热系数大材料制造热传导零件，例如，银、纯铜、氧化铍陶瓷及铝等。

498. 加大热传导面积和传导零件之间的接触面积。在两种不同温度的物体相互接触时，接触热阻是至关重要的。为此，必须提高接触表面的加工准确度、加大接触压力或垫入软的可展性导热材料。

499. 设备的组装应考虑维修时热量的重新分布问题。其冷却系统不应因组装而影响维修或受到损坏。

500. 设计冷却系统时，必须考虑到维修。要从整个系统的视点出发来选择热交换器、冷却剂以及管道。冷却剂必须对交换器和管道没有腐蚀作用。

501. 冷却系统中的过滤设备应易于更换或清洗。

502. 金属零件的设计应考虑高温时材料的氧化、强度降低和塑性变形等因素的影响。

503. 在室温下拧紧的螺钉，由于高温可能会断开或松动，从而导致振动问题。应特别注意螺钉、垫片、接线端、绝缘垫圈及其他小零件在高温下使用时所特有的问题。

504. 热流密度超过 $0.08W/cm^2$，体积功率密度超过 $0.18W/cm^3$ 时，应采用强迫空气冷却、强迫液体冷却、蒸发冷却、热管或其他冷却方法。

505. 强迫空气冷却是一种较好的冷却方法。若电子元器件之间的空间有利于空气流动或可以安装散热器时，就可以采用强迫空气冷却，迫使冷却空气流过发热元器件。

506. 直接液体冷却适用于体积功耗密度很高的元器件或设备。也适用于那些必须在高温环境条件下工作、元器件与被冷却表面之间的温度梯度又很小的部件。

507. 应避免蒸汽在设备内冷凝。

508. 冷却方法优选顺序为自然冷却→强制风冷→液体冷却→蒸发冷却。

# 第二节　空　气　冷　却

## 一、自然冷却

509. 大多数小型电子元器件最好采用自然冷却方法。

510. 最大限度地利用导热、自然对流和辐射等简单、可靠的冷却技术。

511. 尽可能地缩短传热路径，增大换热或导热面积。

512. 应尽量将组件内产生的热量通过组件机箱和安装架散发出去。

513. 减小安装时的接触热阻，元器件的排列有利于流体的对流换热。

514. 采用散热电路板，热阻小的边缘导轨。

515. 元器件的安装方向和安装方式应保证能最大限度地利用对流方式传递热量。元器件的安装方式应充分考虑到周围元器件等的热辐射影响，以保证每个元器件的温度都不超过其最大工作温度，并应避免过热点。

516. 电路板组件之间的距离控制在 19~21mm，且在振动环境下相邻板上的元器件及接插座、头之间不应干涉。

517. 对靠近热源的对热敏感的元器件，应采取热隔离措施。

518. 增大机箱表面的黑度，增强辐射换热。

519. 变压器自然冷却设计的关键是如何降低传热路径的热阻。应该采用较粗的导线，并使之与安装结构件之间有良好的热接触。安装表面应平整、光滑。接触界面处可加金属箔，以便减小其界面热阻。如果变压器有屏蔽罩，应尽可能使屏蔽罩与底座有良好的热连接。在外壳或铁心与机座之间装上铜带有助于增强导热能力。

## 二、强制风冷

520. 使用通风机进行风冷，使电子元器件温度保持在安全的工作温度范围内。

521. 选择通风机时应考虑的因素包括：风量、风压（静压）、效率、空气流速、系统（或风道）阻力特性、应用环境条件、噪声、体积、重量等。其中风量和风压是主要参数。当要求风量大、风压低的设备，尽量采用轴流式风机，反之，则选用离心式风机。

522. 离心式风机的特点是风压较高。一般用于阻力较大的发热元器件或机柜的冷却。轴流式风机的特点是风量大、风压小。一般用于空气循环装置或用于中、低系统阻力且要求提供较大空气流量的电子设备的冷却。轴流式风机可以装在风道中，而不改变气流的方向。

523. 当选用风机的风量和风压不能满足要求时，可采用风机的串、并联工作方式来解决。串联可提高风压，并联可增加风量。

524. 气冷系统需根据散热量进行设计，并应根据下列条件：在封闭的设备内压力降低时应通入的空气量、设备的体积，在热源出保持安全的工作温度，以及冷却功率的最低限度（即使空气在冷却系统内运动所需的能量）。

525. 设计时应注意使风机电动机冷却。

526. 用以冷却内部部件的空气须经过滤，否则大量污物将积在敏感的线路上，引起功能下降或腐蚀（在潮湿环境中会更加速进行），污物还能阻碍空气流通和起绝热作用，使部件得不到冷却。

527. 设计时注意使强制通风和自然通风的方向一致。

528. 不要重复使用冷却空气。如果必须使用用过的空气或连续使用时，空气通过各部件的顺序必须仔细安排。要先冷却热敏零件和工作温度低的零件，保证冷却剂有足够的热容量来将全部零件维持在工作温度以内。

529. 设计强制风冷系统应保证在机箱内产生足够的正压强。

530. 对于强制风冷系统，冷却空气的入口应远离其他设备热空气的出口，以免过热。

531. 注意管道必须合乎要求，设备必须严封，严防气塞。

532. 装有大量空气冷却设备的空间应有适当的通风或空调器。

533. 设置整套的冷却系统，以免在底盘抽出维修时不能抗高温的器件被高温热致失效。

534. 进入的空气和排出的空气之间的温差不应超过14℃。

535. 非经特别允许，不可将通风孔及排气孔开在机箱顶部或面板上。

536. 尽量降低噪声与振动，包括风机与设备箱间的共振。

537. 注意勿使可伸缩的单面式组合抽屉阻碍冷却气流。

538. 保证热流通道尽可能短，横截面积要尽量大。

539. 在计算空气流量时，要考虑因空气通道布线而减少的截面积。

540. 通风口设计的基本准则如下：

1）通风口的开设应有利于气流形成有效的自然对流通道。

2）进风口应尽量对准发热元器件。

3）进风口应尽量远离出风口。

4）为防止气流短路，通风口应开在温差较大的相应位置，且进风口尽量低，出风口尽量高。

5）必须符合电磁干扰、安全性要求，同时应考虑防淋雨要求。

6）进风口还要注意防尘。

7）出风口面积应稍大于进风口面积。

541. 通风管道设计的基本原则如下：

1）应尽量采用直管道输送空气。

2）避免采用急剧拐弯和弯曲的管道。可采用气体分离器和导流器，以减小阻力损失。

3）避免骤然扩展或骤然收缩。扩展的张角不得超过 20°，收缩的锥角不得大于 60°。

4）为了取得最大的空气输送能力，应尽量使矩形管道接近于正方形。矩形管道长边与短边之比不得大于 6∶1。

5）尽量使管道密封，所有搭接都应顺着流动方向。

6）应采用光滑材料制作管道，以减少摩擦损失。

542. 设备安装时，不应使其进气口和排气口受阻。排气口设置的方向不应影响人员操作。

543. 吸气孔与过滤塞必须装置适当。

544. 注意冷却系统的吸气孔应在较低部位而排气阀应在较高部位。在每一个断开处安装检验阀。

## 第三节　液　　冷

545. 若设备必须在较高的环境温度下或高密度热源下工作，以致自然冷却或强制风冷法均不能使用时，可以使用液冷或蒸发冷却法。

546. 直接液体冷却适用于体积功耗密度很高的元器件或设备，也适用于那些必须在高温环境条件下工作，且元器件与被冷却表面之间的温度梯度又很小的部件。

547. 如果必须用液冷法，最好用水作为冷却剂。

548. 设计时注意冷却剂能自由膨胀，而机箱必须能够承受冷却剂的最大蒸气压力。

549. 要确保冷却剂不致再最高的工作温度以下沸腾（如有必要，应安装温度控制器件），还应确保冷却剂不致在最低温度下结冰。

## 第四节　冷板、热管、散热器

550. 冷板的结构一般可分为气冷式冷板和液冷式冷板。肋片是气冷式冷板的主要零件，也是组成扩展表面的基本部分，肋片的材料为铝或铜制成。肋片的几何参数为：肋片的厚度为 0.2 ~ 0.6mm；肋片的间距为 0.5 ~ 5.0mm；肋片的高度为 2.5 ~ 20mm。肋片的几何参数选择时，应考虑以下几个方面：

1）根据冷板的工作环境条件（温度、气压、湿度和污染程度等），选择肋片的形状、肋间距、肋高和肋厚。

2）冷板的工作压力，一般应低于 2MPa。

3）当换热系数大时，选厚和高度低的肋片；换热系数小时，则选高而薄的肋片，以增大它的换热面积。

4）当冷板表面与环境之间的温差较大时，宜选用平直肋片（如三角肋、矩形肋）；温差小时，则选锯齿形肋片。

551. 冷板的选用原则如下：

1）根据热源的分布（集中分布、均布、非均布）、设备或元器件的热流密度、许用温度和强迫冷却时流体的许用压降、工作环境条件等因素综合考虑。

2）对于大功率密度和大功率器件的散热，可选用强迫液冷冷板。

3）对于热量均布的中、小功率器件，可选用强迫空气冷却冷板，气流速度宜在 $1 \sim 4 \mathrm{m/s}$ 范围内选择。

552. 在需要传热性能高时，可考虑采用热管。热管是一种传热效率很高的传热器件，其传热性能比相同的金属的导热高几十倍，且两端的温差很小。应用热管传热时，主要问题是如何减小热管两端接触界面上的热阻。

553. 热管的工作温度范围一般为 $-50 \sim 200℃$。热管使用前要进行真空检漏。

554. 散热器的选择和使用原则如下：

1）根据晶体管功耗、环境温度及允许的最大结温，并保证 $t_\mathrm{j} \leqslant (0.5 \sim 0.8) t_\mathrm{jmax}$ 的原则下，选择合适的散热器。

2）散热器与晶体管的接触平面应保持平直光洁，散热器上的安装孔应去除毛刺。

3）在晶体管、散热器和绝缘片之间的所有接触面处应涂导热膏或加导热绝缘硅橡胶片。

4）型材散热器应使肋片沿其长度方向垂直安装，以便自然对流。

5）散热器应进行表面处理，以增强辐射换热。

6）应考虑体积、重量及成本的限制与要求。

# 第五节 热布局、热安装

555. 发热元器件应尽可能远离其他元器件，一般置于边角、机箱内通风位置。发热元器件应用其引线或其他支撑物作支撑（如加散热片），使发热元器件与电路板表面保持一定距离，最小距离为 2mm。

556. 对于温度敏感的元器件要远离发热元件。

557. 力求使所有的接头都能传热，并且紧密地安装在一起以保证最大的金属接触面。必要时，建议加一层导热硅胶以提高产品传热性能。

558. 器件的方向及安装方式应保证最大对流。

559. 将需散热 1W 以上的器件安装在金属机箱上，或安装传热通道通至散热器。

560. 大功率接插件应尽可能装在金属板上，以利散热。安装密度大的接插件也应注意这一点。

561. 热敏元器件应放在设备的冷区（如底部），不可直接放在发热元器件之上，应装在热源下面，或将其隔离。

562. 无源元件应尽量安装于温度最低的区域；当必须安装于有源区时，应采用热屏蔽和热隔离措施。

563. 元器件的布置应按期允许的温度进行分类，允许温度较高的元器件应放在允许温度较低的元器件之上。

564. 发热量大的元器件应尽可能靠近温度最低的表面（如金属外壳的内表面、金属底座及金属支架等）安装，并应与表面之间有良好的接触热传导。

565. 尽可能减小安装界面及传热路径上的热阻。

566. 热源的位置要求如下：

1）由发热元件组成的发热区的中心线，应与入风口的中心线一致或略低于入风口的中心线，这样可使机箱内受热而上升的热空气由冷却空气迅速带走，并直接冷却发热元件。

2）元器件的布置应将耐热性能好的元器件或部件放在冷却气流的下游（出口处），耐热性能差的放在冷却气流的上游（进口处）。

567. 安装零件时，应充分考虑到周围零件辐射出的热，以使每一器件的温度都不超过其最大工作温度，而且避免对准热源。

568. 元器件的安装方位应符合气流的流动特性及提高气流紊流程度的原则。为提高散热效果，在适当位置可加装紊流器。

569. 半导体的安装位置应考虑其内部发热或相临元器件发热的影响。

570. 对于靠近热源的热敏部件，要加上光滑的、涂有漆的热屏蔽层。

571. 确保热源具有高辐射系数。如果处于嵌埋状态，须用金属传热器通至冷却装置。

572. 在热传导路径中不应有绝热或隔热元器件。

573. 为了减少元器件之间热的相互作用，应适当采用物理隔离法或热屏蔽法。保护对温度敏感的元器件的具体措施包括以下几种：

1）尽可能将通路直接连接到热沉。

2）减少高温与低温元器件之间的辐射耦合，增加热屏蔽板以形成热区和冷区。

3）尽量降低空气或其他冷却剂的温度梯度。

4）将高温元器件安装在内表面具有高的黑度、外表面低黑度的外壳中，外壳与散热器有良好的导热连接。

5）利用元器件引线导热，引线尽可能粗大。

574. 不要把传热的屏蔽罩安装在塑料底盘上。

575. 多线接插件应留有富裕接触对，除作为更换、接地及并联使用外，也可以防止热点集中。

576. 带引线的电子元器件应尽可能利用引线的导热。热安装时应防止产生热应力，要有消除热应力的结构措施。

577. 小功率晶体管的外壳至衬底之间的导热是最好的传热方法。散热效果取决于安装状况。

578. 功率晶体管的传热主要是通过管座，此处管座包括安装螺栓。因此安装表面必须平整光滑，以减小界面热阻。

579. 晶体管用的散热器的导热系数要高（一般为金属），而且要有足够的厚度，保证热量迅速扩散。

580. 集成电路与晶体管相似，为保证管座接触良好，最好采用弹性安装垫、弹簧夹，同时在安装界面处采用导热膏（脂）或导热硅橡胶。

581. 整流管和二极管的热设计与晶体管的热设计相类似。可以将二极管直接装在具有电绝缘的散热器上，使界面热阻降低。

582. 微波发射管的总功耗接近或超过100W时，一般不宜采用自然冷却方法，而需要采用其他冷却技术。

583. 电阻器的主要冷却方法是靠电阻器本身与金属底座或散热器之间的金属导热。

584. 电阻器冷却时，使用金属导热夹也是一种很好的安装方法，但应保证紧密接触。

585. 变压器和电感器在内部工作温度等于或高于65℃的设备中使用时，禁止采用封闭或液体填料的方式。

586. 变压器绝缘级为A级时，温升不得超过50℃，绝缘等级为B级时，温升不得超过60℃。

587. 电阻器成组安装时，它们之间的间隙应尽可能地大。当电阻器装在一块垂直板或底座上时，电阻器的轴线必须垂直。当电阻器轴线呈水平方向时，电阻器必须叉排，以便提高其紊流程度和冷却效果。

588. 大型绕线电阻器可散发出大量的热。安装时不仅要采取适当的冷却措施，而且还应考虑减少对附近元器件的辐射热。

589. 电阻器的热安装要求如下：

1）大型功率电阻器应安装在金属底座上，并尽可能安装在水平位置；如果其他元件与功率电阻之间的距离小于 50mm 时，则需要在大功率电阻器与热敏元件之间加热屏蔽板。

2）不能再没有散热器的情况下，将功率电阻器直接装在接线端或电路板上。

3）电阻引线长度应短些，使其和电路板的接点能起到散热作用，且最好稍弯曲，以允许热胀冷缩。

4）当电阻器成行或成排安装时，要考虑通风的限制和相互散热的影响，将它们适当组合。

590. 半导体器件的热安装要求如下：

1）大功率的半导体器件在需散热器辅助散热时，安装时应尽量减小元器件与散热器之间的距离，加装导热性能好的绝缘衬垫和导热绝缘胶等以减小接触热阻。

2）小功率晶体管、二极管及集成电路的安装位置应尽量减少从大热源及金属导热通路的发热部分吸收热量，可以采用隔热屏蔽板。

591. 变压器和电感器的热安装位置应最大限度地减少与其他元器件间的相互热作用，最好将它们安装在外壳的单独一角或安装在一个单独的外壳中。

592. 高温（150~350℃）元器件的热设计的一般要求如下：

1）耗热元器件的外表面，应具有较高的黑度，与散热器的热阻应很低。

2）安装表面应由较低的接触热阻，安装表面应进行机械精加工，表面粗糙度要足够低，并具有一定的机械强度，以防变形和保证紧密接触；同时应设计成与支架有压力接触而热连接，而支架在结构上又应成为元器件到散热器的热流通路。

3）不发热的对温度敏感的元器件外表面的黑度应尽量小，且与散热器之间应有低热阻通路。

4）有些元器件（如继电器）既含有热源又有对温度敏感的元器件，热设计时应考虑有良好的热通路，又能保护对温度敏感的元器件。

5）结构件的导热系数和表面黑度应尽量大。

6）各种材料的性质随温度增加而恶化。故材料的选用，应防止在工作温度下发生腐蚀、氧化和其他任何变质作用，应致力于寻求合适的材料（如在温度高于 200℃ 时，任何有机材料均受损坏）。

7）随着温度的增加，材料的机械强度和弹性会严重降低。应采用横截面积大的材料，以改善导热通路。高温下的弹簧，失效严重。温度增加，疲劳损坏加剧。

8）在设计气密结构时，应考虑各种材料对气体的渗透率随温度的增高而增大的情况。

9）在应用气密零件时，应考虑恒定体积的气压将随温度增高而增大的情况。

593. 电子元器件在印制电路板上的热安装还应考虑以下几点：

1）为降低从元器件壳体至印制电路板的热阻，可用导热绝缘胶直接将元器件粘到印制电路板或导热条（板）上。若不用粘接时，应尽量减小元器件与印制电路板或导热条（板）间的间隙。

2）大功率元器件安装时，若要用绝缘片，应采用具有足够抗压能力和高绝缘强度及导热性能的绝缘片，如导热硅橡胶片。为减小界面热阻，还应在界面涂一层薄的导热膏。

3）同一块印制电路板上的电子元器件，应按其发热量大小及耐热程度分区排列，耐热性差的电子元器件放在冷却气流的最上游（入口处），耐热性能好的元器件放在最下游（出口处）。

4）有大、小规模集成电路混合安装的情况下，应尽量把大规模集成电路放在冷却气流的上游处，小规模集成电路块放在下游，以使印制板上元器件的温升趋于均匀。

5）由于元器件引线和印制电路板的热膨胀系数不一致，在温度循环变化及高温条件下，应注意采取消除热应力的一些结构措施。

594. 系统或设备内温度传感器应安装在风道的下游或被监控器件的下游附近位置。

# 第六节　PCB 热设计

595. 印制电路板散热措施如下：

1）采用较宽的印制导线和大面积图形。

2）采用金属芯基材。

3）发热量大的元器件应均匀布设，并适当放宽安装密度，以利于空气直接通过热区。

596. 为提高传热（导热）性能，常用以下几种散热印制电路板：

1）在印制电路板上敷设有导热金属板的导热板式散热印制电路板；

2）在印制电路板上敷设有金属导热条的导热条式散热印制电路板；

3）在印制电路板上中间夹有导热金属芯的金属夹芯式散热印制电路板。

597. 玻璃环氧树脂电路板是不良散热器，不能全靠自然冷却。

598. 如果玻璃环氧树脂印制电路板不能散发所产生的热量，则应考虑加设散热网络和金属总印制电路板。

599. 多块 PCB 叠加形成组件使用时，应控制 PCB 之间的间距在 13mm 左右（强迫风冷），并在气流流动方向的适当位置加装紊流器，提高紊流程度，改善对流换热效果。

# 第七节 应用示例

## 一、某机箱的热设计

某机箱的热设计简介。该机箱按功能区域分为两部分，前半部分为各功能板卡区（见图4-1），后半部分为电源模块、散热风扇和对外接口（见图4-2）。

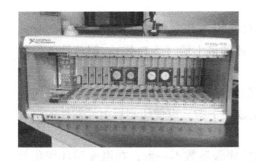

图4-1 机箱外形（前）　　　　　　　图4-2 机箱外形（后）

该机箱的热设计包含以下内容：

1）机箱热安装要求：机箱安装时，应与其他设备或安装壁之间留出一定的空间，以便于冷、热空气的流通，利于散热。机箱到每边的最小间距要求示意图如图4-3所示。

2）机箱内部风道设计如图4-4和图4-5所示。

3）机箱内等距离设置若干个温度传感器（见图4-6），以实时监控机箱内的温度，并自动调整散热风扇的转速，如果机箱内温度超过温度限制时提出报警。

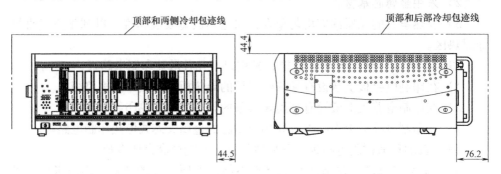

顶部和两侧冷却包迹线　　　　　　　　顶部和后部冷却包迹线

44.4

44.5　　　　　　　　　　　76.2

图4-3 机箱的热安装要求

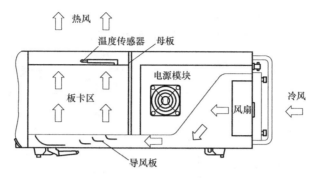

图4-4 机箱风道示意

图4-5 机箱底部导风板

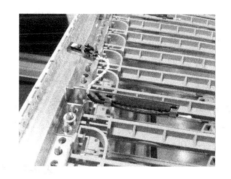

图4-6 在板卡插槽的上方设置温度传感器，以监控从板卡流过的热气流的温度

4）电源模块的热设计。电源模块（见图4-7）为设备内主要发热单元，其采用两套热风道系统散热，其采用的散热方法如下：

① 电源板上的各发热元器件用散热片散热，并有独立风扇（第二条风道）对各散热片散热（见图4-8）；

② 采用导热板式散热印制电路板（见图4-9），该印制电路板通过导热

图4-7 电源及风扇模块

图4-8 电源模块上的散热片

胶直接紧贴安装在金属安装板上（见图4-10）；

③后部风扇直接对安装底板散热（见图4-7）。

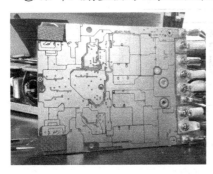

图4-9　导热板式散热印制电路板

图4-10　导热板式散热印制电路板的安装

## 二、某产品的高低温试验

为获取有关数据，以评价设备在高低温条件下的贮存和工作的适应性，依据《××××环境试验大纲》《GJB 150.3A—2009军用装备实验室环境试验方法　第3部分：高温试验》《GJB 150.4A—2009军用装备实验室环境试验方法　第4部分：低温试验》进行本试验。

1. 试验设备（见表4-1）

表4-1　试验设备列表

| 序号 | 名　称 | 型号 | 序号 |
|------|--------|------|------|
| 1 | 爱斯佩克温湿度试验箱 | EW0470 | 101135×× |
| 2 | ××测试设备 | ×××× | ×××××× |
| 3 | 双路跟踪稳压稳流电源 | DH1718E-4 | 200903××× |

2. 试验箱内环境要求

1）湿度：高温试验通常不需要控制相对湿度。

2）风速：试件附近的风速应不超过1.7m/s。

3）温度变化速率：不超过3℃/min，以免造成温度冲击。

3. 试验程序选择

1）高温试验分两个试验程序，即贮存高温试验和工作高温试验。

2）低温试验分两个试验程序，即贮存低温试验和工作低温试验。

本试验的试验顺序为：高温贮存试验（试验曲线见图4-11）、高温工作试验（试验曲线见图4-12）、低温贮存试验（试验曲线见图4-13）、低温工作试验（试验曲线见图4-14）。

4. 试验持续时间

本试验为循环暴露试验，每循环周期为24h。

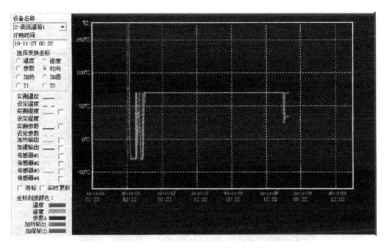

图 4-11　高温贮存试验曲线

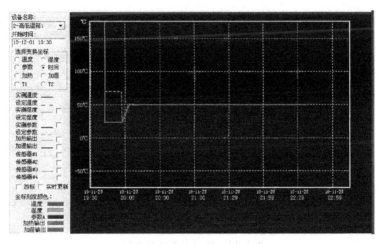

图 4-12　高温工作试验曲线

1）贮存试验：至少进行 7 个循环。每循环中最高温度出现的时间大约为 1h。

2）工作试验：至少进行 3 个循环。当难以重现温度响应时，最多可采用 7 个循环。

5. 试件工作

试件应按设备正常使用期间最具代表性的典型工作状态工作。特殊要求如下：

1）应包括功耗最大（产生热量最多）的工作状态。

2）电压改变会影响试件的热耗或温度响应时，应包括所需要的输入电压条件的变化范围；

3）应引入使用期间通常使用的冷却介质（如强迫的冷却空气或冷却

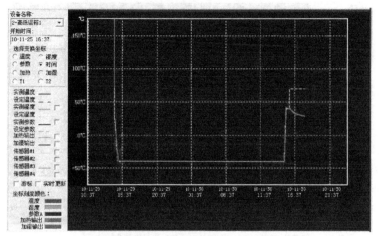

图 4-13　低温贮存试验曲线

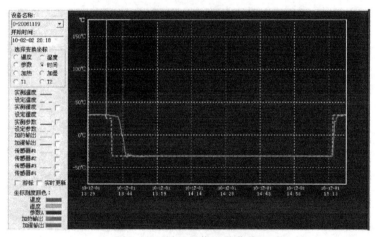

图 4-14　低温工作试验曲线

液)。使用冷却介质时应考虑冷却介质入口处的温度和流量,以反映典型情况和最坏情况下的温度及流量条件。

4) 对于恒温试验,当内部关键工作部件的温度相对恒定时,就认为温度达到了稳定。

5) 对于循环试验,试件的温度响应也是循环的,即每个循环的峰值响应温度相比在 2℃ 之内。

6. 试验步骤

(1) 循环贮存试验

1) 使试件处于贮存技术状态。

2) 将试验箱内的环境调节套试验开始阶段的试验条件,并在该条件下使试件温度达到稳定。

3）将试件暴露于贮存循环的温度条件下，暴露持续时间至少应为7个循环（共168h）或技术文件规定的循环数。同时记录试件的温度响应。

4）在循环温度暴露结束后，将试验箱内空气温度调节到标准大气条件，并且保持直至试件温度稳定。

5）对试件进行目视检查和工作性能检测，记录结果，并与试验前数据比较。

（2）循环工作试验

1）按工作技术状态安装好试件。

2）调节试验箱内的空气温度，使之达到技术文件规定的工作循环初始条件，并保持此条件直至试件温度达到稳定。

3）将试件暴露至少3个循环或为确保达到试件的最高响应温度所需要的循环数。期间尽可能对试件进行全面的目视检查，并记录检查结果。

4）在暴露循环的最高温度响应时段使试件工作。重复进行本步骤，直到按技术文件完成试件的全部工作性能检测。并记录检测结果。

5）使试件停止工作，将试验箱内的空气温度调节到标准大气条件，保持该条件直到试件温度达到稳定。

6）按技术文件的要求对试件进行全面的目视检查和工作性能检测，记录检查和检测结果，并与试验前数据进行比较。

7. 试验过程记录见表4-2。

表4-2 试验过程记录表

| 序号 | 试验项目 | 试验时间 | 试验结果 | 通过与否 |
| --- | --- | --- | --- | --- |
| 1 | 高温贮存 | | 初始检测合格<br>最后检测合格 | 通过 |
| 2 | 高温工作 | | 初始检测合格<br>中间检测合格<br>最后检测合格 | 通过 |
| 3 | 低温贮存 | | 初始检测合格<br>最后检测合格 | 通过 |
| 4 | 低温工作 | | 初始检测合格<br>中间检测合格<br>最后检测合格 | 通过 |

8. 试验结果

试验测试结果符合试验大纲的要求，完成并通过高温贮存试验、高温工作试验、低温贮存试验、低温工作试验4项测试。

# 第五章 抗振设计

电子设备在运输和使用过程中会受到各种机械力的干扰，有周期性的振动，也有非周期性的干扰（如碰撞盒冲击等），还有作非直线运动时受到的加速度和无规则运动对设备产生的随机振动干扰等。这些恶劣的机械环境都有可能对电子设备的可靠性造成危害，其中危害最大的就是振动和冲击。

由于电子设备内电子元器件种类及数量均较多，许多元器件承受机械环境的能力较弱，因此机械作用力而引起的设备损坏和故障率也很高。故在进行电子设备结构设计时，应根据设备的使用场合，了解环境条件及其对设备可能会造成的影响等，采取有针对性的措施以避免或减小恶劣的机械环境对设备造成的损害。

## 第一节 结构抗振设计

600. 在结构设计时，除了要认真进行动态强度、刚度等计算外，还必须进行必要的模型模拟试验，以确保抗击振动性能。

601. 要控制振动，大振幅、低频率对人体是有害的，应采取措施。

602. 当振动源的激励频率很低时，应增强设备结构的刚性，提高设备及元器件的固有频率与振动源激励频率的比值，使隔振系数接近于1，以防发生共振。

603. 设计时提高结构刚性的方法如下：

1）框架结构应尽量采用三角形稳定结构。

2）应避免在大面积的支撑结构上连续开孔。

3）只要可能，应采用焊接件或铸件结构，在需要螺栓连接的场合，应具有足够的紧固力并应有防松措施，以确保连接可靠。

4）设备各部分的刚度应与设备整体刚度相适应，刚性较差的部位应采取加固措施。

604. 尽量提高设备的固有振动频率，电子设备机柜的固有振动频率应为最高强迫频率的两倍，电子组件应为机柜的两倍。如舰船和潜水艇的振动频率普遍范围在 12～33Hz，机柜固有振动频率不低于60Hz，组件的固有振动频率不低于120Hz。

605. 电子器件（直径超过13mm或每一引头重量超过7g）应夹定或用其他

方法固定在底盘或板上，以防止由于疲劳或振动而引起断裂。

606. 焊接到同一端头的绞合铜线必须加以固定，使其在受振动时，以使导体在靠近各股铜线焊接在一起处不致发生弯曲。

607. 连接头处应有支撑结构。

608. 对于印制电路板，应加固和锁紧，以免在振动时发生接触不良和脱开振坏。

609. 大而重的元器件尽可能安置在印制电路板的固定端附近，以提高装配板固有频率，增加防振的能力。

610. 使用具有足够强度的对准销或类似装置以承受底盘和机箱之间的冲击或振动。不要依靠电气连接器和底盘滑板组件来承受这种负荷。

611. 抽斗或活动底盘在前面和后面具有至少两个引销。配合零件须十分严密以免振动时互相冲击。

612. 在门和抽斗上安装锁定装置，以防冲击或振动时打开。

613. 避免悬臂式安装器件。如采用时，必须经过仔细计算，使其强度能在使用的设备最恶劣的环境条件下满足要求。

614. 沉重的部件应尽量靠近支架，并尽可能安装在较低的位置。如果设备很高，要在顶部安装防摇装置或托架，则应将沉重的部件尽可能地安装在靠近设备的后壁。

615. 设备的机箱不应在 50Hz 以下发生共振。

616. 大型平面薄壁金属零件，应加折皱、弯曲、筋等以提高刚度，或另加支撑架，或选用复合材料，涂覆阻尼材料以抑制共振响应。

617. 只有在设备的设计和制造难以满足规定的振动和冲击的要求时，或在振动和冲击可能是伤害性或破坏性的地方，才使用抗冲击和隔振装置。

618. 安装在减振器上的设备，其由减振装置的最大振动幅度所确定的包迹，与周围结构件和邻近的减振设备的最大包迹之间的间隙至少应为 6mm。两个被减振的设备之间的间隙，在其同时全过程相对倾斜位于极限位置时，不应小于 5mm。

619. 设备的中心应尽可能与支撑结构的几何中心相重合。

620. 实施振动、冲击隔离设计，对系统的一些关键电真空器件，要采取特殊减振缓冲措施，要使元器件受振强度低于 $0.2m/s^2$（加速度）。

621. 冷却装置或任何其他附件不应妨碍减振支架正常工作。

622. 一个系统中可能因跌落或松动的物体、维修工具、碎片或移动的设备而损坏或压坏的关键活动组件或零件，应采用隔板、防护装置、保护罩等进行保护。

623. 如有导线必须穿过金属孔或靠近金属零件时，金属孔或边角应倒圆角。

另外，导线最好套上金属套管。

624. 对于陶瓷元件及其他较脆弱的元件和金属件连接时，它们之间最好垫上橡皮、塑胶、纤维及毛毡等衬垫。

625. 调谐元件应有固定制动装置，使调谐元件在振动和冲击时不会自行移动。

626. 可快速拆卸的元件、部件应采用专门的固定装置紧固，防止在振动或冲击下自行脱出。

627. 对应力有严格要求的电子器件（如高频部件，高速 CPU、大容量内存储器芯片等）可考虑采用新型高分子轻质材料（如泡沫硅橡胶等）封装元件。

628. 为了提高抗振动和冲击的能力，应尽可能地使设备小型化。其优点是易使设备有较坚固的结构和较低的固有频率，在既定的加速度下，惯性力也小。

629. 对于特别性振动的元器件和部件（如主振动回路元件）可进行单独的被动隔振。对振动源（如电机等）也要单独进行主动隔振。

630. 保护敏感的调节器和关键性控制器，是不受意外振动（可用锁定装置，机械防护，或电器联锁）而影响设备的正常工作。

631. 安装在运载体（车、船、飞机等）上的电子设备，当其过长、过宽或重心过高时，除底座外，侧面或（和）后面应加装减振装置。安装减振装置后应有可靠的保护地线。

632. 尽量选用已颁布的标准减振器产品。适当的选择和设计减振器，使设备实际承受的机械力低于许可的极限值。在选择和设计减振器时，缓冲和减振两种效果进行权衡。须知，缓冲和减振往往是矛盾的。图 5-3 ~ 图 5-5（见本章第三节　应用示例）给出了不同减振器在不同环境条件下的应用示例。

633. 设计和选用减振器（常用隔振器的分类见表 5-1）的一般原则是，结构紧凑、材料适宜、形状合理、尺寸尽量小、减振效率高。减振器的设计和选用应考虑的主要因素如下：

1）根据对隔振系统固有频率和减振器刚度的要求，决定减振器的形状和几何尺寸。

2）根据对系统通过共振区的振幅要求，决定阻尼系数或阻尼比。

3）根据隔振系统所处的环境和使用期限，选取弹性元件的材料以及阻尼材料。

4）分析载荷特点，不仅要考虑总重量，还应考虑各支撑部位的重力大小，以确定每个减振器的实际承载量，使设备安装减振器后，其安装平面与基础平行。

5）减振器的总刚度应满足隔振系数的要求。

6）无论设备的支撑布置是否与几何中心对称，均应使各支撑部位的减振器刚度对称于系统的惯性主轴。

7）减振器的总阻尼既要考虑系统通过共振区时对振幅的要求，也要考虑隔振去隔振效率，尤其是频率较高时对振动衰减的要求。

8）减振器应满足气候环境和其他环境的要求。

表5-1 常用隔振器的分类

| 类型 | 特性 | 应用 |
|---|---|---|
| 橡胶隔振器 | 承载能力低，阻尼大（阻尼系数为0.15~0.3），有蠕变效应。可做成各种形状，能自由地选取三个方向的刚度 | 用于静变形较小的系统积极隔振，载荷较大时做成承压式，载荷较小时做成承剪式，与金属弹簧配合使用对高频振动隔离效果好 |
| 空气弹簧隔振器 | 刚度由压缩空气的内能决定。阻尼系数在0.15~0.3范围内 | 用于有特殊要求的精密仪器和设备的消极隔振 |
| 金属弹簧隔振器 | 承载能力高，变形量大，刚度小（阻尼系数为0.01），水平刚度较竖直刚度小，易晃动 | 用于消极隔振和大激振力的积极隔振，由于易晃动，对精密设备不宜采用 |
| 泡沫橡胶和泡沫塑料 | 富有弹性，刚度小，阻尼系数为0.1~0.15，固有频率可设计得很低，承载能力低，性能不稳定，易老化 | 用于小型仪器仪表的消极隔离 |

634. 机柜上背架隔振器的最大位移应大于底部隔振器相同轴向的极限位移。

635. 不要求经常拆卸的地方，应采用自锁螺母代替弹簧垫圈，如果螺栓材料与所用螺母的强度或材料不一致，则应避免在螺栓装配件上使用自锁螺母。

636. 螺纹连接胶封是防止螺纹连接部位（主要针对没有预紧的螺纹连接）在振动、冲击、运输等条件下产生松动而采取的一种锁紧措施，可分为不可拆卸和可拆卸胶封两种形式。不可拆卸胶封是用粘接强度较高的胶涂在螺纹连接部位使胶封后达到牢固可靠之目的。可拆卸胶封是用粘接强度较低的胶或用粘接强度较高的胶涂在规定易拆的部位，使螺纹连接处能起到一定的紧固作用。

# 第二节 电路抗振设计

637. 印制电路板抗振设计一般要求如下：

1）选择剥离强度高的基板材料。

2）采用较大面积的连接盘和导电图形。

3）连接器信号线采用双线保护。

4）对元器件采用局部或整体加固。

5）必要时印制电路板应外加金属框架。

6) 3 级板用插入式印制电路板组装件时，应使用两件式连接。

638. 印制电路板的尺寸、强度及其上的元器件的布局与机箱的连接加固形式，应考虑组件的固有频率要高于整机固有频率的两倍以上，以防共振或强振动传递。

639. 对于安装高度有限制，又有防振要求的元器件，在印制电路板设计时，应考虑其倒装时的形位要求。

640. 凡依靠自身引线支撑的元器件，轴向引线元器件每根引线承重大于 7g，径向引线元器件每根引线承重大于 3.5g 时，需进行加固；而其单体重量大于 31g 时，还应注明元器件的加固方法，如粘固、绑扎等。

641. 电阻器的安装应考虑由于温升所引起的膨胀。电阻器和固定电容器的重量大于 15g 时，不得用其引出线作为支撑，如果需要引出线固定时，引出线从元器件的端部到焊点的距离不得超过 25mm。除印制电路板和不可维修的元器件外，元器件轴向引出线的总长度不应小于 6.5mm。

642. 在冲击振动环境比较恶劣的场合下使用的印制电路板板面尺寸不宜过大。否则，应采取结构加固措施（如加设肋条等）。

643. 加固材料、方法要求如下：

1) 加固材料一般采用单组分硅橡胶；有特殊加固要求的元器件，可采用透明环氧树脂加固。

2) 加固材料相容性控制：用硅橡胶加固时，不能选用聚氨酯类涂层，硅橡胶与这类涂层附着力较差，容易剥落；应选用有机硅类涂层。

3) 加固时，产品粘附部位应呈水平状态，放置平稳；将加固材料滴于元器件的引线与印制电路板连接处或元器件底部与印制电路板之间，材料注入的量和形成的形状应符合设计和工艺文件的要求；一边注入材料，一边用工具捣实，使材料中的气体排出；固化，形成支撑物 24h 后，以 60℃的温度烘烤 0.5h，除去挥发性副产物。

644. 应将导线编织在一起，并用线夹分段固定，电子元器件的引线应尽量短以提高固有频率。

645. 焊接到同一端头的绞合铜线必须加以固定，使其在受振动时，使导体在靠近各股铜线焊接在一起处不致发生弯曲。

646. 使用软电线而不宜用硬导线，因后者在挠曲与振动时易折断。

647. 模块和印制电路板的自然频率应高于它们的支撑架（最好在 60Hz 以上）。可采用小板块或加支撑架以达到这个目的。

648. 在使用一个继电器的地方可同时使用两个功能相同而频率不同的继电器。

649. 继电器安装应使触点的动作方向同衔铁的吸合方向，尽量不要同振动方向一致，为了防止纵向和横向振动失效可用两个安装方向相垂直的继电器。

650. 对于插接式的元器件，其纵轴方向应与振动方向一致。同时，应加设盖帽或管罩。

651. 对于不同的半导体器件安装方法应不同，对于带插座的晶体管和集成电路应压上护圈，护圈用螺栓接固在底座上。对于有焊接引线的晶体管，可以采取外装、专用弹簧夹、护圈或涂料（如硅橡胶）固定在印制电路板上。

652. 对于电阻器和电容器在安装时关键在于避免谐振。为此，一般采用剪短引线来提高其固有频率使之离开干扰频谱。对于小型电阻、电容只有尽可能卧装。在元件与底板间填充橡胶或用硅橡胶封装。对大的电阻、电容器则需用附加紧固装置。

653. 多线接插件的连线不应附加应力。不应为追求美观把连线绷直，而应留有一定裕量以防振动时受力，影响接触的可靠性。

654. 采用新型高分子轻质材料封装元器件，可以对高冲击振动下易损坏的部件进行防护。

655. 由于系统内各个元器件之间存在相互关系，即使采取以上方法也不一定能保证能经受住试验。对产品、装置进行振动试验是确保装置工作时可靠性的唯一途径。

## 第三节 应用与试验

有关抗振设计可详见第十五章案例介绍中的相关内容，这里只简单介绍一下几种螺钉防松的方法和某产品振动试验的情况。

### 一、几种常用的螺钉防松方式

设备由于振动而导致的故障中，其中很大一部分是由于设备内部各零部件连接用螺钉松脱进而造成的。下面简单介绍几种螺钉防松的方式及适用场合（见表5-2）。

表5-2　螺钉防松方式

| 序号 | 名称 | 适用场所 | 图　　示 |
|---|---|---|---|
| 1 | 弹簧垫圈防松（弹簧垫圈包括普通弹簧垫圈、鞍形弹簧垫圈、齿形弹簧垫圈、波形弹簧垫圈等） | 一般非重要部位的螺钉防松 | |

（续）

| 序号 | 名称 | 适用场所 | 图　　示 |
|---|---|---|---|
| 2 | 变形法防松(类似铆接,如冲点、镦粗等) | 不可拆卸的防松场合 | <br>注:(1)螺纹公称直径 $d=4\sim8mm$ 时,墙面冲 3 点;<br>　　　　$d>8mm$ 时,墙面冲 4 点。<br>　　(2)冲点在端面应分布均匀。<br>　　(3)冲点深度应为 $1\sim1.5$ 倍螺距。 |
| 3 | 止动螺钉防松 | 适用于螺钉沉入基体的防松 | |
| 4 | 止动圈防松 | 非重要部位的防松 | |
| 5 | 开口销防松 | 适用于需防止螺母松动的场合防松 | |
| 6 | 熔丝防松 | 适用于螺钉组或螺母组的防松 | |

（续）

| 序号 | 名称 | 适用场所 | 图示 |
|---|---|---|---|
| 7 | 防松螺母防松（如果是用尼龙圈防松螺母需注意工作温度） | 适用于任何场合的防松 | |
| 8 | 自锁螺母防松 | 适用于固定位置的自锁螺母防松 | |
| | | 适用于需协调装配位置的连接防松 | |
| 9 | 双螺母防松 | 适用于重要部位的防松 | |
| 10 | 螺纹胶防松 | 不可拆卸部位的防松 | |
| | | 可拆卸部位的防松 | |

## 二、某产品振动试验介绍

说明：该试验是在 GJB 150A—2009 发布前做的，2009 年发布了新的 GJB 150A—2009《军用装备实验室环境试验方法》，大家可参考新 GJB 150A 进行试验。

### 1. 产品基本构成

该产品由三个移动式减振机箱组成（见图 5-1），减振机箱的减振结构为塑胶减振垫结构型式，如图 5-2 所示。

其中上层机箱（即 B1 机箱）重约 110kg；下层左机箱（即 B2 机箱）重约 90kg；下层右机箱（即 B3 机箱）重约 70kg。

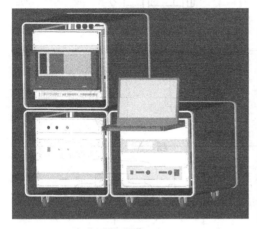

图 5-1　系统机箱组成　　　　　　　　图 5-2　机箱内减振结构

### 2. 试验依据

按 GJB 150.16—1986《军用装备实验室环境试验方法　第 16 部分：振动试验》中第一类试验方法进行随机振动试验。对受试样机的 X、Y、Z 三轴向施加振动，每轴向 1h。试验期间产品不工作。试验量值如图 5-3 ~ 图 5-5 所示。

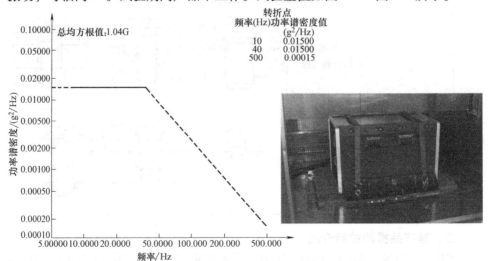

图 5-3　公路运输环境　垂直轴 1.04G 试验量值曲线及试验现场图片

振动试验时间：每轴向 1h。

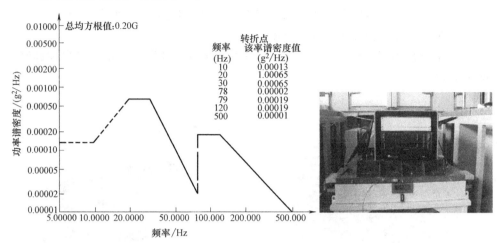

图 5-4　公路运输环境　横侧轴 0.20G 试验量值曲线及试验现场图片

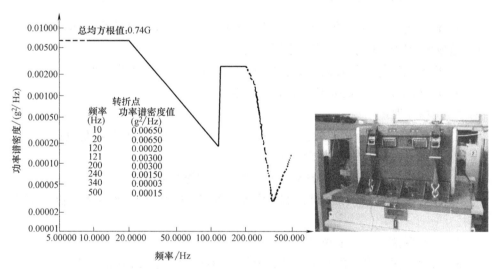

图 5-5　公路运输环境　纵向轴 0.74G 试验量值曲线及试验现场图片

3. 评判依据

外观和结构检查：箱体和面板不应开裂；结构零件不应松动脱落；连接器不应松动脱落。

通电运行检查：运行系统开机自检，记录系统自检的测试结果；运行系统维护自检，记录系统维护的测试结果。

4. 摸底试验

由于 B1 机箱是三个机箱中最重的，估计其结构承受振动冲击也最大，故选择其做摸底试验，约1h的前后振动，结果如下：

1）机箱内部的螺钉除某主框架外其余螺钉基本脱落（均为沉头螺钉）。

2）底框一个螺钉断裂（见图5-6）。

3）后部新增固定结构完全脱落，VXI机箱上螺钉孔滑牙（由于是自攻螺钉，见图5-7）。

图5-6　螺钉断裂　　　　　　　　　图5-7　螺钉孔滑牙

4）ECS机箱减振橡胶垫有一个螺钉脱落（由于ECS机箱内框拆下来加工过，造成该处固定螺钉上的螺纹紧固胶失效）。

5）ECS机箱外框外表面有破裂痕迹（试验时装夹方法不当导致）。

6）B1机箱其中一块板卡下部把手脱落。

5. 现场处理

经现场检查和分析后，协商确定采取如下紧急处理方法并现场整改：

1）将所有沉头螺钉均加螺纹紧固胶。

2）盘头螺钉无弹簧垫片的增加弹簧垫片并加螺纹紧固胶。

3）所有单元设备内外螺钉均加螺纹紧固胶，内部接插座连接部位处灌胶固封。

4）所有脱落零部件复位并紧固。

5）改变在振动台上的装夹方法，改槽钢直接压机箱为绑扎带固定。

6. 再次试验

经现场整改后重做B1机箱、B2机箱的上下振动试验，情况如下：

1）前次脱落的螺钉无松脱现象。

2）某单元设备后部跳动较严重，后定位件变形，且只有一边有定位件（见图5-8）。

3）上层机箱后部跳动较严重，挤压后风扇电缆，造成电缆外皮破裂较严重（见图5-9）。

4）上层机箱内某模块插头线缆断裂10条（见图5-10）。

5）阵列接口处线缆凌乱，易造成线缆断裂（见图5-11）。

图5-8  后定位件变形

图5-9  电缆外皮破裂

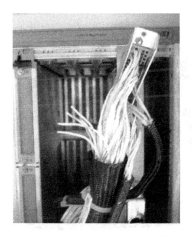

图5-10  模块插头线缆断裂

图5-11  线缆凌乱

7. 产品整改措施

经摸底试验后，对产品全部机箱、设备、线缆等按如下要求整改：

1）各单元设备、ECS机箱内部安装结构之所有螺钉均加螺纹紧固胶（乐嘉242）。

2）单元设备固定方式及后定位件重新设计，固定牢靠。

3）单元设备内部易受振动脱落处增加减震垫，螺钉用螺纹紧固胶紧固或灌胶固封。

4）所有有可能的缝隙处均增加橡胶等缓冲材料。

5）将所有无固定结构的插头、插座均灌胶固定，使插头无法松动。

6）上层机箱中有干扰线缆改变走线路径，线缆加长，加尼龙保护套（见图5-12）。

7）上层机箱后部结构重新设计，增加与ECS机箱内框可固定的安装结构（见图5-13）。

图 5-12　线缆加尼龙保护套

图 5-13　重新设计后部结构

8）上层机箱模块插头增加束线结构件（见图 5-14）。

9）阵列接口处增加束线结构件（见图 5-15）。

图 5-14　增加束线结构件

图 5-15　增加束线结构件

10）重新设计制作 ECS 机箱在振动台上的安装固定结构。

8. 正式振动试验

试验依据：《××××设备环境试验大纲》之 5.6.3，5.6.4，5.6.5 节。

根据《试验大纲》上要求发现其要求的 $X$、$Y$、$Z$ 三轴向的振动试验量值是不同的：横侧轴的总均方根值为 0.20G，纵向轴的总均方根值为 0.74G。由此可见试验量值的差异是巨大的。则针对机箱结构型式选择定义机箱的 $X$、$Y$、$Z$ 三轴向，根据平台机箱的结构特点和减振胶垫的结构和安装方式，将机箱前后方向定义为横侧轴方向，将机箱左右方向定义为纵向轴向。

经过三个机箱各三轴向共 9h 的试验，机箱、各单元设备、电缆等各方面均顺利经受了振动试验，均达到了《××××环境试验大纲》上"箱体和面板不应开裂，结构零件不应松动脱落，连接器不应松动脱落"的要求，且通电运行后系统自检的结果均为合格。试验结论：合格。

# 第六章 三防设计

产品出现故障常与所处的环境有关，当产品在冲击、振动、潮湿、高低温、盐雾、霉菌、核辐射等恶劣环境下工作时，其中部分单元会难以承受环境应力的影响而产生故障。故必须采取环境防护设计以提高产品的可靠性。正确的环境防护设计包括温度防护设计，防潮、防霉、防盐雾的"三防"设计，冲击和振动的防护设计以及防风沙、防污染、防电磁干扰以及静电防护等。

潮湿是所有化学损坏因素中最重要的一个。潮湿不是简单的水，常常是多种杂质的溶解剂，这些杂质会引起许多化学上的问题。除潮湿的化学作用外，冷凝的湿气还起到物理媒介质的作用。许多气体容易溶于湿气中，如从聚氯乙烯塑料中释放出来的氯，在与湿气结合后就形成盐酸。湿气与其他环境因素结合在一起所产生的困难已失去这些因素单独起作用的特征。

现代的防护设计已是综合环境防护设计，比如采用整体密封结构，还仅能起到"三防"作用，还能有效起到电磁环境的防护作用。

## 第一节 结构三防设计

### 一、结构设计

656. 结构外形设计应尽量简单、光滑，便于防腐蚀施工和检修，并可减少灰尘、水汽和其他腐蚀介质的滞留。

657. 应尽可能采用整体设计方法（如整体壁板、整体框等），避免和消除结构缝隙，以减少连接对表面防护层的破坏和造成渗漏腐蚀介质的机会。

658. 设备不得装设在超过湿度规定的环境中，或使设备在低于空气露点的条件工作，以免水汽冷凝造成电气短路、电化学腐蚀等。

659. 机加零件设计应避免出现死角区，以免因积水引起腐蚀，通常应在死角区开排水孔或采用光滑圆角过渡。

660. 避免不合理的结构设计。如避免构件表面出现有小凹坑或裂口等积水结构，消除点焊、铆接、螺纹紧固处缝隙腐蚀；避免引起应力集中的结构形式；零件应力值应小于屈服极限的75%。

661. 对设备或组件进行密封是防止潮气及盐雾长期影响的最有效的机械防

潮方法。将设备严格密封，加入干燥剂和防霉剂，使其内部空气干燥，可有效防止霉菌。

662. 密封性结构设计优先顺序为单元模块进行单独密封→显控台、机箱、机柜整体密封。

663. 采用密封措施时，必须解决好设备或组合密封后的散热问题。这可利用导热性好的材料作外壳或采用特殊的导热措施。此外，还必须注意消除可能在设备内部造成腐蚀条件的各种因素。

664. 除非另有规定，采用密封机箱时应在机箱上提供空气压力调节阀以平衡机箱内外的空气压力差，且该装置不应凸出超过机箱外壁。

665. 结构防腐蚀密封设计应满足如下要求：

1）应根据密封部位的结构特点、使用要求、可能遭遇的腐蚀环境与腐蚀类型，选取相应的密封剂和密封方法。

2）应使密封缝隙在载荷作用下所引起的变形量尽可能的小或使其变形有利于密封。

3）密封区域应具有良好的可达性和可见性。

4）密封的结构间隙宽度应恰当，使密封剂能填满缝隙。

5）密封的结构边缘应能使密封剂粘接牢靠。

6）所有位于外部或内部腐蚀环境的连接处和缝隙都应按要求进行结构密封。

666. 采取适当的工艺消除内应力，并加厚易腐蚀部位的构件尺寸。

667. 应力腐蚀的防护设计要求如下：

1）选用耐应力腐蚀的金属材料和热处理状态，对应力腐蚀敏感的材料，应尽可能控制设计应力。

2）控制拉应力水平，包括控制工作拉应力、残余拉应力与装配应力，使拉应力总水平低于应力腐蚀开裂门槛值。

3）尽量避免或减少应力集中，改善应力分布。

4）在设计时，零部件在改变形状和尺寸时应有足够的圆弧过渡，棱角和边缘设计成圆角。

5）应尽量使结构件的主应力方向沿材料的纤维方向，避免材料在短横向受较大的拉应力。

6）模锻件设计时，应考虑晶粒流动方向，合理选择分模面位置。模锻件的尺寸，应尽可能接近零件的最终尺寸，减少切削加工量，以避免造成较大的残余应力和大量的切断纤维。

7）锻件在设计时应保证纤维方向与主应力方向一致。

8）凡采用干涉配合的结构件，应合理控制干涉量。

9）可采取冷挤压、喷丸、应力压印等表面强化措施，以消除应力集中或在零件表面形成压应力层。

10）采用表面渗碳、渗氮、氰化、渗金属或渗合金，以降低材料对应力腐蚀的敏感性。

668. 零件形状应便于表面防护，尽量避免凹槽和缝隙，以消除能存留腐蚀性介质的间隙。若出现积存腐蚀介质的沟槽或缝隙时，技术要求上应明确指示，并采用相应的密封措施，阻止腐蚀介质进入。

669. 内部零件的形状应尽可能设计成平直或向上凸的，避免使用向下凹的零件，以免污染物和腐蚀介质的积聚。如不可避免，应在零件的适当位置处设排水孔，并应安排在便于观察和检查的位置。

670. 应尽量避免选用闭剖面零件，如需采用闭剖面，两端应尽可能封闭，并在技术要求上应明确指示在封闭前进行内表面防腐处理；如不能封闭，应设计成便于检查、排水和清洗的零件。

671. 对有配合公差要求的零件防护处理，在设计时应留有镀（涂）层余量。

672. 蜂窝结构应使用无孔耐久蜂窝芯，并采取防止水汽浸入和水液积聚的措施。

673. 铸件应尽量选用精密铸造或压力铸造，以获得致密的表面，便于表面保护，提高抗腐蚀性能。

**二、材料选用及接触防护**

674. 为了防止盐雾对设备的危害，应严格选择并控制电镀工艺、保证镀层厚度、选择合适电镀材料（如铅-锡合金）等。

675. 使用抗霉菌材料是电子设备防霉的基本方法。无机材料及大部分塑料、橡胶的抗霉性能均较好；一般的合成树脂也具有一定的抗霉性；含有机纤维的材料（如纸张、羊毛毡、人造革、黄蜡绸等）抗霉性较差；环氧系统和有机系统的涂料具有良好的抗霉性，氨基和醇酸系统的涂料易受霉菌的感染。

676. 下列材料为固有耐霉材料：金属、玻璃、陶瓷、云母、石棉、聚砜、聚丙烯、聚酰胺、聚苯乙烯、聚碳酸酯、聚丙烯腈、聚酰亚胺、聚四氟乙烯、聚偏二氯乙烯、聚三氟氯乙烯、聚酯玻璃纤维薄片、聚乙烯对苯二甲酸盐、丙烯酸、丙烯腈-氯化乙烯共聚物、硅树脂、硅氧烷聚苯乙烯、硅氧烷聚烯烃共聚物、二甲苯树脂、邻苯二甲酸二丙烯、密度高于 $0.94\,\text{g/cm}^3$ 的高密度聚乙烯、氧化乙丙共聚物、塑料薄片（硅玻璃纤维、酚醛尼龙纤维）、氯化聚酯等。

677. 下列材料需经耐霉处理和试验：ABS（丙烯腈-丁二苯-苯乙烯共聚物）、环氧树脂、酚醛树脂、聚酯树脂、乙缩醛树脂、聚氨基甲酸酯、聚氯乙烯醋酸酯、醋酸纤维素、醋酸丁酸纤维素、密胺甲醛、苯酚甲醛、尿素甲醛、聚氯乙烯、聚氟乙烯、聚二氯苯乙烯、密度低于 $0.94\,\text{g/cm}^3$ 的中密度和低密度聚乙烯、有机聚硫化物、环氧玻璃纤维薄片、有机玻璃、天然橡胶和合成橡胶、聚蓖麻油酸盐等。

678. 以下材料为非抗霉材料：

1）天然材料：植物纤维材料（木材、纸、天然纤维织物和绳索等）、动物基和植物基的胶粘剂，油脂、油和许多碳氢化合物、皮革。

2）合成材料：聚氯乙烯制品（用脂肪酸酯塑化的制品等）、某些聚氨酯类（如聚酯和某些聚醚）、含有机填充层压材料的塑料，含有对霉菌敏感组分的涂料和清漆。

679. 有机材料散发出来的低分子脂肪酸、醛类、氨类和酚类的气氛的积累，会造成对金属及镀层的腐蚀。

680. 对设备使用防霉剂或防霉漆进行防霉处理，即用化学药品抑制霉菌生长，或将其杀死。防霉剂的使用方法有混合法、喷漆法和浸渍法。

681. 合理选择材料，降低互相接触金属（或金属层）之间电位差。

682. 应采用阳极保护或阴极保护和隔离措施。

683. 相互接触的零件，尽量选用同一种金属材料。

684. 当两种金属不允许直接接触，而结构上又必须选用时，可采用如下措施：

1）选用两者都允许接触的金属或镀层进行调整过渡。

2）在滑动部位涂润滑油，不活动部位涂漆。

3）用不吸水的惰性材料绝缘。

4）不常拆卸的用密封胶密封，经常拆卸的用不干性腻子密封。

5）不允许接触而又必须电连接的部位，对于不常拆卸的，连接后要密封；经常拆卸的，连接后可用不干性腻子密封或选用与两种金属都允许接触的金属或镀层进行调整过渡，或将易腐蚀的材料或镀层适当加厚。

6）应尽量避免大阴极小阳极的危险连接，通常应使阳极面积大于阴极面积。

685. 复合材料零件与金属零件接触时采用以下方法防护：

1）复合材料与金属连接面预先贴一层玻璃纤维作为隔离层，此层可与复合材料共固化制得，且玻璃纤维层至少应比金属贴合面大 $104mm^2$，并用密封胶封边。

2）在金属和复合材料之间采用惰性材料制成垫片、胶带、套管，以形成断开电路的绝缘层，同时选用的绝缘或密封材料应不吸湿且不含腐蚀成分。

3）采用密封剂将复合材料与金属接触的整个面积进行密封，不让其暴露在不良使用环境中，避免与腐蚀介质的接触。

4）紧固件用密封剂湿态安装，复合材料的切割边用密封剂密封。

### 三、表面防护

686. 为了防潮，元器件和结构件表面可涂覆有机涂料。涂料中（尤其是线绕元件浸漆用涂料）需考虑添加杀菌剂。

687. 所有未接上的连接器要有防潮和防水汽的外罩覆盖或采取适当的防护措施。

688. 采取耐腐蚀覆盖层，如金属覆盖层（锌、镉、锡、镍、铜、铬、金等镀层）、非金属覆盖层（油漆等）、化学处理层（黑色金属氧化处理、黑色金属的磷化处理、铝及铝合金的氧化处理，铜及铜合金钝化和氧化处理等）。

689. 合理选择表面涂覆材料和热处理、表面处理方法，保证产品在规定的使用期限内和使用环境条件下不脱漆、不脱镀层、不氧化生锈和不发生脆化断裂。

690. 金属镀覆层和化学覆盖层的选择原则如下：

1）综合考虑材料的特性、热处理状态、使用条件和部位、结构形状和公差配合等因素。同时根据零件类型、特性、贮存、使用环境和条件及寿命确定金属镀覆层和化学覆盖层的厚度。

2）选用的金属镀覆层和化学覆盖层不应给零件基体材料带来不良的影响（如疲劳、氢脆和残余应力等）。

3）所选用的金属镀覆层只能在一定温度范围内使用，不应超过规定的使用温度。

4）低耐腐蚀的金属零件应尽量选用阳极性防护层。

5）镀层及工艺方法的选择应避免氢脆、隔脆、锌脆和锡脆。金属镀覆层和化学覆盖层的选择应符合相关标准的要求（如 GJB/Z 594A—2000），工艺质量控制应符合相关标准（如 GJB 480A—1995）等。

691. 钢铁零件镀覆层的选择应满足如下要求：

1）碳钢、合金结构钢、铸铁、铸钢等钢铁材料及含铬 18% 以下的不锈钢，在大气及海水中耐腐蚀性能不高，使用时除在液压油中工作外，一般都应采用镀覆层。主要包括镀锌、镀镉、喷锌、磷化、化学氧化、镀镍、化学镀镍、镀铬、镀铜、镀锡、镀银等。含铬 18% 以上的不锈钢，除有耐磨、焊接等特殊要求外，一般不需采用镀覆层，但应进行钝化处理，提高抗点蚀能力。

2）镀镉工艺的氢脆倾向比镀锌小，且海洋性大气环境条件下，镉镀层耐腐蚀性能高于锌镀层。除非有密封防护措施，镉镀层不能用于与燃油和液压油接触的零件。

3）使用温度超过 230℃ 的钢零件或在此温度下与钢接触的零件、与钛合金接触且使用温度超过 80℃ 的钢零件不应选用镉镀层；使用温度超过 250℃ 的钢零件不应选用锌镀层。

4）除有导磁、导电、焊接要求等特殊情况外，镉镀层、锌镀层都应进行钝化或磷化处理。

5）由于高强度钢对氢脆、镉脆、锌脆、锡脆等敏感，进行镀覆层选择时，应综合考虑温度和所接触的材料等因素，避免出现氢脆、镉脆、锌脆、锡脆等情况。

6）抗拉强度在 1240MPa 以上的高强度钢主要用作重要受力件，应采用低氢脆工艺进行防护，一般采用镀镉-钛、低氢脆镀镉、喷锌、离子镀铝、涂覆无机盐中温铝涂层、磷化和镀硬铬等。采用离子镀铝、涂覆无机盐中温铝涂层时应考虑工艺温度对材料力学性能可能带来的不利影响。

692. 铝合金零件镀覆层的选择应满足如下要求：

1）一般应采用硫酸阳极氧化、化学氧化等。如需考虑疲劳性能要求，可采用铬酸阳极化或硫-硼酸阳极氧化。

2）需要胶接的零件应进行磷酸阳极氧化。

3）除特殊要求外，铝合金阳极氧化后应进行封闭处理。

693. 螺纹紧固件镀覆时应同时满足镀覆层厚度和旋合性的要求，螺纹紧固件电镀层应优先符合 GB/T 5267.1—2002 中的规定。

694. 锌镀层特性如下：

1）锌镀层为银灰色，经铬酸盐处理后为彩虹色，也可用其他方法钝化成军绿色或其他颜色。

2）锌镀层对于钢（或铜）为阳极性镀层，能起到电化学防护作用。在一般大气和工业大气条件下距较高的防护性能。在矿物油中，能可靠地防止零件腐蚀。

3）锌镀层铬酸盐处理后能提高镀覆层的防护能力。

4）锌镀层的工作温度不应超过 250℃，否则易引起锌脆。在低于 -70℃ 或高于 70℃ 的水中，锌镀层防护性能明显降低。

5）锌镀层在承受弯曲、延展和拧合时，不易脱落，但其弹性、耐压及海洋气候下耐腐蚀能力较镉镀层差。

6）刚镀好的锌镀层可以熔焊（8h 内）和锡焊。经铬酸盐处理后的锌镀层不易焊接。

7）锌镀层可以磷化。

695. 下列情况不宜镀锌：在以硝酸为基的氧化剂及其蒸气中工作的零件；在工作中受摩擦的零件；厚度小于 0.5mm 的薄片零件；焊接及有不易清洗的狭小缝隙的零件；具有渗碳表面的零件；直径大于 10mm 的 30CrMnSiA 等高强度钢螺栓和抗拉强度大于 1300MPa 的零件。

696. 镀锌后需焊接、导电、导磁的零件和在过氧化氢中工作的零件的镀锌层不应进行铬酸盐处理。

697. 镉镀层在一般大气和工业大气条件下对于钢来说为阴极镀层，其防护性能比锌镀层差；在海雾直接作用下或在海水中工作时为阳极性镀层，其防护性能比锌镀层好。对于铜为阳极镀层，能起到电化学防护作用。但镉有毒，含镉污水会污染环境，且污水不易处理。故一般情况下，应尽量用镀锌或镀其他锌合金层代替镉镀层。

698. 锌镍合金镀层为有光泽的银白色，经铬酸盐处理后为彩虹色。锌镍合金镀层对钢铁为阳极镀层，抗腐蚀性能优于锌镀层，对高强钢产生氢脆的程度也比锌镀层小，是取代锌镀层的良好镀种。

699. 下列情况不宜镀锌镍合金：在以硝酸为基的氧化剂及其蒸气中工作的零件；在浓过氧化氢中工作的零件；在工作中受摩擦的零件；焊接及有不易清洗的狭小缝隙的零件；具有渗碳表面的零件和抗拉强度大于 1450MPa 的钢制零件。

700. 需焊接、导电、导磁的零件的锌镍合金镀层及锡锌合金镀层不进行铬酸盐处理。

701. 锡锌合金镀层为银白色，经铬酸盐处理后为彩虹色。镀层中含锡量为 70%~75%。锡锌合金镀层对钢铁为阳极性镀层，其抗腐蚀性明显优于锌镀层，在海洋、盐雾气氛下的抗腐蚀性与镉镀层相当，是取代有毒镉镀层的理想镀层。锡锌合金镀层钎焊性良好，经铬酸盐处理并放置较长时间后对钎焊性能也无影响。

702. 锡锌合金镀层主要用于直接受海水、海雾作用的钢铁零件的防腐蚀及用于在压缩空气、氧、乙醇、高锰酸盐、温度超过60℃的水等介质中工作的零件。还用于与铝及铝合金、镁合金接触的钢铁零件的防护。

703. 下列情况不宜镀锡锌合金：表面受摩擦的零件、在以硝酸为基的氧化剂及其蒸气中工作的零件和在浓过氧化氢中工作的零件。

704. 镍镀层为略带淡黄色的银白色。镍镀层在经受弯曲、铆压或扩孔时，有脱落的可能，只能承受轻度的摩擦，但耐磨性比锌镀层、镉镀层高。镍镀层对黑色金属为阴极镀层，只有当镀层无孔和无损伤时，才能起到机械性的保护作用。镍镀层对铜合金而言，属阳极镀层。镍镀层易于抛光，但随时间的增长，镀层逐渐发暗。镍镀层具有良好的抗氧化性，在 300~600℃温度条件下，能防止钢制零件的氧化。镍镀层能防止黑色金属表面渗氮。

705. 镍镀层一般用于装饰性防护，多层暗镍镀层用于不需要装饰或在机械负荷不大的摩擦条件下的防护。

706. 黑镍镀层以消光和装饰为主要目的。以锌为中间层的黑镍镀层的结合力和抗腐蚀性能比以镀铜为中间层的黑镍镀层的结合力和抗腐蚀性能好。一般条件下，黑镍镀层性能较稳定。

707. 黑镍镀层主要用于光学系统、需要黑色的真空系统、太阳能利用系统和作为热控镀层。

708. 化学镀镍层对于钢、铝及铝合金是阴极镀层，对铜及铜合金（黄铜除外）是阳极镀层。化学镀镍层孔隙率低，防护性能比电镀镍层好，且化学镀镍层适用于形状复杂的零件，镀层厚度均匀，可以抛光。化学镀镍层具良好的抗氧化性。化学镀镍层与其他金属具良好的结合力，可用作其他镀层的底层。但化学镀镍成本较高，镀液维护较困难。

709. 硬铬镀层为带浅蓝的银白色。铬镀层对钢铁为阴极镀层，对铜及铜合金（黄铜除外）为阳极镀层。硬铬镀层具有高硬度和低摩擦系数，因此有很高的耐磨性，能承受均匀分布载荷。但受到集中冲击时，易受到破坏。单层铬不宜做防护层用，尤其在海洋大气的条件下，铬镀层的耐腐蚀性能较差，应避免使用。

710. 下列情况不允许镀硬铬：长期在以硝酸为基的氧化剂及其蒸气中工作的零件；长期与过氧化氢接触的零件；形状复杂的零件；要求高导电性的零件；需要焊接的零件或部位；在海洋大气或海水条件下工作的零件；螺纹零件的螺纹部位；受冲击载荷的零件和高硬度的淬火零件。

711. 装饰铬镀层用于防护装饰时，不宜采用单层铬，应以铜-镍或其他合金作为中间层。装饰铬具有装饰和防护性能，按不同工艺方法可分为光亮和半光亮。光亮可达镜面光泽，反射率最高，其基体材料以铜及铜合金为宜。

712. 铝及铝合金的氧化膜层比较见表6-1。

**表6-1　铝及铝合金的氧化膜层比较**

| 氧化膜层 | 氧化膜层特性 | 应 用 范 围 | 不适用情况 |
|---|---|---|---|
| 化学氧化膜层 | 化学氧化膜层较电化学氧化膜层的防护性能低，硬度低，不耐磨，但与基体金属结合牢固 | 1. 代替电化学氧化来处理复杂的零件和部件<br>2. 铆钉、垫片等细小零件<br>3. 油漆的底层 | 使用温度超过65℃的零件不宜化学氧化 |
| 导电氧化膜层 | 1. 导电化学氧化膜层的颜色因材料和工艺不同而异，一般为浅金黄色至彩虹色<br>2. 膜层很薄，硬度低，不耐磨，不能锡焊，具较低的接触电阻<br>3. 具一定的防护性能，在良好及一般条件下使用 | 适用于要求低接触电阻的零件，如波导系统、机架、壳体等 | |

（续）

| 氧化膜层 | 氧化膜层特性 | 应 用 范 围 | 不适用情况 |
|---|---|---|---|
| 硫酸阳极氧化膜层 | 1. 简称阳极化。在大气条件下具良好的防护性能,是主要的防护和装饰方法<br>2. 颜色取决于铝合金的成分和热处理状态,纯铝为无色透明,含硅铝合金为深灰色<br>3. 一般膜层厚度为 5~12μm<br>4. 膜层多孔,与漆层结合良好,经铬酸盐、沸水填充封闭或着色后,可以得到各种颜色(含硅铝合金除外)。但着色的氧化膜层防护性能低于铬酸盐、沸水填充封闭的氧化膜层<br>5. 膜层不导电,具一定的耐磨性<br>6. 光亮阳极氧化膜层可作为热控膜层<br>7. 膜层对铝合金的疲劳性能有影响 | 1. 在大气、压缩空气、乙醇及硝酸为基的氧化剂中工作的零件<br>2. 针孔不超过 3 级的铸件,以及嵌有橡胶或氟塑料的零件<br>3. 要求装饰的零件<br>4. 作为油漆的底层<br>5. 用于粘接前的预处理<br>6. 用于热控膜层<br>7. 要求识别标记的零件 | 不宜硫酸阳极氧化<br>1. 搭接、点焊、铆接的组合件<br>2. 由不同铝合金构成的组合件及铝件与非铝件构成的组合件<br>3. 厚度小于 1mm 的零件<br>4. 带有可能残留阳极化溶液的零件<br>5. 对疲劳性能要求高的零件 |
| 铬酸阳极氧化膜层 | 1. 膜层颜色根据基体材料不同呈瓷质乳白色至浅灰色<br>2. 膜层厚度为 3~5μm<br>3. 耐蚀性低于硫酸阳极氧化膜层,与涂料结合力低于化学氧化膜层 | 1. 针孔超过 3 级的铸件<br>2. 铆接、焊接或有孔、槽、缝的形状复杂的零件<br>3. 对疲劳性能要求较高的零件<br>4. 精密零件<br>5. 蜂窝结构零件粘接前预处理<br>6. 要求检查铸、锻件加工表面质量的零件<br>7. 要求检查材料晶粒度的零件 | 铝合金的铜含量大于 4%、铜、硅总含量大于 7.5% 的零件,不宜进行铬酸阳极氧化 |
| 磷酸阳极氧化膜层 | 1. 膜层多孔,亲水和耐水性好,与基体结合牢固,胶接强度高<br>2. 厚度较薄,不会引起尺寸准确度的降低<br>3. 适用于含铜量高的铝合金 | 胶接强度要求高的零件 | |
| 绝缘阳极氧化膜层 | 1. 膜层颜色一般为半光泽的灰色至深灰色、褐色或稍带金黄色的灰绿色<br>2. 具良好的电绝缘性能(击穿电压不低于250V),绝缘电阻为 50~100MΩ<br>3. 膜层较厚,脆且不能承受弯曲。膜层较致密,透气性小,硬度比普通硫酸阳极氧化膜层稍高 | 1. 要求有较高电绝缘性能的仪表零件<br>2. 要求有一定耐磨性能的仪器仪表零件 | 1. 2A11、2A12 和厚度小于 1mm 的铝合金板材不宜进行绝缘阳极氧化<br>2. 纯铝和含镁、锰的铝合金最适宜绝缘阳极氧化 |

（续）

| 氧化膜层 | 氧化膜层特性 | 应用范围 | 不适用情况 |
|---|---|---|---|
| 硬质阳极氧化膜层 | 1. 简称硬阳极化。颜色一般低温硬质阳极氧化膜层为深灰色至黑色,常温为褐色和浅灰色<br>2. 较高的硬度(300HV 以上),良好的耐磨性、耐热性、高的电绝缘性,每 1μm 厚度膜层能耐电压约 25V<br>3. 膜层脆,不能承受冲击和弯曲<br>4. 多孔,吸附能力强,经浸油、蜡封及其他处理后,耐磨性有所提高<br>5. 当膜层厚度大于 50μm 时,对薄壁零件的抗拉强度和疲劳极限有明显的不良影响<br>6. 膜层具高的发射率(90%~95%),可做热控膜层使用 | 1. 膜层厚度为 20~40μm 的一般适用于耐气流冲刷的零件、要求电绝缘的零件、受力较小的精密仪表的耐磨零件(如陀螺仪和伺服机构的零件)等<br>2. 膜层厚度为 40~60μm 的适用于要求有高硬度和良好耐磨性的零件(如发动机涡轮泵、活塞等)<br>3. 膜层厚度为 60~80μm 的适用于需绝热的零件 | 不宜硬质阳极氧化<br>1. 螺纹零件<br>2. 承受冲击载荷的零件<br>3. 搭接、点焊、铆接的组合件<br>4. 由不同铝合金构成的组合件及铝件与非铝件构成的组合件<br>5. 厚度小于 1mm 的零件<br>6. 带有可能残留阳极化溶液的零件<br>7. 对疲劳性能要求高的零件 |
| 瓷质阳极氧化膜层 | 1. 一般为瓷质状,颜色因材料和工艺而异,有良好的防护性能<br>2. 膜层薄、致密,基本不改变零件尺寸,具一定的耐磨性 | 1. 精密仪器仪表零件的防护和装饰<br>2. 受轻微摩擦的精密零件 | |

# 第二节　电路三防设计

713. 电路抗腐蚀环境防护设计要求如下:

1）选择抗腐蚀性好的基板材料。

2）印制板图形镀镍/钯/金或镀镍/金。

3）印制板组装件整体进行防潮、防霉处理。

4）印制板组装件整体加保护罩或敷形涂层,必要时整体灌封处理。

714. 印制板组件敷形涂层的选用的一般原则如下:

1）涂料的电性能和防护性能等指标应满足 SJ 20671—1998《印制板组装件涂覆用电绝缘化合物》的规定。

2）涂层应具有低的介电常数,低的介质损耗因素和低的吸水率;防潮性能、抗霉性能、耐盐雾性能好。

3）对基板、阻焊膜及元器件具有良好的粘接性和柔韧性以及材料相容性。

4）涂料应当是聚合型的,以减少溶剂挥发时留下针孔;聚合温度宜在 70℃

以内。

5）涂料应有良好的工艺操作性，可浸涂、喷涂和刷涂。

6）涂层应无色透明（允许附加物发荧光）。

715. 对元器件进行灌封是最有效的对其进行气候环境防护的措施。灌封是指将树脂（或树脂泡沫）渗透到所有电气或电子电路系统元件或部件的所有空隙，以及将密封保护材料加载从某个接插件或部件露出的导线周围的完整的埋封。灌封层厚度通常超过 2.5mm。

716. 所有的变压器、电感器和线圈均应经过浸渍处理，以达到防潮的目的；变压器、扼流圈必要时应灌封。

717. 印制板组件灌封的条件如下：

1）要求抗振动、冲击和防腐蚀性能好的印制板组件。

2）高电压部件和在低气压工作的电路板组件。

3）不是密封结构而有气密性要求的插头座。

4）设计文件中有要求的灌封部分。

718. 对于不可更换的或不可修复的元器件组合装置可以采用环氧树脂灌装。对于含有失效率较高及价格昂贵元器件的元器件组合装置可以采用可拆卸灌封。如硅橡胶封，硅凝胶灌封和可拆卸的环氧树脂灌封等。

719. 断路器应采取密封措施，保障其内部装置在潮湿和盐雾情况下能正常工作。

720. 在潮湿环境下或在海上及沿海地区使用的设备应尽量使用密封的继电器和光耦合固态继电器。

721. 端子、端子板、接线条、接线柱及接线片的端头接点应有适当的间距，在高湿（包括凝暴）条件下，应能防止电晕放电、击穿和降低漏电阻。

722. 为了防潮，对元器件可以采取憎水处理及浸渍等化学防护措施。

723. 为了防止霉菌对电子设备的危害，应对设备的温度和湿度进行控制，降低温度和湿度保持良好的通风条件，以防止霉菌生长。

724. 为了应对气候环境，对元器件进行筛选是很重要的，对元器件进行密封检漏也是应对潮湿和盐雾环境有效的措施。

# 第三节　霉菌与盐雾试验简介

潮湿是影响电子设备稳定性、可靠性最严重的因素。无论金属材料或非金属材料，吸潮后均会在表面形成一层"水膜"，大气中的 $CO_2$、$SO_2$、$NO_2$、$H_2S$ 等气体会溶解在"水膜"中形成电解液，使绝缘介质的绝缘性能下降，使金属材料产生化学腐蚀或电化学腐蚀。潮湿还有利于霉菌等微生物的生长而侵蚀金属和非金属材料。所以，潮湿是造成腐蚀的最大根源。

霉菌在生命活动中，一方面吸取和分解有机材料中的某些成分作为养料，从而破坏材料的结构和性能；另一方面由代谢作用分泌出来的酶和有机酸（如碳酸、草酸、醋酸、柠檬酸）等，对金属产生腐蚀，并且使绝缘介质的表面电阻成百倍地下降。霉菌的生长会构成一种扩展性的物质堆积，从而破坏金属表面的保护层（如表面涂层和钝化膜）使之松动、开裂或起泡。这种堆积物还会引起印制导线间的短路、霉断线圈等。

盐雾是悬浮的氯化物和微小液滴组成的分散系统。盐雾中的氯化物是一种强电解质，大大增强金属表面液膜的导电性，促进电化学腐蚀。雾滴中的氯离子有较小的离子半径，穿透力很强！能使许多金属表面钝化膜遭到破坏而失去保护作用。盐雾的沉降量越大，对金属腐蚀越严重。

产品在自然环境中的腐蚀并不是一朝一夕就形成的，一般都需要相当长的一段时间才会出现，所以我们设计出各种环境试验以快速的模拟各种腐蚀对产品的影响（仅仅是模拟，并不真实，比如说盐雾试验并不重现海洋大气环境的影响，因海洋和其他腐蚀环境的化学组成和浓度与试验不同）。现在的防护设计除了上述的"三防"外，还将防电磁环境、防淋雨，防沙尘，抗低气压（如需增设气压调节装置、选择耐低压的元器件、结构材质等）等综合在一起统一考虑设计方案。第十五章第三节某系统设计示例中的系统密封机柜的设计就是较好的设计样例。此处就不再详细介绍关于"三防"的设计，而简单介绍下环境试验中的盐雾及霉菌试验，方便读者对这些试验有个初步了解。

## 一、某项目霉菌试验

1. 试验依据及时间

GJB 150. 10A—2009 军用装备实验室环境试验方法　第 10 部分：霉菌试验

持续 28 天（因为霉菌发芽、分解含碳分子以及降解材料的最短时间是 28 天）。期间天气基本为晴天，气温为 20～34℃，相对湿度（RH）为 60% 左右，满足试验条件。

2. 试验件原始状况：试验件清单见表 6-2，试验件原始状况如图 6-1～图 6-4 所示。

表 6-2　试验件清单

| 序号 | 名称 | 规格或代号 | 数量 | 试验要求 |
|---|---|---|---|---|
| 1 | 组合箱 | MCEiso6553-8U | 1 | |
| 2 | 电路板 | | 2 | |
| 3 | 6 位半万用表(Agilent) | MY47024342 | 1 | 放置于组合箱内 |
| 4 | 电缆 | | 1 | |

图 6-1　组合箱（拆除箱盖）

图 6-2　电路板

图 6-3　组合箱内的万用表

图 6-4　电缆

**3. 菌种选择**

本次试验选用标准中的第二组菌种种类，见表 6-3。

表 6-3　试验用菌种

| 菌种组 | 霉菌名称 | 菌种编号 | 受影响的材料 |
| --- | --- | --- | --- |
| 2 | 黄曲霉（Aspergillus flavus） | AS3.3950 | 皮革、织物 |
| | 杂色曲霉（Aspergillus versicolor） | AS3.3885 | 皮革 |
| | 绳状青霉（Penicillium funiculosum） | AS3.3875 | 织物、塑料、棉制品 |
| | 球毛壳霉（Chaetomium globosum） | AS3.4254 | 纤维素 |
| | 黑曲霉（Aspergillus niger） | AS3.3928 | 织物、乙烯树脂、敷形涂覆、绝缘材料等 |

**4. 外观评定标准**（参照 GJB 150.10A—2009 中的注释）（见表 6-4）

**5. 试验件处理**

试验前允许对试验件进行适当清洁，情况如下：

1）操作人员戴胶手套，用镜头布蘸工业酒精全面擦拭试验件内外表面如图 6-5 所示。

表6-4　外观评定标准

| 生长程度 | 等级 | 注释（GJB 150. 10A—2009） |
| --- | --- | --- |
| 无 | 0 | 材料无霉菌生长 |
| 微量 | 1 | 分散、稀少或非常局限的霉菌生长 |
| 轻度 | 2 | 材料表面霉菌断续蔓延或菌落松散分布，或整个表面有菌丝连续伸延，但霉菌下面的材料表面依然可见 |
| 中度 | 3 | 霉菌大量生长，材料可出现可视的结构改变 |
| 严重 | 4 | 厚重的霉菌生长 |

2）对电路板接插座、连接器的针脚用固体薄膜保护剂（见图6-6）均匀喷涂一层保护层。

3）所有外露螺纹及金属件外表面均喷涂固体薄膜保护剂。

4）搬运试验件时必须戴细纱手套。

5）胶手套均为一次性使用，脱下后不再重复使用。

6）对搬运过程中不小心皮肤碰到试验件的，该试验件的该部位必须重新擦拭。

图6-5　工业酒精及镜头布

图6-6　固体薄膜保护剂

6. 试验状况

试验参数控制如图6-7所示，试验件在试验箱内状态如图6-8所示。

图6-7　试验箱内参数

图6-8　试验箱内的电路板及电缆

7. 试验后试验件状况

经过 28 天连续霉菌试验后，经检查，大部分试验件均无霉菌生长，仅少数几件试验件有极少数霉点。霉菌主要生长在组合机柜的外表面，如图 6-9 和图 6-10 所示。

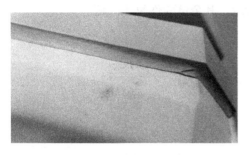

图 6-9　组合箱箱盖上的霉点

图 6-10　组合箱箱体上的霉点

8. 试验结论

除组合箱被评为 1 级外，其余试验件均评为 0 级。

所有试验件均达到试验大纲要求的 1 级以上的水平，试验合格。

**二、某项目盐雾试验**

本试验所用试验件同上例霉菌试验。

1. 试验依据及时间

GJB 150.11A—2009 军用装备实验室环境试验方法　第 11 部分：盐雾试验

交替进行的 24h 喷盐雾和 24h 干燥两种状态共 96h（2 个喷雾湿润阶段和 2 个干燥阶段）的试验程序。

2. 试验目的

确定材料保护层和装饰层的有效性；测定盐的沉积物对装备物理和电气性能的影响。

3. 试验箱内环境要求

1）温度：喷雾阶段的试验温度为 35℃ ±2℃。但此温度并不模拟实际暴露温度。如果合适，也可以使用其他温度。

2）风速：试验过程中应保证试验箱内的风速尽可能为零。

3）沉降率：每个收集器在 80cm$^2$ 的水平收集区内（直径 10cm）的收集量为每小时 1~3mL 溶液。

4）盐溶液：盐溶液的浓度为 5% ±1%。

4. 外观要求

1）金属表面及金属接触区无明显锈蚀。

2）金属焊接处无严重腐蚀。

3）金属防护层腐蚀面积占金属防护层面积的 30% 以下。

4）涂层、镀层表面处理层无脱落和明显腐蚀。

5）非金属材料无明显的泛白、膨胀、起泡、皱裂以及麻坑等。

### 5. 试验后试验件状况

首次试验结果如图 6-11 及图 6-12 所示，其余试验件暂无问题。

图 6-11　电路板上接线端子腐蚀严重　　　图 6-12　组合柜上螺钉帽腐蚀严重

### 6. 原因分析及改进措施

由于端子压片及螺钉、螺帽均为普通低碳钢表面镀铬，在经历盐雾试验后，镀层起泡破裂，导致基体金属产生锈蚀。

经过比较低碳钢、低合金钢及其表面电镀处理后的耐腐蚀性和不锈钢的耐腐蚀性后，决定将端子压片及螺钉更换为 1Cr18Ni9 不锈钢材质。另为延缓腐蚀速度，同时还对端子及螺钉螺帽处喷涂 823 固体薄膜保护剂。

### 7. 再次试验结论

整改后，再次盐雾试验，试验效果良好，达到项目环境试验大纲要求。试验合格。

# 第七章　维修性设计

产品维修性设计准则的主要内容包含如简化设计、可达性设计、标准化、互换性、模块化、防差错措施及识别标志、维修安全性、维修中人素工程要求，不工作状态的维修性等，还包括降低维修费用、检测诊断迅速准确、提高互用性等方面的内容。

简化产品设计、简化维修应是每个设计人员在维修性设计中追求的主要目标。

产品的可达性一般包含三个层次：视觉可达、实体可达和适合的操作空间。合理的结构设计是提高产品可达性的途径。

标准化是减少元器件与零部件、工具的种类、型号与式样，有利于生产、供应、维修。

设计时考虑互换性，有利于简化维修作业和节约备品、备件费用，提高维修性水平。

模块化设计是实现部件互换通用、快速更换修理的有效途径。

防差错设计是指从设计入手，保证使用、维修作业不会发生错误；如果发生错误，则关键步骤无法进行，并使错误能尽快发现。

## 第一节　总　体　原　则

725. 设计产品的同时应考虑产品的维修工作，尤其在设计早期就应将产品与其维修性结合起来，以简化使用人员、维修人员的工作为目标。

726. 对系统维修性指标预计，并对维修性方案进行论证，以确定系统（整机）维修性指标和确定以维修性为准则的最佳构成方案。

727. 对系统维修性指标进行加权分配，并提出分系统（分机）的维修性保证措施。

728. 根据产品复杂程度和使用地点拟定维修等级，以便确定配备维修设备、仪表和备件。

729. 应明确规定弃件式模块报废的维修级别及所用的测试方法、判别方法和报废标准。

730. 为易于寻找故障、易于隔离、易于调整和校准，应进行最佳设计。

731. 设计时要权衡模块更换、原件修复与弃件更换三者之间的利弊。

732. 要保证即使在维修人员缺乏经验、人手短缺而且在艰难的恶劣环境条件下也能进行维修。

733. 只要可能，应使一切维修工作都能方便而且迅速地由一个人完成。

734. 安装时间累计器，以指示工作和备用期间耗费的时间。不要用电动机型的。

735. 除弃件式零部件与模件外，均应为可以修复的。

736. 应提供迅速、确定的故障鉴别方法。如提供计算机判断故障语言或提供故障树形式的逻辑故障判断表，列出可能产生的故障、排除方法和排除故障时间等。

737. 保证设备上故障率高的或偶尔损坏的部分具有最大限度的互换性。能安装互换的部件，必须能功能互换，能功能互换的部件，也应尽量可以安装互换，必要时可采取连接装置来实现安装互换。

738. 采用插头类型号要标准化。型号要尽量少，应在一定的系统范围内统筹安排，具有一定的互换性。

739. 产品改进时，应能做到新、老产品之间互换使用。

740. 采用不同厂商生产的相同型号的产品必须能安装互换和功能互换。

741. 在总体设计方案上，应使各分机采取故障隔离措施。

742. 如果维修规程必须按特定步骤进行，就将设备设计成只能按这种步骤进行维修。

743. 装备上应设有成套的各种备附件。

# 第二节　简 化 设 计

744. 实现简化的设计技术包括：简化功能；合并功能；减少元器件、零部件的品种与数量；尽量采用标准的硬件和软件；改善产品检测、维修的可达性；产品设计应与维修性设计协调同步进行；改进、简化维修作业程序，降低对维修人员的技能要求等。

745. 广泛采用集成电路、固体电路，尽量用集成电路取代分立器件组成的电路，并提高集成电路的集成度。

746. 用数字电路代替模拟电路，或数字、模拟混合电路代替模拟电路。

747. 尽量使设备结构简单以便维修，降低维修技术要求与工作量。设计时，应在满足规定功能要求的条件下，构造简单，尽可能减少产品层次和组成单元的数量，并简化零部件的形状。

748. 只要有可能，尽量使用固定零件设计与电路设计，以避免维修调整。只要在设备使用寿命期内零件的部分值不需要改变，就不要使用可调整零件。

749. 应降低寿命周期的维修费用，尽可能采取便宜元器件原材料和容易的维修工艺。

750. 做到不需要复杂的有关设备就可以在紧急的情况下进行关键性调整和维修。

751. 尽量采用小型化设计，以减少包装与运输费用，并便于搬动与维修。

752. 设备应具有最轻的重量和良好的可靠性与耐用性。

753. 尽可能设计少需要或不需要预防性维修的设备，使用不需要或少需要预防性维修的部件。

754. 确定需通过预防维修与监视或检查的参数与条件。

755. 减少贮存中的维修，保证有最长的贮存寿命。

756. 应尽量减少维修次数，采用成熟的设计和经过考验的零件、部件、整件。

757. 应提供简便、实用的自动诊断故障和核准测试设备。

758. 要精简维修工具、工具箱与设备的品种和数量。

759. 只要办得到，应设法使维修工作不用工具就能进行。

760. 确保可用普通手持工具拆换组件和部件。

761. 需要维修的零、部、整件应尽量采用快速解脱装置，以便于分解和结合。

762. 产品各部分（特别是易损件和常用件）的拆装要简便，拆装零部件进出的路线最好是直线或平缓的曲线；不要使拆下的零部件或产品拐着弯或颠倒后才能移出。

763. 尽量减少冗长而复杂的维修手册和规程。

# 第三节　模块化设计

764. 下列情况可以考虑采用模块化设计：

1）以前研制的标准模块的可靠性及输入输出特性均符合新产品的需求，并且可以简化目前的设计工作。

2）用更新、更好的功能单元替换旧单元能改进现有设备时。

3）模块化设计利于采用自动化的制造方法时。

4）可直接从市场采购的模块，在经过可靠性验证后，应优先采用。

5）能更有效地简化各级维修作业时。

6）有利于故障的识别、隔离和排除时。

7）降低设备对维修人员的数量和技能要求时。

8）有利于实现故障自动诊断时。

765. 模块划分是模块化设计的关键。模块划分的原则如下：

1）所划分的模块应具有特定的独立功能和结构，技术指标明确，可以进行单独运行或测试、制造和储备。

2）所划分的模块应具有典型性、通用性、互换性（兼容性），具有标准的信息接口关系或连接要素，便于升级。

3）所划分的模块应具有良好的组合性，能以有限种类的模块组成能满足各种需求的不同产品。

4）模块的大小应与划分的功能大小、模块使用、管理的方便性、预期的维修级别相适应。

5）所划分的模块应能满足在研设备和预研设备的需要，并尽可能适用于现有设备的改造，具有良好的继承性和较长的寿命。

6）应能充分利用现有科技成果（包括模块化成果）并能适应技术发展趋势，具有先进性和稳定性，不因科学技术发展而被过早地淘汰或在结构上发生较大变化。

7）有利于进行系列化工作，便于形成模块系列。

8）应能提高设备的可靠性和维修性，适应"三级维修"体制。

9）应能提高设备的互连、互通和互换能力。

10）模块界面应简洁、清楚。

11）有利于规模生产和商品化，并应考虑采用新技术和新工艺的可能性，具有较高的经济性。

766. 模块设计的一般原则如下：

1）应尽量使产品中的模块可用产品自身或携带的检测装置来进行故障隔离。

2）每个模块本身应具有尽可能高的故障自检和隔离能力。

3）模块的分解、更换、结合、连接等活动应不用或少用专用工具。

4）模块本身的调校工作应尽可能少。

5）一般应对模块进行封装设计，以提高模块的环境适应能力。

6）对带有密级的模块应加以标明，以便提供适当的处理方法。

767. 弃件式模块设计准则如下：

1）不能因价格低的元器件发生故障而使模块中价格昂贵的元器件报废。

2）不能因可靠性差的零件发生故障而造成模块中可靠性高的零件报废。

3）费用低、非关键、重要件且容易得到的产品应首先考虑设计成弃件式模块。

4）弃件式模块的报废标准应明确并易于鉴别。

5）弃件式模块应有明显标记，并在技术文件中说明。

6）弃件式模块中的贵重零件应设计得利于回收。

7）对于可能受污染的零件应规定相应的保护措施。

8）弃件式模块也应封装，但应保持与性能及可靠性要求一致。

768. 模块化设计一般利用功能关系来划分模块，有利于故障隔离和维修保障。常用的功能分组方法有逻辑流分组法、回路分组法、产品结构分组法及维修频率分组法等。

769. 按产品维修级别规划模块，在基层级维修的产品应尽量全部实现模块化。

770. 在满足安装空间要求的情况下，只要在电气上和机械上可行，应尽可能地将设备设计成模块。

771. 模块化设计时，应在模块的原材料、设计、使用、维修等方面综合考虑，以实现最佳的性价比。

772. 将设备按实体划分为模块，并与功能设计一致，从而使各模块之间相互影响最小。

773. 尽量减少相邻模块间的连接。

774. 不应要求模块内的元器件同时适合多种功能的需要。

775. 多个模块组合使用，拆卸其中任一个模块时不应需要同时拆卸其他模块。

776. 尽可能使用插入式模块。应使模块及其插座标准化，但需有严格的防差错措施。

777. 只要结构上可行，应将所有设备设计成由一名维修人员就能对故障件进行快速而简便的拆装和更换。

778. 应控制每个模块的质量和尺寸，尽量设计得小而轻，一个人就能搬动。一般要求可拆卸单元的质量不大于 16kg，当质量超过 4kg 时应设置把手。

779. 如果模块上有控制杆或连杆，应设计得易于从各件上拆卸下来。

780. 应给模块提供导向装置和定位销，使模块在安装时能很快地被对准。

781. 每个模块应能单独测试。产品更换 LRU 后无需进行调整或校准。

# 第四节　布局设计

782. 为避免各部分维修时交叉作业与干扰，可用专舱、专柜或其他适宜的形式布局。

783. 应合理安排各组成部分的位置，减少连接件、固定件，使其检测、换件等维修操作简单方便。尽量做到检查或维修任一部分时，不拆卸、不移动或少拆卸、少移动其他部位。

784. 对于舰船、车载机柜、机箱的设计必须满足正面维修的要求。

785. 需要维修和拆卸的部件，其周围应有足够的空间（包括为使用测试探头和其他所需的工具提供足够的空间），以便操作。

786. 常维修的产品的布置应易于接近，不受结构单元或其他产品的阻碍。

787. 需频繁维修的各部分之间的排布应能满足同时维修的需要，以便缩短维修时间。但如果只需一个维修人员的情况下，就不必要分得太散。

788. 将同一维修人员维修的零部件编组排布，应使其在检查、维修过程中，无需移动过大的距离即可完成维修工作。

789. 每个组件的设计应使得无需拆卸该组件即可对其他元器件进行故障诊断。

790. 设计时，必须使故障率高、容易损坏、关键性的零部件或单元具有良好的互换性和通用性。

791. 修改零部件或单元的设计时，不要任意更改安装的结构要素，破坏互换性。产品需作某些更改或改进是，要尽量做到新老产品之间能够互换使用。

792. 插入式零部件应当朝一个方向排列以便更换。电阻、电容及电缆的排布应当不影响插入式零部件的更换。

793. 成本低的产品可制成弃件式的模块（件），其内部各件的预期寿命应设计得大致相等，并加标志。

794. 所有弃件式产品的布置应使得在拆卸时无需拆掉其他部分。

795. 设计时，寿命短、易出故障的元器件、部件应排列在容易接近和便于更换的位置。

796. 对每个可更换的组件，要尽量减少输入和输出的数量。

797. 避免将零件重叠在一起，可更换的元件应安装在底板上而不要重叠地安装在一起。

798. 元件或部件不要被其他较大的不易移动的元件、部件或结构阻挡住。

799. 设计时应避免采用或形成隐藏电缆（即一条电缆在另一条电缆或 LRU 等的后面）。

800. 安装微部件时要特别小心。由于它们体积小，有时设计人员会把它们安装得难以维修。

801. 使用有焊接端头的连接器时，这些端头必须有足够的长度并互相分离，以免损坏邻近的端头、线路绝缘和周围的连接器材料。

802. 大型复杂装备管线系统的布置应避免管线交叉和走向混乱。

803. 将质量和尺寸大的产品（特别是发动机和涡轮）的机罩设计成可拆卸的，以便能够对其进行彻底检查。

804. 电子模块在布局设计时应保证其之间的间隙不小于3mm，且应便于用手插拔。

805. 电子模块上的元器件间距离应有一定的维修空间。

806. 在弹性导体之间应有一定的松弛余地，以保证至少能更换两个附件。

807. 故障不能准确隔离的元（部）件组应放在相近的地方或同一封装内。

808. 熔丝应位于可视区域内且更换时应不用拆卸其他零部件，最好不用工具即可更换。

# 第五节 可达性设计

809. 考虑可达性时，必须考虑维修时的安全性。

810. 应采用先进可达性技术，如多采用快速解脱紧固件、机罩、门，少用螺栓紧固件。

811. 需要经常检查、维护和分解结合的装置及零部件，应有最佳的可接近性。

812. 要根据人的因素特性要求，保证能够迅速达到各维修部位。

813. 需要经常维修的零部件所处的位置，在不分解其他零部件的情况下就应具有良好的可达性。经常要分解结合又难以够到的场合，要求只用单手或一把工具就能操作。例如，有能嵌入螺母或螺栓头的凹进部位，使螺母或螺栓头呈半永久性固定等。

814. 插头接近或撤离插座的过程中应有方便的通道。

815. 应考虑防寒措施，并保证人员在露天穿寒衣、戴手套时能进行装备维修工作。

816. 装备上应设有能迅速进行观察、检查、调整、修理的通道，孔洞采取用堵塞孔、铰链盖、门或窗等形式进行封盖，揭开时不需使用工具。

817. 维修通道的三种类型如下：

1）查看通道：用于目视或触摸。

2）测试通道：用于工具和检测设备进出。

3）修理通道：用于零部件调整、修复或更换时，工具、人的肢体和零件的进出。

818. 维修通道优选顺序见表7-1。

表7-1　维修通道优选顺序

| 优选顺序 | 查 看 通 道 | 测 试 通 道 | 维 修 通 道 |
|---|---|---|---|
| 1 | 敞开,无盖 | 敞开,无盖 | 拉出式机架或抽屉 |
| 2 | 抗擦伤塑料透明窗口盖(必须防止脏物、潮气或其他外来物进入时) | 装有弹簧的滑动盖(必须防止脏物、潮气或其他外来物进入时) | 铰链门(必须防止脏物、潮气或其他外来物进入时) |
| 3 | 抗碎玻璃盖板(塑料不能承受擦伤或与溶剂接触时) | 带有系留式快速解脱紧固件的可拆卸盖板(没有足够的空间安装铰链门) | 带有系留式快速解脱紧固件的可拆卸盖板(没有足够的空间安装铰链门) |
| 4 | 螺钉大、数量最少且能满足要求的金属盖板(应力、压力或安全原因需要时) | 螺钉大、数量最少且能满足要求的金属盖板(应力、压力或安全原因需要时) | 螺钉大、数量最少且能满足要求的金属盖板(应力、压力或安全原因需要时) |

819. 维修通道口或舱口的设计应使维修操作尽可能简单方便。在设计适当的维修通道,确定通道的类型、尺寸、形状和位置时,应当了解以下内容:

1) 产品的位置和周围环境。

2) 使用该通道的频度。

3) 通过该通道要完成的维修工作。

4) 完成维修任务所要求的时间。

5) 通过该通道的工具和零件的类型、尺寸。

6) 维修活动要求的工作间隙或空间。

7) 使用人员和维修人员可能穿着的衣服类型。

8) 使用人员和维修人员必须进入通道内多远。

9) 维修工作的目视要求。

10) 在通道里面的产品的安装情况。

11) 使用通道的安全程度,如通道的位置应能防止人体伸入的部分接触过热的或极冷的产品、有毒物质、运动部分或锐边。

12) 必须进入通道的人员随身携带品、工具、器械等的合理组合的尺寸、形状、质量和间隙的要求。

820. 通道口的位置要最有利于操作。通道口位置应符合以下规定:

1) 只安排在设备正常安装状态下可达到的那些端面上。

2) 能直接达到并最便于操作。

3) 与通道有关的显示器、控制器、测试点、电缆等都安排在装备的同一个面上。

4) 要远离高压或危险的运动部分,或在这些部分的周围加适当的绝缘、遮蔽物等以防伤人。

5）使笨重的部件能从通道口中拉出而不是提出。

6）便于频繁调整或维修的项目使用。

7）使通道口后面的零部件不会受到油滴、液滴或产品产生的其他污染物的影响。

8）避开妨碍维修和使用人员的框架、隔板、支架和结构件，以便接近必须维修活操作的零部件。

821. 电子设备70%的维修工作是用螺钉旋具、钳子、扳手以及烙铁完成的，显然，通道口应能保证这些工具的进入和操作。

822. 通道口的铰链应根据口盖的大小、形状及装备特点确定，通常应安装在下方或设置支撑杆将其固定在开启位置，而无需用手托住。

823. 通道口不宜过多，能用一个大通道口解决问题的，就不要用两个或更多的通道口。

824. 通道的尺寸也与人体的运动有关，如转身、推、拉、扭转等。确定通道的尺寸就必须考虑通过该通道的人体的某一部分及其运动所需的空间。

825. 通道的设计还应考虑安全、标识等方面的因素，具体如下：

1）在每个通道口上既要标明所要达到的零部件，又要标明进入通道的辅助设备。

2）每个通道口标以专门的数字、字母或其他记号，使操作、维修人员能够从说明书或修理手册上清楚地加以识别。

3）进入小通道孔的插件的接头的位置应有指示标记。

4）通道的位置应能防止人体伸入的部分接触烫的或极冷的物品、有毒物质、运动部分或尖角锐边。

5）大的通道门应能自锁以防止自行落下关闭时造成伤害。

# 第六节　便捷性、安全性

826. 只需用最短的时间和最少的人员进行连接、调整或更换。

827. 设计模件和分组件时，需使它们在脱离设备时易于检查和调整。在把它们装到设备上以后，应不再需要调整。

828. 各种仪表板应采用铰接或快速解脱的连接，并可作为单位卸下进行保测试和校准。

829. 所有电子装置应采用快速解脱紧固件与接头，在卸下组合件时不应干扰装备的其他部分。

830. 维修时，一般应能看见内部的操作，其通道除了能容纳维修人员的手臂外，还应留有适当的间隙以供观察。

831. 安装接线板和测试点，使其在打开设备进行维修时不用拆卸电缆或电缆引入板就能接近。

832. 当用其他方法进行检测不方便时，应在插头与插座之间设置带测试点的转换接插头，以提供测量各输入输出的检测点。

833. 为了能够迅速进行故障定位，最好采用计算机或微处理机参与的故障自动检测、显示、打印、并自动切换。

834. 如不能采用计算机或微处理机进行故障定位，至少机内应设有故障检测电路，用发光二极管、表头等指示故障。

835. 为尽量减少停机时间，应尽可能使用可更换的功能组件，而无需调整校准。

836. 尽可能将运动的机械零件设计得不需要补充润滑油。如果必须使用润滑油，应不必拆卸部件。

837. 保证能够方便地到达设备的各个维修部位、润滑点和燃料添加口。

838. 保证所有活动部件都能平稳而无声的工作。将缝隙和扭曲保持在最小限度。

839. 在旋转部件上应该安装旋转把手，并注明正常的旋转方向。

840. 装备上应设有充分的保护罩，附件固定装置以及安装与包装的栓系点。

841. 大的通道门应能自锁以防止自行落下关闭造成伤害。

842. 通道口的边缘锐利可能碰伤手或臂部时，应覆以橡胶、纤维或塑料层。

843. 在必须靠近危险电路的区域进行维修作业时，应设有观察孔。如不可能开孔，则所有暴露的电线要彻底绝缘并提供位置图供维修人员参考。

844. 位于高压电附近的调整点，所用的工具应有导向装置以防止触及高压电。

845. 正常维修时，要分解的外部紧固件，应与其所在表面有明显不同的色彩；其他外部紧固件和紧配螺钉，应与其所在表面同一色彩。

846. 维修时需要移动的重物，应设有适用的提手或类似的装置；需要挪动但并不完全卸下的产品，挪动后应处于安全稳定的位置。

# 第七节　应　用　示　例

1. 模块化设计示例

图 7-1 所示为设备内部采用模块化板卡设计，维修时只需拆除、更换有故障的板卡，设备即可快速恢复工作能力。对于接口众多的系统设计，采用模块化接口模块设计（见图 7-2）既能兼容各不同设备的接口需求，又能准

确、方便地维护各个接口电缆，极大地提高了维修效率。

图7-1　模块化板卡设计

图7-2　模块化接口

2. 提高维修效率的设计示例

对于某些设备，维护通道、维修口的设计能极大地简化维修作业，缩短维修时间，图7-3所示为某设备的维修口的翻盖设计示例。在易坏、需经常维护的部位开设维修口，则无需整机拆卸的麻烦，提高了维修效率。

设备安装到安装架上，维修时又需整机拆除时，采用旋转式快锁结构（见图7-4）代替螺钉锁紧结构，只需旋转1/4圈即可拆卸设备，从而极大地缩短了拆卸时间，提高了维修效率。

图7-3　维修口翻盖设计

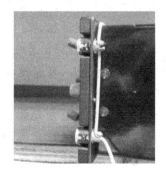

图7-4　旋转式快锁结构

3. AH-64武装直升机的可靠性和维修性设计示例

AH-64A武装直升机于1977年1月开始研制，1984年1月开始交付部队使用。1995年AH-64武装直升机开始服役，AH-64D于1990年开始改型，1991年3月首飞，1996年开始交付部队，成为目前现役美军最先进的武装直升机。

（1）RMS要求

在 AH-64 武装直升机研制中，美国陆军特别强调无故障执行任务能力和快速维修能力，AH-64A 武装直升机的可靠性、维修性及保障性指标见表 7-2。表中的可靠性（RMS）指标为目标标准，要求在 10 万飞行小时后达到值。测定值分列为 AH-64A 武装直升机研制阶段、生产阶段和外场飞行 300h 的统计值。

表 7-2　AH-64A 的可靠性（RMS）指标及测定值

| | 指标值 | 研制阶段 1 | 生产阶段 2 | 外场使用 3 |
|---|---|---|---|---|
| 平均无故障飞行时间 MFHBF/飞行小时 | 2.80 | 1.70 | 2.40 | 2.50 |
| 平均严重故障间隔时间 MTBCF/飞行小时 | 19.0 | 24.7 | 16.8 | 15.4 |
| 每飞行小时的维修工时/工时 | 9.00 | 6.45 | 6.4 | 4.8 |
| 平均修复时间/h | 0.90 | 1.1 | 1.27 | 0.82 |
| 使用可用度 $A_o$(%) | 75 | 79 | 91 | 86 |

注：1. 研制阶段指累计飞行 5680h 的统计值。

2. 生产阶段指累计飞行 2543 飞行小时的统计值。

3. 外场使用指在外场服役后累计飞行 500h 的统计值。

（2）可靠性设计

为了使 AH-64A 武装直升机服役后能够满足陆军提出的 RMS 要求，美国原麦道公司在直升机和电子设备的设计中严格开展了可靠性分析和设计，包括可靠性分配、预计、采用高可靠的元器件、余度设计、热设计、降额设计和成熟技术等设计措施。例如，AH-64 武装直升机航空电子系统等数据传输采用 MIL-STD-1553B 总线，使航空电子和火控系统的 13 个终端交连一起，与常规设计相比，可靠性提高了 20%，安全性提高了 30%，维修时间降低了 25%，维修费用减少了 20%。AH-64 武装直升机重要系统和部件都采用余度设计，如装有 2 台发动机，双通道的供电系统和 2 套主液压系统、多余度的电传操纵系统，保证系统的致命性故障率达到 $1.208 \times 10^{-7}$。AH-64 的旋翼结构是以已经飞行了数百万小时的 OH-6A 直升机的旋翼为基础进行改进的，关键部件采用成熟的技术，确保直升机的可靠性。

（3）维修性设计

AH-64 武装直升机设计中重视维修性设计，直升机的动力舱、减速器舱和各设备舱都设计成易于接近的构形。主要电子系统和火控系统的设备大都装在前机身下部两侧的浮筒式机舱内，在地面便接近，发动机罩向下打开可构成维修工作平台，便于维修人员进行维修工作。

为了改善维修性，T700 发动机全部采用单元体设计，发动机的 4 个单元体仅需 24～78min 便可拆卸更换；任何一个发动机附件在外场的维修时间仅小于或等于15min；整个发动机仅有24个外场可更换部件、外场维修仅需要10把手动工具。左右两台发动机相同，可以互换。

为了缩短维修时间，直升机上装有机载故障检测和定位系统（FD/LS），可识别外场可更换单元的故障，并能识别机上电子设备95%的故障。该系统由主计算机、多路远距终端装置、备用总控制器、数据输入键盘、数据总线、电传打字机自动发送系统等。

为了改进中继级维修，在中继级维修车间采用自动测试系统，对外场可更换单元（LRU）进行测试，检测LRU的故障，并在中继级（内场）通过更换内场可更换单元（SRU）进行修复。该系统可对AH-64武装直升机的75个部件故障进行检测和诊断。一台自动测试系统可承担54架AH-64武装直升机或在战斗条件下3个直升机营的测试任务。该系统的核心是中央计算机、输入和输出装置、控制设备和被测装置接口的试验台等，其代号为AMUSM-410。

（4）可靠性试验

为了提高AH-64A武装直升机的可靠性，在研制阶段，对系统处理机、任务处理机、显示处理机、环境控制系统和其他重要部件等进行了可靠性增长试验。通常取2个试件，在随机振动和温度循环的模拟环境条件下，进行4000h的试验。通过试验，发现了集成电路组件因制造时残留的焊料膜导致在振动应力下导线连接拉脱；另外发现外场可更换单元导线固定不牢，在高振动应力下，导线连接处于断续状态，出现间隙故障。随即改进设计和制造工艺，进一步提高设备的固有可靠性。

（5）AH-64D（长弓阿帕奇）武装直升机的RMS

AH-64D武装直升机是AH-64A武装直升机的改型，使AH-64武装直升机设计更改了1/3，加装了毫米波火控雷达，成为21世纪数字化战场的重要武器。该机的可靠性水平比AH-64武装直升机提高了50%，其RMS要求见表7-3。

表7-3　AH-64D的RMS要求及外场使用值

| 参数 | 要求值（5000飞行小时） | 外场测定值（3000飞行小时） |
|---|---|---|
| MFHBF/h | 4.80 | 8.55 |
| MTBCF/h | 18.40 | 25.47 |
| 故障检测率（FDR）（%） | 98.0% | 98.6% |
| 故障隔离率（FIR）（%） | 95.0% | 98.6% |

AH-64D武装直升机从设计更改开始便重视RMS工作，加强了RMS管理，并由美国陆军AH-64D项目办公室、麦道直升机公司和火控雷达承包商

共同组成可靠性工作组，负责实施可靠性工作计划，了解可靠性要求进展，处理 RMS 工作中的问题。同时设立由各方面专家组成的可靠性评审委员会，审查了 1500 项故障，发现了 108 个重大的可靠性问题，有 100 个故障得到了处理。

火控雷达等新研制的产品都开展严格的可靠性研制/增长试验和环境应力筛选。整个雷达系统进行 1000h 的可靠性研制/增长试验，以发现和纠正设计缺陷。包括所有处理机在内的许多设备进行了 4000h 的可靠性研制/增长试验。每个新研制的外场可更换单元在装上飞机之前都进行了严格的环境应力筛选。

在研制过程的早期，在 AH-64D 武装直升机上利用模型进行了维修性验证，以发现各种维修性设计问题，并对有关的设备（LRU）进行再设计或更改安装位置。同时，采用注入故障的方法对各种 LRU 的机内测试（BIT）进行验证，一共注入近 800 故障，以发现和纠正 LRU 测试性缺陷，并通过增加测试点和修改软件来提高 LRU 的测试能力。维修性验证在外场试飞中作为后勤验证的一个组成部分，由受过训练的陆军维修人员执行各种维修作业，并对各个基本作业统计维修时间，验证了许多维修作业都能按规定维修时间完成。

AH-64D 武装直升机采用交互式电子技术手册，各种故障诊断程序也纳入该手册中，并存入便携式维修辅助装置（PMA），从而大大改进了维修性。PMA 是计划中的综合维修保障系统（IMSS）的关键，可提供故障数据记录，通过飞机上数据总线或下载各种维修信息，并可与部队的后勤系统接口，从而使 AH-64D 武装直升机成为一架易于维修和保养的飞机。

# 第八章 测试性设计

测试性工作的目标是确保系统和设备达到规定的测试性要求，以提高系统和设备的战备完好性和任务成功性，减少对维修人力和其他资源的要求，降低寿命周期费用，并为管理提供必要的信息。

测试性设计主要涉及以下三方面的工作：

1）被测单元（UUT）与脱机测试设备之间兼容性的设计。

2）UUT 中，用于故障检测和故障隔离的机内测试（BIT）设计（硬件和软件）。

3）产品的结构设计。该设计主要考虑两个方面的内容：一是为提高故障检测和故障隔离能力对系统或设备所进行的划分；二是为测试设备（BIT 或脱机测试）提供观测和控制产品内部节点的通路，以提高故障检测和故障隔离水平。

故障模式和影响分析是测试设计和测试性设计的基础。应根据所采用的元、部件技术、制造工艺、元部件装配工艺和不利的环境影响来确定故障模式，应充分利用可靠性分析的结果。

综合的测试设计通常是把 BIT、脱机自动测试和人工测试结合在一起，以提供符合系统可用性要求和寿命周期费用要求的测试能力。应分析各备选方案的性能、保障性及费用要求，并选出费用最低的方案。

## 第一节 一般原则

847. 应根据如下条件合理选择测试的方式（如手动测试、机内测试、半自动测试、自动测试等）：

1）被测系统的性质（如电子系统、机械系统、光学系统、液压气动系统或复合系统等）和效能。

2）属于性能特点的任务关键性。

3）需测试项目的复杂度。

4）测试的准确度和精度要求。

5）测试的数量与频度。

6）人员的技术水平。

7）费用。

848. 一般测试性结构划分的原则如下：

1）有利于故障隔离。

2）UUT 的最大插针数与 ATE 接口能力一致。

3）在不影响功能划分基础上，尽量使模拟电路和数字电路分开。

4）尽量将功能不能明确划分的一组电路和元器件装在同一个可更换单元中。

849. 一个可更换单元最好只实现一个功能。如果用一个可更换单元实现多个功能，应保证能对其每个功能进行单独测试。

850. 由于反馈不能断开、信号扇出关系等不能做到唯一性隔离时，应尽量将属于同一个隔离模糊组的电路和部件封装在同一个可更换单元中。

851. 如有可能，应尽量将数字电路、模拟电路、射频电路、高压电路分别划分为单独的可更换单元。

852. 如有可能，应按可靠性和费用进行划分，即把高故障率或高费用的电路和部件划分为一个可更换单元。

853. 最好将所有的数字逻辑划分在单独的现场可更换单元（LRU）；最好将所有的高压电路划分在单独的 LRU；最好将所有的射频逻辑划分在单独的 LRU。

854. 只要有可能，划分 LRU 时，应使每个 LRU 有独立的电源以便故障隔离。

855. 在一个功能中，每块被测试电路的规模应尽可能小，以便经济地进行故障检测和隔离。

856. 在混合功能中，数字电路和模拟电路应能分别进行测试。

857. 冗余元器件应能进行独立测试。

858. 注意隔离，应保证测试电路故障时不致引起被测试电路发生故障。

859. 系统或设备应该从确定的初始状态开始故障隔离。如果没有达到正确的初始状态，应将这种情况与足够的故障隔离特征数据一起报告操作员。系统或设备应能够预置到一个唯一的初始状态，以保证对给定的故障进行重复测试时能得到相同的响应。

860. 应尽量利用阻塞门、三态器件或继电器等把正在测试的电路同暂不测试的电路隔离，以缩短测试时间。

861. 每个被测试的功能所涉及的全部元器件应安装在一块印制电路板上。

862. 如果需要，上拉电阻应与驱动电路安装在同一 PCB 上。

863. 为了易于与测试设备兼容，模拟电路应按频带划分。

864. 部件引脚的最大编号应与自动测试设备的接口相一致。

865. 测试所需的电源类型和数目应与测试设备相一致。

866. 测试要求的激励源的类型和数目应与测试设备相一致。

867. 模糊组中的元器件应放在同一封装内。

868. 应尽量使用现有的连接器插针进行测试控制和测试观测。对于高密度的电路和印制电路板，可优先选用多路转换器和移位寄存器等电路，免得增加插针。

869. 条件允许时，使用空的 I/O 引脚作为到内部节点（不可达的）的通道。

870. 提供专用测试输入信号、数据通路和电路，使测试系统（BIT 和 ATE 自动测试设备）能够控制产品内部的元器件工作，来检测和隔离内部故障。应特别注意对时钟线、清零线、反馈环路的断开以及三态器件的独立控制。

871. 模件在工作条件下应能自行测试或易于测试，最好能不用特殊的工具或电缆。

872. 故障检测指示器应位于印制电路板的外露边缘或外路面以便及时发现故障。

873. 所有关于正常运转的指示灯均应易于查看。

874. 声响和视觉警报装置要容易进行测试。

875. 测试流程不应要求技术人员退回原步骤或重复调整。

876. 在测试设备或其盖内要留有放置测试电缆、附件和特殊工具的地方。

877. 在一个标准信号发生器内，应有一切必要的标准输入。

878. 所有输入、输出信号应与 TTL 相兼容。

879. 每一次调整只应与唯一的控制器有关。

880. 如果为了达到系统可用性和安全性指标，要求系统在某些故障情况下继续运行，那么应该把容错设计与测试性设计结合在一起考虑。

881. 设备冗余或功能冗余可以用于辅助测试。测试性设计应为冗余电路提供独立的测试能力，进行故障评定、重构降级模式和配置检验时应尽量使用测试资源。

882. 对测试电路应提供保护，以防因测试点外部接地而使设备故障。

883. 应设置过载或去耦保护装置，以防止产品可能产生超过规定容限的信号或特性而损坏测试设备。

884. 除非另有规定，否则测试仪表应采取过载旁路或备用保护措施，以防止测量仪表出现故障时，在接线端产生高电压或大电流。

885. 在所有多导线电缆中至少应提供 10% 的备用导线，以便在任何连接器断开后，可以在每个 LRU 的终端进行快速的重新布线而无需拉出较长的电缆。

886. 应避免测试时间和预热时间过长（如超过 10min），否则应采取相应措施。

887. 对关键功能应提供余度电路，以便在不中断系统主功能的情况下对脱机部分进行测试。

888. 应提供可中断所有反馈回路的方法；应提供访问采用扫描技术电路的方法；应为系统提供自校准能力。

889. 尽量采用机内测试方案或便携式测试设备。当可采用通用设备时，就不要使用专用设备。

890. 提供测试所需的文件和规范。

# 第二节　测　试　点

891. 提供测试点、数据通路和电路，使测试系统（BIT 和 ATE）能观测产品内部故障的特征数据，用于故障检测和隔离。测试点的选择应足以准确地确定有关的内部节点的数据。

892. 测试点应作为产品的一部分来设计，所提供的测试点应允许进行定量测试，性能监控和调整及校准。

893. 测试点应按照系统的测试计划设置，测试点的设计应保证不会由于测试点处的信号的路由选择或偶然短路造成功能电路损坏或降级。

894. 测试点的选择要求如下：

1）根据故障隔离的要求来选择测试点。

2）选择的测试点能迅速地通过产品的插头或测试插头连到 ATE 上。

3）选择测试点时应使测得的高压值和大电流值符合安全要求。

4）测试点的测量值应以设备的公共地为基准。

5）选择测试点时应保证不会因为设备连到 ATE 上而降低设备的性能。

6）高电压和大电流的测试点在结构上要与低电平信号的测试点隔离。

7）选择测试点时应适当考虑 ATE 的能力而且符合合理的 ATE 频率。

8）模拟电路与数字电路应分别设置测试点，以便于独立测试。

9）选择测试点时应适当考虑 ATE 的具体实现，并且应符合合理的 ATE 测量准确度要求。

895. 只要可能，就把测试点设置在每个可更换单元的输出上。

896. 测试点应设置在对确定模块工作状态有利的所有电路节点上。

897. 测试点应包含在 I/O 连接器中，诊断测试点必须位于分离的外部连接器上。

898. 测试点必须得到保护，当把它们接地时也不应损害设备。

899. 测试点的选择应保证人身安全和不损坏设备，电压有效值或直流电压不超过 500V。

900. 测试点设计时应考虑测试设备可能装入带有容性、阻性或感性的信号负载。

901. 测试点的种类与数量应适应各维修级别的需要，并考虑到测试技术不断发展的要求。

902. 测试点的布局要便于检测，并尽可能集中或分区集中，且可达性良好。

903. 测试点的位置应靠近同它们相关的控制器与显示器。

904. 测试点应按逻辑顺序排列。

905. 测试点应具有标准的阻抗值以便能在无需附加电路的情况下直接访问测试点。

906. 测试点的选配应尽量适应原位检测的需要。产品内部及需修复的可更换单元还应配备适当数量供修理使用的测试点。

907. 重要部位应尽量采用性能监测和故障报警装置。对危险的征兆应能自动显示、自动报警。

908. 测试点和测试基准不应设置在易损坏的部位。

909. 每一个测试点应尽量标有测量的超限信号或容许极限。

910. 测试点应设有彩色标志，其色泽应鲜明且能互相区别。

911. 在调整程序中所用的测试点应只有一个调整控制器。

912. 在操纵相应的控制器时，在测试点应清楚地显示信号。

913. 为了减少寻找测试点时间应将测试点设置在靠近主要通道口、适当集中、适当标记、靠近从工作位置等地方。

914. 在需用探针检测的测试点上应设有探针固定装置。

915. 各测试点应参照被检测器件加以编号，以便指出故障电路部位。对系统测试而言，I/O 或读出电路的测试点应相互靠近，以便在监控读出电路的同时，执行测试。

916. 所设置的测试点应能精简所需的测试步骤。

917. 在没有机内测试设备的地方，应指明测试点和测试设备接口，并尽可能使用通用测试设备。

918. 只要可能，关键性测试点应该安置在设备的面板上。

919. 高电压和大电流的测试点在结构上要与低电平信号的测试点隔离，以便维修方便。

920. 当设备接通于工作位置时，所有测试点都必须容易接近而不需更多的拆卸。

921. 对于高频脉冲等信号测试点，要考虑采用同轴连接器。测试点的测量，应相对于地。

922. 只要可能，每一测试点都要用符号（如"TP-101"）和专门术语（如"+12Vdc"）标出。

923. 在每一主要部分、模块、分机的输入或输出部位，都应设置测试点。

924. 在印制电路板上设置测试点时，应使之位于外露边缘或外路面上，以便插在电路内进行测试。

925. 使用紧固的、绝缘的测试点，以保护测试点不被损坏或发生短路。

926. 保护测试点线路，防止因测试点意外接地而破坏设备。

927. 提供印制电路延伸板或测试电缆，最好每一连接插脚设一测试点。这样，在整机通电测试时，正常装在电路板上的部件和连接器也可以接触到。注意，长的印制电路延伸板或测试电缆对高速电路可能引起定时的问题，这种电路在没有延伸线的情况下是有可能正常工作的。

928. 当用其他方法进行测试不方便时，应在插头与插座之间设置测试点转换接头，以提供测量个输入输出量测试点。

929. 如果测试点不是设置在连接器上，则测试点设计时应保证测试点得可达性并保留足够空间供测试探针用。

# 第三节　电路设计

## 一、元器件选用及电路结构设计

930. 选用的元器件有刷新要求时，测试时，应保证有足够的时钟周期以保障动态器件的刷新。

931. 应避免使用需要周期刷新的动态装置，如动态存储器和某些基于动态逻辑的微处理机，否则应为这些装置提供独立时钟以提高测试性。

932. 尽量选用属于同一逻辑系列的元器件，如果不属同一逻辑系列，则在相互连接时，应使用通用的信号电平。

933. 应提供振荡器和单稳态器件，以便能利用外部逻辑信号断开电路和提供正常情况下从外部引入其功能的通道。

934. 大的反馈回路、长的逻辑通道、长的计数器（超过 8 位）应可断开，且最好能在 I/O 连接器处或通过外部控制的逻辑信号来断开。

935. 不要使用依赖于规定的时钟频率、受控制的上升和下降时间或规定的门传播延迟的逻辑。

936. 应为 PROM 和 ROM 的控制和输出线提供电气通道。如果不可能，PROM 和 ROM 应能从插座上拆下来。

937. 使用空的 I/O 引脚提供到内部节点（不可达的）的通道。

938. 使用奇偶发生器取得数字印制电路板的高可观测性，而不用过分依赖于把电路板边缘连接器引脚作为测试点。

939. 使用多路转换器来减少故障隔离的边缘连接器输出端数、调整和测试点。

940. 应避免用线"与"或线"或"连接。

941. 元器件应按标准的坐标网格方式布置在印制电路板上。

942. 元器件之间应留有足够的空间以便插入测试探针或测试夹子。

943. 所有元器件应按同一方向排列。

944. 连接电源、接地、时钟、测试和其他公共信号的插针应定义在连接器的标准（固定）位置。

945. 边缘连接器或电缆连接器上的输入和输出信号插针的数目应与所选择的测试设备的输入和输出能力相匹配。

946. 排列连接器插针时，应考虑由于相邻插针短路而引起的损坏程度降至最低。

947. 设计时应准备测试连接器以便对表面安装器件的测试。

948. 为减少专用接口适配器的数量，在每块电路板上应尽可能选用可拆除的开关。

949. 电源和接地线应尽可能包括在输入、输出连接器和测试连接器上。

950. 应给 UUT 留出合适的预热时间。每个 UUT 应有明确清晰的标志。

**二、模拟电路设计**

951. 模拟电路往往需要检测中间变量，用来判断其是否正常，一旦发生故障，便于分析原因。所加检测电路发生故障时不能影响整个电路的正常工作，更不能造成灾难性后果。

952. 每一级的有源电路应至少引出一个测试点到连接器上。

953. 每个测试点应经过适当的缓冲或与主信号隔离，以避免干扰。

954. 应避免对产品进行多次、有互相影响的调整。

955. 应保证不借助其他被测单元上的偏置电路或负载电路，电路的功能仍是完整的。

956. 与多相位有关的或与时间相关的激励源的数量应最少。要求对相位和时间测量的次数应最少。要求的复杂调制测试或专用定时测试的数量应最少。

957. 激励信号的频率应与测试设备能力相一致。激励信号的上升时间或脉冲宽度应与测试设备能力相一致。激励信号的幅值应在测试设备的能力范围内。

958. 测量的响应信号频率应与测试设备能力相一致。测量时，响应信号的上升时间或脉冲宽度应与测试设备能力相兼容。测量时，响应信号的幅值应在测试设备的能力范围内。

959. 应避免外部反馈回路。应避免使用温度敏感元件或保证可对这些元器件进行补偿。

960. 应尽可能允许在没有散热条件下进行测试。

961. 放大器和反馈电路结构应尽可能简单。

962. 在一个器件中功能完整的电路不应要求任何附加的缓冲器。

963. 输入和输出插针应从结构上分开。

964. 如果电压电平是关键的话，则所有超出 1A 的输出就应设有多个输出插件，以便允许对模拟输出采用开尔文（Kelvin）型连接，并可将电压读出且反馈到 UUT 中的电流控制电路。从而，开尔文型连接允许在 UUT 输出端维持在规定的电压。

965. 电路的中间各级应可通过利用输入/输出（I/O）连接器切断信号的方法进行独立测试。

966. 模拟电路所有级的输出（通过隔离电阻）应适用于模块插针。

967. 带有复杂反馈电路的模块应具有断开反馈的能力以便对反馈电路和元器件进行独立测试。

968. 所有内部产生的参考电压应引到模块插针。

969. 所有参数控制功能应能独立测试。

**三、数字电路设计**

970. 数字电路应设计成主要以同步逻辑电路为基础的电路。

971. 时钟和数据应是独立的。

972. 所有不同相位和频率的时钟应都来自单一主时钟。

973. 所有存储器应都用主时钟导出的时钟信号来定时（避免使用其他部件信号定时）。

974. 设计时应避免使用阻容单稳触发电路和依靠逻辑延时电路产生定时钟脉冲。

975. 数字电路应设计成便于"位片"测试。

976. 在重要接口设计中应提供数据环绕电路。

977. 所有总线在没有选中时，应设置默认值。

978. 对于多层印制电路板，每个主要总线的布局应便于电流探头或其他技术在节点外进行故障隔离。

979. 只读存储器中每个字应确切规定一个已知输出。

980. 选择了不用的地址时，应产生一个明确规定的错误状态。

981. 每个内部电路的扇出数应低于一个预定值。每块电路板输出的扇出数应低于一个预定值。

982. 在测试设备输入端时滞可能成为问题的情况下，电路板的输入端应设有锁存器。

983. 设计上应避免"线或"逻辑。

984. 设计上应采用限流器以防止发生"多米诺"效应。

985. 如果采用了结构化测试性设计技术（如扫描通路、信号特征分析等），那么应满足所有的设计规则要求。

986. 电路应初始化到一明确的状态以便确定测试的方式。

987. 所有存储单元必须能变换两种逻辑状态（即状态 0 和 1），而且对于给定的一组规定条件的输出状态必须是可预计的。其必须为存储电路提供直接数据输入（即预置输入）以便对带有初始测试数据的存储单元加载。

988. 计数器中测试覆盖率损失与所加约束的程度成正比。应通过保证计数器高位字节输入是可观察的，至少可部分地提高测试性。

989. 不应从计数器或移位寄存器中消除模式控制。

990. 计数器的负载或时钟线不应被同一计数器的存储输出激励。

991. 所有只读存储器和随机存取存储器的输入必须在 I/O 连接器上观察。所有 ROM 和 RAM 的芯片选择线在允许主动操作的逻辑极性上，不要固定，RAM 应允许测试人员进行控制以执行存储测试。

992. 在不损失测试性的情况下，可利用单脉冲激励存储块的时钟线。如果单脉冲激励组合电路，则测试性会大大损失。

993. 较多的顺序逻辑应借助门电路断开和在连接。大的反馈回路应借助门电路断开和在连接。

994. 对大量存储块来讲，应利用多条复位线代替一条共用的复位线。

995. 所有奇偶发生和校验器必须能变换成两种输出逻辑状态。

996. 所有模拟信号和地线必须与数字逻辑分开。没有可预计输出的所有器件必须与所有数字线分开。

997. 来源于 5 个或更多不同位置的线或信号必须分成几个小组。

998. 模块设计和集成电路类型应最少。

999. 模块特性（功能、插针数、时钟频率等）应与所计划的 ATE 资源相兼容。

1000. 改错功能必须具有禁止能力以便主电路可以对故障进行独立测试。

1001. 应尽量避免使用大的存储器装置，如 1024 位或更大的随机存储器（RAM）加上大量的标准逻辑，因为这些装置需要专用测试技术和设备，除非该电路具有 BIT 功能。

**四、LSI、VLSI 和微处理机**

1002. 应最大限度地保证 LSI、VLSI 和微处理机可直接并行存取。驱动 LSI、VLSI 和微处理机输入的保证电路应是三稳态的，以便测试人员可以直接驱动输入。

1003. 采取措施保证测试人员可以控制三态启动线和三态器件的输出。

1004. 如果在微处理机模块设计中使用双向总线驱动器，那么这些驱动器应布置在处理机/控制器及其任一支撑芯片之间。微处理机 I/O 插针中双向缓冲器控制器应易于控制。

1005. 应使用信号中断器存取各种数据总线和控制线内的信号，如果由于 I/O 插针限制不能采用信号中断器时，那么应考虑采用扫描输入、扫描输出以及多路转换电路。

1006. 选择特性（内部结构、器件功能、故障模式、可控性和可观测性等）已知的部件。

1007. 为测试设备留出总线，数据总线具有最高优先级。尽管监控能力将有助于分辨故障，但测试设备的总线控制仍是最希望的特性。

1008. 含有其他复杂逻辑器件的模块中的微处理机也应作为一种测试资源。对于有这种情况的模块，有必要在设计中引入利用这一资源所需的特性。

1009. 通过相关技术或独立的插针输出控制 ATE 时钟。

1010. 如果可能，提供"单步"动态微处理机或器件。

1011. 利用三台总线改进电路划分，从而将模块测试降低为一系列器件功能块的测试。

1012. 三态器件应利用上拉电阻控制浮动水平，以避免模拟器在生成自动测试向量期间将未知状态引入电路。

1013. 自激时钟和加电复位功能在它们不能禁止和独立测试时，不应直接连接到 LSI、VLSI、微处理机中。

1014. 设计到 LSI、VLSI 或两者混合，或微处理机中的所有机内测试设备（BITE）应通过模块 I/O 连接器提供可控性和可观察性。

**五、射频电路设计**

1015. 发射机（变送器）输出端应有定向耦合器或类似的信号敏感/衰减技术，以用于 BIT 或脱机测试监控（或两种兼用）。

1016. 如果射频发射机使用脱机 ATE 测试的话，应在适当的地点安装测试（微波暗室、屏蔽室），以便在规定的频率和功率范围内准确地测试所以项目。

1017. 为准确模拟要测试的所有 RF 信号负载要求，在脱机 ATE 或 BIT 电路中应使用适当的终端负载装置。

1018. 在脱机 ATE 内应提供转换测试射频被测单元所需的全部激励和响应信号。

1019. 为补偿测量数据中的开关和电缆导致的误差，脱机 ATE 或 BIT 的诊断软件应提供调整 UUT 输入功率（激励）和补偿 UUT 输出功率（响应）的能力。

1020. 射频的 UUT 使用的信号频率和功率应不超出 ATE 激励/测量能力，如果超出，ATE 内应使用信号变换器，以使 ATE 与 UUT 兼容。

1021. RF 测试 I/O 接口部分，在机械上应与脱机 ATE 的 I/O 接口部分兼容。

1022. UUT 与 ATE 的 RF 接口设计，应保证系统操作者不用专门工具就可迅速且容易地连接和断开 UUT。

1023. RF 类 UUT 设计应保证无需分解就能完成任何组件或分组件的修理或更换。

1024. 应提供充分地校准 UUT 的测试性措施（可控性和可观测性）。

1025. 应建立 RF 补偿程序和数据库，以便用于校准使用的所有激励信号和通过 BIT 或脱机 ATE 到 UUT 接口测量的所有响应信号。

1026. 在 RF 类 UUT 接口处每个要测试的 RF 激励/响应信号，均应明确规定。

# 第四节　BIT 设计

1027. BITE 设计是系统或设备整体设计工作的一部分，其设计工作必须与系统其他设计工作同时进行，并贯穿于产品研制的各个阶段。

1028. 根据使用、维修和测试性要求，系统、分系统、设备和各级可更换单元等可分别设置必要的 BITE。

1029. 任务关键功能必须由 BIT 进行监控。关键电压应保证可进行目视监控。

1030. 机内自检的范围主要有以下三个方面：

1）TCC 自检：应能检测 TCC 的故障，包括一致性检查和错误检查、特定指令检查、I/O 校验、内存检查、硬盘错误修复等，且在检测过程中不应要求额外的硬件支持。

2）资源自检：应能检测资源的故障，将硬件故障隔离到可更换模块或仪器，在检测过程中不应要求额外的硬件支持。

3）开关自检：应能检测所有的开关资源，包括所有触点的接触良好性，必要时可以要求专门的硬件。

1031. 在符合下列任意情况时，应装置机内测试设备：

1）当主要设备进行工作时必须经常观察的部位（例如，面板上的表头和监视显示器）。

2）手提式测试设备不一定总可提供必要的数据（例如，测试天线和射频采样探头）。

3）测试时需要将设备或传输线拆开（例如，定向耦合器、开槽测试线和假负荷波导开关）。

4）复杂设备的维修（例如，带波段选择开关以观察各点关键波形的监视显示器）。

5）必须做影响使用寿命的测量。

6）可能缩短平均维修时间。

1032. 列出所有部件及其故障模式和有关的故障率，以便确定设立 BIT 的区域。

1033. BIT 应设计成不需要调整和校准的。

1034. BIT 的设计应保证其不会干扰主系统功能。BITE 电路和装置的故障不应造成被测系统或设备的故障和性能退化。

1035. BIT 必须设计成故障安全的。当 BIT 电路本身发生故障时，应给出一个故障指示，且应不影响产品工作。需注意以下内容：

1）为了引进激励源或测量产品性能，不能把开关置于串联通路。

2）所选择的 BIT 激励源，不应导致产品性能降级。

3）如必要，需设置隔离电路，以便使正常 BIT 或其他检测工作不影响产品性能。

1036. 在满足使用要求的条件下，BITE 设计应尽量简单，避免工艺上无法保障的设计。

1037. 在条件允许的地方，尽量采用联机监控。

1038. BITE 电路应尽可能采用标准化或与被测对象所用的同类型部件。

1039. BITE 电路应与被测对象电路匹配。

1040. BITE 电路和装置在系统工作期间工作方式应通过分析来确定；分析时应同时考虑 BITE 的虚警和后果；除另有规定外，在系统工作期间应对致命性故障模式或项目进行连续监控或工作测试。

1041. 在费用允许的情况下，使系统故障隔离的模糊度最小。

1042. BITE 设计应有尽量消除造成虚警的条件，使其影响减弱到最低程度。为减少虚警的影响，BITE 应按其重要性分开设置，可各自进行测试。联合 BIT 主要用于消除虚警类中 A 类故障报 B 类故障的虚警。

1043. BIT 容差的设定保证在预期的工作环境中故障检测率最大而虚警率最小。

1044. 造成虚警的常见原因如下：

1）操作员错误，包括操作员错误使用设备或错误报告。

2）潜在的 BIT 设计错误或潜在的系统设计错误，这类错误在维修检查时却不能复现。

3）环境诱发 BIT 错误，通常可通过采用连续 $N+1$ 次报警后再报警技术来消除。

4）BIT 瞬态故障或系统瞬态故障，BIT 中部件降级可能会造成一个瞬态特性的故障，结果导致报告主系统中出现故障。

5）测试设备故障。

1045. 为了尽量减少虚警，BIT 传感器数据应进行滤波和处理。

1046. 应使用并行 BIT 监控系统关键功能，必须使由于采用余度电路造成的故障掩盖的可能性最小。

1047. BIT 的可靠性应比被测电路的可靠性高一个数量级，如果 BIT 电路的故障率较高，则会对系统可靠性带来严重的影响。

1048. 系统和分系统中的所有单元的诊断测试应能对单元的运行状态进行评价和将故障隔离到可更换单元。

1049. BITE 电路或装置的重量、体积和功耗不应超出设计要求的限制。由于装入 BITE 电路和装置造成的电子系统设计的硬件增量不应超过电子系统电路、部件和器件的 10%。

1050. 提供确定计算机及控制器活动的 BIT 电路（如看门狗计时器）。

1051. 提供一个系统控制板照明检查按钮，以提供系统使用或系统测试前使用。

1052. 在系统用户手册中应保证包含 BIT 使用的限制条件，避免 BIT 在不正确的环境下使用。

1053. 地面维修 BIT 在系统控制板上应有一个专用开关，以便人工对 BIT 程序进行操控；需要时即可重新启动关键系统功能测试。

1054. 大型系统的 BIT 校准通常应在计算机控制（可以采用人工干预）下完成。

1055. 在系统 BIT 开始运行前，BIT 应首先检查其本身的完整性。

1056. BIT 电路应设置在其测试的分系统级，以便当分系统从主系统上拆下来时仍可用 BIT 进行测试。

1057. 每个 LRU、SRU 内的 BIT 应能在测试设备的控制下执行。

1058. UUT 上的重要功能应采用 BIT 指示器，BIT 指示器的设计应保证在 BIT 故障时给出故障指示。

1059. BITE 电路和装置应能测试被测对象的工作模式，指示系统的工作准备状态。

1060. 为了便于对系统故障进行修理，系统 BIT 诊断的故障应用清楚地文字表示，而不应用代码或指示灯表示。

1061. BIT 应采用积木式（即在 BIT 测试之前应对该功能的所有输入进行检查）。积木式 BIT 应充分利用功能电路。

1062. 组成 BIT 的硬件、软件和固件的配置应保证最佳。

1063. BIT 应具有保存联机测试数据的能力，以便分析维修环境中不能复现的间歇故障和运行故障。

1064. BIT 提供的数据应满足系统使用和维修人员的不同需要。

1065. BIT 的故障检测时间应与被监控功能的关键性相一致。

1066. 在确定每个参数的 BIT 门限值时，应考虑每个参数的统计分布特性、BIT 测量误差，最佳的故障检测和虚警特性。

1067. 确定适当的 BITE 测试容差（门限值），它一般应大于下一级维修的测试容差。确定 BITE 测试容差时。应考虑环境对传感器、BITE 电路的影响。

1068. BIT 设计时应注意区别发生故障时系统特性和未发生故障但受到可以忽略的影响时的特性（如电源在容差范围之内的波动的影响应当是允许的，不应判为故障）。

1069. 诊断程序的有效性与 BITE、BIT 的类型和质量以及设备内测试点的数量和位置有很大的关系，这些测试点应在设计阶段的早期由产品设计人员提供和计划。

1070. 系统软件程序应包括一个自引导程序或具有相同功能的程序以建立最大工作指令集，利用最大工作指令集就可正确地建立其他指令，这样即可验证整个系统控制器指令集。

1071. 所有自测试程序应与功能固件分开存储，以防止测试软件中的问题造成系统功能固件出问题。

1072. 存储在软件或固件中的 BIT 门限值应便于根据使用经验进行必要的修改。

1073. 应为诊断软件留有足够的存储空间。

1074. 测试软件应包括故障检测的通过/不通过（GO/NO GO）测试和故障隔离诊断测试。

1075. 在考虑下列数字存储器容量时应保留足够的字节，以存放 BIT 软件：

1）控制存储器中用于存放诊断和初始化例行程序的存储容量。

2）主存储器中用于存放错误处理和通过/不通过（GO/ONO GO）测试程序的存储容量。

3）辅助存储器（如软盘存储器）中用于存放诊断例行程序的存储容量。

1076. 每个存储器字节长度应满足主存储器和辅助存储器中提供错误检测和校正技术的要求。

1077. 应把足够的存储量分配给不可改写的存储器（如只读存储器、保护存储器区），确保关键测试程序和数据的完整；应采用足够的硬件和软件余度，以可靠地装入关键的软件段。

1078. 系统应用软件（任务软件）的设计应包括足够的中断和陷阱能力，保证数据库在遭到破坏或丢失有关错误性质的信息之前，能立即处理并存储 BIT 硬件检测到的错误。

1079. 操作系统和每个关键应用程序必须包含满足故障检测时间要求的软件检验子程序。

1080. 所编制的软件应能使 BIT 检测到的故障信息存入非易失存储器或其他记录装置中。

1081. 所有自测试程序应予功能固件分开存储，以便测试软件出问题时不会造成系统功能固件出问题。

1082. 对高功率系统和设备，高功率部分应利用目视或音响和 BIT 互锁，以便只有当系统不会危及测试人员和系统安全时，才能启动系统。

1083. 在系统中的 BIT 开始运行前，BIT 应先自检，保证其自身的完好性。

1084. 应采用标准的 BIT 结构（包括硬件和软件）以使 BIT 费用最小。

1085. 由于装入 BITE 造成的电子系统的硬件增量一般不应超过电子系统电路的 5% ~ 10%。

1086. BITE 的质量、体积和功耗应不超过设计要求的限制。

# 第五节 自动测试设备（ATE）设计

1087. 测试时应控制对被测系统的激励，如不允许将测试设备的工作电压加到被测系统的元件上。

1088. 测试设备与被测系统双方的电路均有事故保护装置。

1089. 测试过程中应自动验证每一个步骤。自动地顺次进行测试。

1090. 自动诊断和判定可更换单元或模块一级的故障位置。

1091. 自动测试设备操作和维护应简单，对人员只需进行简单的培训即可。

1092. 自动测试设备（ATE）只需最低限度的校准和保障。

1093. 自动记录并保存测试诊断记录。

1094. 操作者只需用最低限度的判断和解释。

1095. 提供测试诊断数据库，如样例或图表等。

1096. 自动测试系统（ATS）的平均故障间隔时间应不小于 500h，平均修复时间应不大于 30min。

1097. 自动测试设备电源电缆应包括一个安全地导体，断开安全地同时应断开电源导体。

1098. 自动测试系统内的某部件或某区域发生的故障不应对其本身的其他部

件或区域和被测设备造成危害。

1099. ATE 的基本系统应具有电气、低频电子和数字电子类 UUT 的检测能力。扩展设备与基本系统的组合应具有通信、导航、光电等专业类别 UUT 的检测能力。ATE 应具有为完成这些测试所必需的激励、测量、控制、校准、系统维护的能力。

1100. 通过适当组合，ATE 应能够构成通用测试系统，也可构成针对某一组被测对象（UUT）的测试系统。

1101. 应采用可程控的通用信号源来提高测试 UUT 是所需要的激励信号；除非另有规定，不应采用专用信号源。所有信号源应能同时工作，其必需的输出和校准接口都应连接到 RCV 上。

1102. 只要可能，自动测试设备应选用固态器件、微电路器件作为逻辑元件或开关元件，尽量少用继电器或步进开关。

1103. 脉冲信号或射频信号均应用同轴电缆或波导管传输。连接的同轴电缆的特性阻抗最好选用 50Ω。

1104. 所有进行可靠性试验的测试设备试验前必须进行老练；除非另有规定，老练至少在温度为 40℃、相对湿度无需控制的条件下，持续 100h，最后 30h 不应出现故障。若发生了故障，应立即停止老练进行修理，直至老练最后的 30h 无故障为止。

1105. 在连接器周围应留有足够的操作空间，以便能方便握住并在较短的时间内连接和断开电缆。

1106. 应保证从连接器上即可存取所有 LRU 及设备的关键节点（或测试点）的信息，以避免使用内部的 LRU 探针或通道。

# 第六节　应用示例

## 1. 控制反馈环的设计方法

数字电路的反馈环在测试时会存在如下问题：一是由于反馈会修改注入的测试激励，难于生成测试激励；二是由于难于把被测单元快速设置到实际使用中可能出现的所有逻辑状态，运行时间会增加。为解决上述问题，采用跨接线或提高附加逻辑以打开反馈环并施加测试激励。图 8-1 所示为控制反馈环的设计方法比较。

## 2. 测试点设置示例

设计测试点时，应考虑只要可能就把测试点设置在每个可更换单元的输出，如果做不到，就无法将故障隔离到每个可更换单元。图 8-2 和图 8-3 给出了简单的测试点设计的比较。

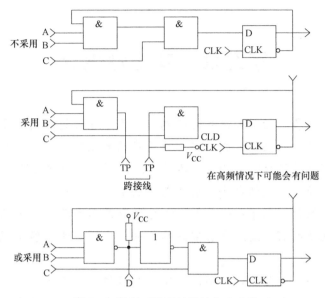

图 8-1　控制反馈环的设计方法比较

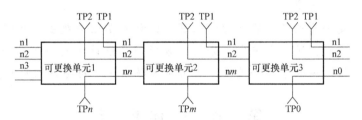

图 8-2　故障可直接隔离到某可更换单元

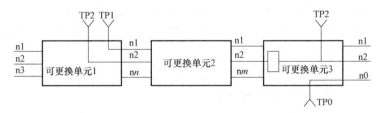

图 8-3　更换单元 3 处的测试点 TP2 造成模糊隔离，故障只能隔离到
可更换单元 2 和单元 3

# 第九章　安全性设计

　　安全是人的各种活动和产品的研制、使用和保障过程的首要要求。它通常表示不发生各种事故的状态。安全性是产品的固有特性，它与可靠性和维修性一样是可通过设计赋予的，是各种产品必须满足的首要设计要求。

　　电气和电子危险包括电击、引燃易燃物品、产生过热、造成意外起动事故、未按要求操作、电爆和静电等。电气危险差不多都是人为的。机械设备中的危险可能是所有的危险中最常见的，每一台设备都可能出现至少一种机械危险。

　　产品安全涉及产品设计、制造、使用和保障等各个方面，某些环境和人为差错对产品的安全有着直接影响。而控制所有可能出现的危险则是提高系统安全性水平的重要途径。

　　对产品安全影响最大的是设计工程。设计人员应重视安全性设计，贯彻安全性设计准则，进行系统安全分析，分析产品设计中的潜在危险，可大幅减少对安全性考虑的不周和差错，从而显著提高设计的安全性水平。

## 第一节　总体原则

　　1107. 确定可靠性关键产品。可靠性关键产品是指该产品一旦故障会严重影响安全性、可用性、任务成功及寿命周期费用的产品。应根据如下准则来判别、确定可靠性关键产品：

　　1）其故障会严重影响安全，不能完成规定任务，维修费用高的产品，价格昂贵的产品本身就是可靠性关键产品。

　　2）故障后得不到用于评价系统安全、可用性、任务成功性或维修所需的必要数据的产品。

　　3）具有严格性能要求的技术含量较高的产品。

　　4）其故障会引起设备故障的产品。

　　5）应力超出规定的降额准则的产品。

　　6）具有已知使用寿命、贮存寿命或经受诸如振动、热、冲击和加速度环境的产品或受某种使用限制需要在规定条件下对其加以控制的产品。

　　7）要求采取专门装卸、运输、贮存或测试等预防措施的产品。

8）难以采购或由于技术新而难以制造的产品。

9）历来使用中可靠性差的产品。

10）使用时间不长，没有足够证据证明是否可靠的产品。

11）对其过去的历史、性质、功能或处理情况缺乏整体可追溯性的产品。

12）大量使用的产品。

1108. 安全性设计，应遵守的最基本原则如下：

1）即使设备的操作者或维护者不具备电的基本常识，仍能保证最大安全性。

2）即使设备的操作者或维护者粗心大意仍能保证最大安全性。

1109. 设备的安全性设计的基本要求优先顺序如下：

1）保护人员安全。

2）保护环境，避免引起爆炸或火灾之类的灾难事件。

3）防止设备损坏。

4）防止降低性能使用或丧失功能。

1110. 设计时，应按下述优选顺序进行安全性设计：

1）最小风险设计。首先在设计上消除危险，若不能消除已判定的危险，应通过设计方案的选择将其风险减少到最低或可接受水平。

2）采用安全装置。若不能通过设计消除已判定的危险或不能通过设计方案的选择满足要求时，则应采用永久性的、自动的或其他安全防护装置。可能时，应对安全装置做定期功能检查。

3）采用报警装置。若设计和安全装置都不能有效地消除已判定的危险或满足要求时，则应采用报警装置来检测出危险状况，并向有关人员发出适当的报警信号。报警信号应明显，以尽量减少人员对信号做出错误反应的可能性。

4）制定专用规程和进行培训。在以上均不能消除危险或不能达到最低要求时，应制定专用规程和进行培训。对于关键的工作，必要时应考核人员的熟练程度。

1111. 产品设计时应尽量减少在产品的使用和保障中人为差错所导致的风险。即使发生差错也应不危及人机安全，并能立即发现并纠正。

1112. 设计时，应使产品在故障状态或分解状态进行维修是安全的。

1113. 设计时不但应确保使用安全，而且应保证贮存、运输和维修时的安全。

1114. 在可能发生危险的部位，应提供醒目的标记、警告灯、声响报警等辅助预防手段。应为安全和保险装置及所有自动操控监控器提供目视报警信号及音响报警信号。

1115. 危险的物质、零件、部件和操作应与其他活动、区域、人员及不相容的器材隔离。

　　1116. 在严重危及安全的部位应设置自动防护装置。

　　1117. 应在便于操作的位置设置紧急情况下断电、放电的装置。

　　1118. 应采取一切适当措施使火灾危险降至最低程度。必要时应提供火警、烟雾及危险探测器，容易起火的部位，还应安装有效的报警器和灭火设备。

　　1119. 尽量减小发生事故时对人员的伤害和设备的损坏。

　　1120. 凡与安装、操作、维修安全有关的地方，均应在技术文件中提出注意事项。

# 第二节　环境安全设计

　　1121. 尽量减少恶劣环境条件（如温度、压力、噪声、毒性、加速度、振动、冲击和有害射线等）所导致的危险。

　　1122. 设备在露天使用部分（如天线）应设置避雷装置，并应装有保护装置以使电流、感应电场和其他损坏方式的影响降至最小。

　　1123. 应规定设备的介质绝缘强度、耐流量、阻抗等，以适应所使用的环境。

　　1124. 利用保护元件分流或中断可能达到设备内部的冲击，防雷击保护元件选择如下：

　　1）带碳精板或金属电极的空气隙保护器：通常连接于每一条引入线与地之间，限制出现在两极间的电压。其运行一段时间特别是经雷击放电后，绝缘电阻会下降，需经常维护及更换。

　　2）气体放电管：连接于每一条引入线与地之间，如果是三极气体放电管则连接于平衡线对与地之间。可较长期工作不需要特殊的维护，但应定期检查。三极气体放电管和横向电压较小，保护效果优于二极气体放电管。

　　3）半导体二极管：可把外来过电压值限幅低至 1V，器件动作速度快，但易因过电流而损坏，多用于细保护电路。

　　4）压敏电阻：耐流能力较大，但其漏电流会逐渐增加，极间电容较大，使用时应考虑。

　　5）熔丝：流过过载电流时熔断，中断过电流以保护设备与人身安全。

　　6）热线圈：串联在每一引入线之中，附有易熔焊料，当长时间超过规定值的弱电流潜入时熔动，以切断电路，或同时将线路接地。

　　7）其他保护元件，如排流线圈、隔离变压器等，应不同设备而选用。

　　1125. 防雷击设计的其他措施还有

　　1）增大电流负反馈，可以限制晶体管上的过电流，并在一定程度上减弱晶体管所承受的过电压冲击。

2）装有滤波器的电子设备，可在不影响电路正常工作条件下尽量提高高通滤波器的截止频率，或尽量降低低通滤波器的截止频率，增大阻带衰耗，以减少进入内电路的冲击能量。

3）在不影响正常工作的条件下，电路中可串入限流电阻，以限制其过电流。

4）任何保护元器件均应尽可能缩短引线，直接装于需保护的电路点上。

5）在易受雷电冲击的电路中，不能使用金属膜电阻。

6）印制电路板中可能出现过电压的导线间的绝缘强度应满足冲击耐压要求。

7）用于线路放大以及其他可能承受冲击的晶体管，应进行耐冲击筛选。

8）应选用动态电阻小的半导体二极管作保护器件。

9）设备应有良好的保护接地，并定期检查，以减少地电位升的影响。

1126. 各类防雷击装置（如避雷针、避雷线、避雷器、放电间隙等）的防雷接地电阻一般不大于4Ω。

1127. 风沙防护设计应遵循以下原则：

1）空气循环时，在进气口应设置防尘罩、滤尘网等滤尘装置。

2）外露的设备及元器件应加设防护罩或密封。

1128. 当人体暴露在辐射功率密度大于 $10mW/cm^2$ 微波的辐射中，就应加以防护。应使用衰耗装置把各元器件与部件的辐射控制在这个水平以下。为防止对人有危害的微波辐射，应严格遵守规定的操作步骤与维修方法。

## 第三节　结构安全设计

1129. 外形相近而功能不同的零部件、重要连接部件和安装时容易发生差错的零部件，应从构造上采取防差错措施或有明显的防止差错识别标志，即只允许装对了才能装得上，装错或装反了均装不上，或发生差错也能立即发现并纠正。

1130. 为把不能消除的危险所形成的风险减小到最低程度，应考虑采取补偿措施，这类措施包括联锁、冗余、故障安全保护设计、系统防护、灭火和防护服、防护设备、防护规程等。

1131. 用机械隔离或屏蔽的方法保护有冗余的分系统地电源、控制装置和关键零部件。

1132. 设备的位置安排应使工作人员在操作、保养、维护和调整过程中，尽量避免危险（如危险的化学药品、高电压、电磁辐射、切削锋口或尖锐部分等）。

1133. 结构件降额一般指增加负载系数和安全裕量，但也不能增加过大，否则易造成设备体积、重量、经费的增加。

1134. 进行传动部件强度和刚度余度设计，要保证在恶劣环境条件下与其他电子部件同时进入"浴盆效应"的磨损期。

1135. 对摩擦位置以及机械关节进行密封设计，选择耐磨损和抗振疲劳的材料并采取抗磨损性能的特殊工艺。

1136. 当各种补偿设计方法都不能消除危险时，在装配、使用、维护和修理说明书中应给出报警和注意事项，并在危险零部件、器材、设备和设施上标出醒目的标记。

1137. 闭锁、锁定和联锁是一些最常用的安全性设计措施。闭锁是防止某事件发生或防止人、物等进入危险区域；锁定是保持某事件或状态，或避免人、物等脱离安全的限制区域。如螺母和螺栓上的保险丝和其他锁定装置可防止振动使紧固件松动；电源开关锁定装置可防止重要设备（如安全关键的计算机控制器、安全排气扇、警告灯、应急灯和障碍灯等）断电。常用的联锁类型及其工作方式见表 9-1。

**表 9-1　常用的联锁类型及其工作方式**

| 联锁类型 | 工 作 方 式 |
|---|---|
| 限制开关,(包括快动开关、确动开关、近发开关) | 多种限制开关可用于联锁,在某些情况下,限制开关是电路的一部分,本身可断开或闭合电路;在另一些情况下,限制开关发出一个信号(或无信号)可断开或闭合继电器,继电器进而断开或闭合电源电路 |
| 解扣装置 | 其动作释放一个机械挡块或起动装置以起动或停止运动 |
| 钥匙锁 | 在机械锁中插入并转动钥匙便可动作 |
| 信号编码 | 发射机发出特殊编码的脉冲序列必须与适当的接收机中的脉冲序列相匹配,当这些序列匹配时,接收机便开始或允许工作 |
| 运动联锁 | 被保护的机构运动时可防止防护罩或其他通道被打开 |
| 参数敏感 | 当压力、温度、流量或其他参数出现、消失、超过设定值时,便允许或停止动作 |
| 位置联锁 | 当两个或多个部件未对准时将禁止下一步动作 |
| 双手控制 | 要求操作人员双手同时动作 |
| 顺序控制 | 必须按正确顺序进行规定的动作,否则不能工作 |
| 定时器和延时 | 设备仅能在规定的时间后工作 |
| 通路分离 | 拆除一个电路或一条机械通路就不能工作 |
| 光电装置 | 光电管上光的中断或出现将产生一个中止或起动动作的信号 |
| 频率感应 | 对各种导电材料(尤其是钢或铝)受感应时,设备工作 |

1138. 在可能发生危险的部位上应设置电气、机械联锁装置，并应提供醒目的标记、警告灯或声响警告等辅助预防手段。

1139. 严重危及安全的组成部分应有自动防护措施。不要将被损坏后容易发生严重后果的组成部分设置在易被损坏的位置。

1140. 在关键性观察点应配备两套或更多的并联照明光源。

1141. 采用必要措施避免采取某些故障模式导致设备重复失效。

1142. 在设计设备时，应考虑当设备关闭后，将那些仍带电的元件和相线应设置在计时人员和操作维修人员不能（偶然）碰到的地方。

1143. 设备各部分的布局应能防止维修人员接近高电压。带有危险电压的电气系统的机壳、暴露部分均应接地。维修工作灯电压不得超过36V。

1144. 要仔细选择绝缘材料，使其在各种环境下和设备寿命期内绝缘良好，以防漏电威胁人身安全。

1145. 机箱、门和有铰链的盖子都要用圆边和圆角。向外伸出的边缘长度越短越好。

1146. 保护工作人员不受锋利的边、毛刺、尖角的伤害。凡向外突出东西都应尽量避免或予以包垫，或显著标明。

1147. 最好使用凹入型把手而勿用外伸型，以节省空间，避免伤人，也免得易绊上其他元件、线路或结构。

1148. 门或抽斗均应装锁，以免松开时伤人。同时也要防止锁因意外而打开而伤人或损坏设备。

1149. 在任何时候只要有可能，各种防护设施应设计得不用卸去即可进行检查。

1150. 运动件应有防护遮盖。

1151. 当需要留有维修旋转、摆动机件的通孔时，最好在护盖或机壳上安装安全开关或联锁装置。机盖或机壳上应带有警告信号。

1152. 应设支撑杆或插销，以便在维修操作时固定住链接和滑动零件、部件、整机，以防偶然滑动引起人身伤害。

1153. 应在抽出或折叠伸缩装置配有限制器，否则会引起伤害事故。

1154. 通风孔要小，以免手指或测量探头不小心插进去，发生触电危险。

1155. 凡是需在极热或极冷条件下使用的工具或控制器，都不要安装金属把手。

1156. 使用有非金属零位调节器的板面电表，为最大可能的安全计，高压电路电表应装在玻璃或厚塑料窗口后面。

1157. 用于断路器结构件上的绝缘材料，在断路器中发生电弧时，既不应起火燃烧，也不应释放出有害气体。

1158. 绝缘材料在经受瞬时的大电流自动跳闸产生电弧后，只要所经受的电流在规定的电流极限内，应无电火花痕迹。

1159. 对于舰载、机载、车载用机箱机柜的门和插箱应有定位、锁定装置。在必须有人站立操作的机柜上还应设置供操作人员抓握的扶手。

# 第四节　电气安全设计

1160. 应遵守一般电连接的安全要求。如分离后外露插头不带电，插孔带电、插针不带电，以防意外短路；电源切断后，分解的插座不带电和积蓄电荷、插针式连接器当断开（外露）时应不带电等。

1161. 采用故障-安全装置。尽量避免由于部件故障而引起的不安全状态，或使得一系列其他部件也发生故障甚至引起整个设备发生故障。

1162. 对危险系统中的电路应有故障安全设计。杜绝由于一次的操作失误或元器件失效而引起系统的灾难性后果。

1163. 设备的电源应易于切断，设置各种电源开关以防意外。

1164. 设备上的主电源转换开关应安装在易于接近的地方，并应清楚标明其功能。电池开关的输入端和电源引线的接头应采用物理防护，以防操作人员意外接触。

1165. 复杂的电气系统，应在便于操作的位置上设置紧急情况下断电、放电的装置。

1166. 为防止超载过热而损坏设备或危及人员安全，电源总电路和支电路一般应设置保险装置。

1167. 电源的中断不应造成设备的损坏。在电源中断期间对设备的性能一般不作要求，当有要求时，电源中断之后，设备应能自动恢复工作。

1168. 应进行瞬态过应力保护设计，采用滤波网络、钳位保护电路、瞬态抑制二极管保护电路、串联电阻限流和对继电器、电感等磁性元器件的消反峰电路等方法实现瞬态过电压和过电流保护。

1169. 当由电源供电工作时，无论输入电源侧是否有地线，设备的初级电源必须带有一根地线。

1170. 对高压电路，应设置电流限值电阻以保障安全。

1171. 过电流保护：设备应有一个自动安全装置，当电流超过设备的额定电流值时，能够自动地断开设备。

1172. 泄放电路至少应包括两个相同的并联电阻，以确保危险电流泄放可靠。

1173. 直流电压或有效值在 70～500V 的接触点、端头以及类似器件，均应装防护器（注明高压）、联锁旁路、自动放电装置、接地棒等。

1174. 凡直流电压或有效值超过 500V 的组建均应装在箱里，箱外用醒目字体标明："高压危险×××伏！"用白色或银色写在红底上。如有可能，应安装无旁路的联锁、自动放电装置，以及接地棒等。

1175. 尽力使设备漏到地面的电流不超过 5mA，如果更强的漏电无法避免，则应设置警告牌："危险！除非设备机架和所有外露金属部件均接地，切勿通电"。

1176. 当存在峰值电压超过 300V 的测试点，测量电压要用电表或分压器。分压器中至少应有两个以上相同的并联电阻串联在测试点和地面之间。

1177. 在电路中，凡当电表发生故障就会在电表和面板之间产生高电压的部分，都不可接电表。

1178. 使用有非金属零位调节器的板面电表时，为保障最大的安全性，高压电路电表应装在玻璃或厚塑料窗口后面。

1179. 所有插在使用电源插座上的电缆组件均须接地。将三脚插头的接地脚接到三芯电缆的绿线上。

1180. 与危险电位相连的外部端子应有明确的标志。

1181. 对于高压电路（包括阴极射线管能接触到的表面）与电容器，除非它们放电在 2s 或在更少的时间内达到 30V，就应当为它们的放电提供放电设备。这些保护措施必须作用确实、高度可靠、并在机壳或机枢打开时能自动发生作用。

1182. 在设计时，应使控制电路与危险报警电路不相混淆，以免报警电路出现虚警。

1183. 应使危险电压器件（如开关和调节螺杆等）远离内部控制器。

1184. 内部调整元件应安装在易于人手接近，而不会被触电烧伤。

1185. 当设备总电缆置于"断"位时，除主电源输入线外，进入设备的全部电源均应切断。

1186. 电源供给电路应分别在输入或输出端加装熔丝，必要时建议加装故障自动警告装置。

1187. 设备全部高压电路（对地电压超过 250V）系统，应具有电气控制的或同时有电气与机械控制的高压闭锁装置。当某一保护机门打开或将可抽出部分抽出时，高压应自动切断，直至将它们恢复到原来位置时，方可重新接上高压。

1188. 供维修使用的照明电源，应为安全电压。

1189. 会产生危险操作的开关或控制器，例如点燃、吊装开关或控制器等，应事先调整或锁定控制。

1190. 阴极射线管应设有防爆设施，以免阴极射线管爆炸时伤害人和设备。

1191. 凡磁通量密度超过 1000Gs$^{\ominus}$ 的装置应安装联锁开关，以保护使用及维修人员的安全。

1192. 当超过 1000Gs 而人员又有可能暴露在其中时，则在一切可以卸去的防护设施上均应加有警告标志，指明存在危险场并规定允许的暴露时间。暴露在

---

$\ominus$ 1Gs = 10$^{-4}$T，后同。

5000Gs 以下磁场的时间限定为每年 3 天，5000 ~ 15000Gs 之间为每年 15min。

1193. 装备器材暴露在射频能之下，可导致装备子系统或其元器件的损坏，也有可能使工作状态恶化，为此应加设屏蔽与防护装置。

1194. 任何可能引起火险的电容器、电感器，以及电机等，应当用不燃材料封装起来，封装物上只能留最小限度的孔。

1195. 除接地线（中线）不采用保护装置或不装熔丝外，电源线应装保护装置或熔丝。

1196. 半导体应有足够大的安全系数以防止受交流峰值电压、直流脉动或瞬态尖峰脉冲的损坏或使电路故障。

1197. 断路器应能由人工控制通或断。断路器应设置易识别的通或断的标志。

1198. 断路器在其安装位置相对于正常安装位置（垂直或水平）倾斜 30°的情况下，应能正常工作，其额定电流变化不应超过正常状态下的 ±5%。

1199. 应在电压超过 70V 方均根值的所有发射设备上设置接地板。

1200. 应从设计上采取措施使导线绕过尖角和利边。

1201. 设计应使得在制造及维修过程中尽量少用电烙铁焊接。

1202. 应采用熔丝、断路器或其他保护装置对设备提供电流过载保护。采用熔断器时应满足下列要求：

1）用做过电流保护的熔断器，应安装在组件外部易于更换的位置上（最好在前面板上）。

2）应在组件前面板上安装指示器，该指示器应设置在熔断器的负载端，以指示熔断器已断开某一电路。

3）当组件中主电路和支路中使用多个熔断器时，应设计成支路中的熔断器先熔断。

4）在安装熔断器的位置附近，应标出熔体的额定值。

1203. 所采用的所有保护装置应设置在易达到的安全位置上。

1204. 设备主电源电路上的熔丝应位于主电源开关的负载一侧。

1205. 熔丝的配置应使分电路上的熔丝先熔断，主电路上的熔丝后熔断。

1206. 在过载状态下，保护开关装置闭合应不妨碍断路器跳闸。

1207. 三相设备应采用多极断路器，如果任一相出现过载时，多极断路器应将三相断开。

1208. 采用自锁式或安全掣子式的接插件，以防止松脱；不要用金属丝紧固的方式防松脱。

1209. 在高压工作条件下的元器件除了选择时注意外，应设有过电压保护装置及采取防浪涌电流措施，同时应进行减额应用。

1210. 在可能产生电流浪涌的地方应采取电流抑制措施来保护半导体。

1211. 应确定二极管的功耗及最大的额定功耗。应确定二极管所要求的反向恢复时间。

1212. 应确定半导体的额定反向峰值电压，以及可能容许的反向电流。

1213. 插头的定位销应长于插脚，以保证插脚进入插座时不致错位，防止插脚进入一部分时扭坏插脚。插头的护销也应长于插脚，以防接地或短路。

1214. 插头接近或撤离插座过程中，应有方便的通道，特别在需要绕过某些装置、穿过隔板等场合，应该操作方便，并且不应使电缆过度弯曲。

1215. 通过采用不同外形、不同插脚、不同定位销以及编号、图形、色彩标记等手段，使得各个插头只能插入与之相配的插座，不致发生混乱。

1216. 每个插脚应有标记，以防错插。

1217. 不要因外部物件对接头作用而造成接头内部短路。

1218. 连接器应设有盖帽，在分解状态时，能防止潮气和异物进入。

1219. 多重电路的分离或连接应选用连接器，使得不能将插头误插入不匹配的插座或其他连接装置。

1220. 应利用支撑来避免在插座、接线端或其他电气连接上产生机械变形。

1221. 连接器的安排和接线应保证带电的引线端不接在插针和外露的接头上，以防偶然短路或触电；连接器插针位置的配置应使得因插针弯曲、潮湿、断线头或其他导电碎片引起插针间短路的可能性最小。

1222. 凡能卸下来修理的部件或是活动部件，其使用的接头在电缆被拉断前能自动脱开。

1223. 设备工作时，凡有可能触及的部件与地或与其他可触及部件之间的开路电压有效值超过 30V（峰值为 42.4V），直流电压超过 60V，10～200Hz 脉动的电压为 24.8V 时，应有防电击措施。对于超过上述规定的开路电压极限时，还应对漏电流进行测量，测量值不应大于 3.5mA。

1224. 电容器的电位，一般在断电后 2s 内降到 30V 以下，若放电时间较长，应进行标志。

1225. 电击穿防护应遵循的原则如下：

1）在组件中不同电位的元器件、零部件之间，应留有一定的间隙，并选用合适的绝缘材料。

2）对于高压部件，应采用高介电常数的材料进行灌封。

3）一般不应采用液体介质或除空气外的其他气体防止电击穿。

1226. 电击的预防措施如下：

1）定期更换绝缘层已磨损或破裂的电力线缆和配电线缆。

2）从供电装置中去除所有绞接的线缆。

3）将开关板背面和设备机架上的裸露导体及端接条带进行包封，并安装警告标志。

4）在所有导体裸露外壳和高压开关前面的地板上安装绝缘胶垫。

5）高压开关应采用封闭式安全开关。

6）所有引线应符合电气规程的要求，其有效截面积应足以承载所规定的电流。

7）临时使用的引线，用完后应立即拆除。

8）设备中的非载流金属元件和电源附件应接地。

9）所有电路的总电源开关，应在户外锁闭，并应附有标志。

10）在更换熔断器之前，应将电源开关断开，并使用拉拔工具更换熔断器。

11）应将熔断器盒锁闭，以防止进行桥接或用大容量的熔断器来更换。

12）切实防止各电路过载。

1227. 经常使用、操作的电缆，其芯线截面积不应小于$0.35mm^2$。

1228. 如果主电源出了故障，报警系统和主要控制器应立即接上应急电源。

1229. 应防止报警系统和有关电路发出假警报信号。设计时，应确保报警系统的可靠性。

1230. 显示器或显示电路的任何故障或问题都应能立即表现出来，并提供必要的信息。

1231. 便携式设备泄漏电流应不大于3.5mA，固定式设备应不大于5mA。

# 第五节　应　用　示　例

某接口模块安装位置联锁结构介绍

为保证接口模块中针脚在另一头接口模块未插入到位的情况下，该接口模块中的针脚不得通电，该接口模块的安装结构处设置一个微动开关来控制接口电路的通断（见图9-1），当接口模块框架安装到位后，接口模块框架上的安装轴压下微动开关的触头，电路接通，该接口模块中的针脚才通电，此时接口模块中的插针和插孔已有效连接。图9-2所示为接口模块安装结构到位后（未安装接口模块框架）的状态，图9-3所示为接口模块框架安装到位的状态（该接口模块框架上未装接口模块）。反之，在拆除时，当接口模块中的插针和插孔尚未完全脱

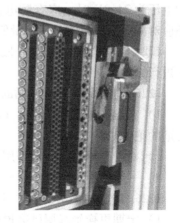

图9-1　接口安装位设置微动开关

离时，微动开关插头已抬起，接口电路已断开，之后插针和插孔才完全脱离。这样可有效防止带电作业，防止产生电弧等危险状态的发生，提高作业安全性。

图9-2　接口模块安装结构到位（不含框架）　　　图9-3　接口模块框架安装结构到位

# 第十章　电路可靠性设计

电路可靠性设计就是通过各种手段将可靠性要求落实到电路设计的过程中采取的所有活动的集合，目的在于保证设计的电路在满足功能、性能要求的同时具有高可靠性。

电路可靠性设计除前面各章所讲述的内容外，还包括以下几个方面：简化设计、电路保护设计、降额设计、冗余设计、容差设计、防静电设计、PCB 设计、设计评审、设计验证（试验或样机试制）。

## 第一节　通用设计原则

1232. 电路可靠性设计的一般原则：方案简单性；成功经验的继承性；技术成熟性；尽量避免单点失效；可靠性预计值必须高于设计的规定值，一般应大于设计规定值的 1.25 倍。

1233. 尽量采用单元设计，把一个小系统的各元器件或完成一种功能的各零件组合成一可以卸下的部件，并具有互换性。

1234. 防瞬态过应力设计是确保电路稳定、可靠的一种重要方法。必须重视相应的保护设计。例如在受保护的电线和吸收高频的地线之间加装电容器；为防止电压超过额定值（钳位值），采用二极管或稳压管保护；采用串联电阻以限制电流值等。

1235. 为最大限度地适应优良的电气设计要求，应使电路部分和分系统局部集中。

1236. 对于关键电路或重要电路必须要添加的备份或冗余，不能因简化设计而省略。

1237. 在简化某部分电路时，不能因省略掉的电路而给其他电路元器件提出超常规的性能要求。

1238. 对复杂的联锁电路应进行潜通路分析。

1239. 驱动电路应有足够的输出功率，并合理地分配负载。

1240. 应避免使用不必要的高逻辑电平。

1241. 应采用高效能零件和电路。

1242. 电路之间应有良好的匹配性。

1243. 在允许的工作条件下，应尽量选用较低的时钟频率。

1244. 在设备设计上，应尽量采用数字电路取代线性电路。因为数字电路具有标准化程度高、稳定性好、漂移小、通用性强及接口参数易匹配等优点。

1245. 为了尽量降低对电源的要求和内部温升，应尽量降低电压和电流。这样可以把功率损降低到最低限度，避免高功耗电路，但不应牺牲稳定性或技术性能。

1246. 要仔细设计电路的工作点，避免工作点处于临界状态。加大电路使用状态的公差安全系数，以消除临界电路。

1247. 在设计电路时，应对那些参数随温度变化的元器件进行温度补偿，以使电路稳定。

1248. 通常，模拟电路是有准确度要求的，一些细节的设计失误就会达不到准确度指标。

1249. 电子元器件往往随环境条件变化而变化，为此，应对设备和电路采取环境控制和隔离。

1250. 电子设备的元器件存在着贮存失效，在设计上应有减少这种失效措施，同时采取正确的贮存方法。

1251. 电路设计应容许电子元器件和机械零件有最大的公差范围。

1252. 电路设计应把需要调整的元器件（如半可变电容器、电位器、可变电感器及电阻器等）减少到最低程度。

1253. 当电源电压和负荷在出现极限变化的情况下，电路仍能正常工作。

1254. 使用任意选择的电子元器件，电路仍能正常工作。

1255. 应保证电路和设备应能在过载、过热和电压突变的情况下，仍能安全工作。

1256. 在设计设备和电路时，应尽量放宽对输入及输出信号临界值的要求。

1257. 电路应在半导体器件手册上规定的 $\beta$ 值范围内正常工作。

1258. 努力降低元器件失效影响程度，力求把电路的突然失效降低为性能退化。

1259. 使用反馈技术来补偿（或抑制）参数变化所带来的影响，保证电路性能稳定。例如，由阻容网络和集成电路运算放大器组成的各种反馈放大器，可以有效地抑制在因元器件老化等原因使性能产生某些变化的情况下，仍然能符合最低限度的性能要求。

1260. 负反馈电路的作用：提高放大电路的放大倍数的稳定性、减小非线性失真、抑制噪声、扩展频带、减小对输入电阻和输出电阻的影响。

1261. 引入负反馈电路的一般原则如下：

1）要稳定直流量，应引入直流反馈电路。

2）要改善交流性能，应引入交流负反馈。

　　3）在负载变化时，若想使电压稳定，应引入电压负反馈；如想使电流稳定，应引入电流负反馈。

　　4）若想提高电路的输入阻抗，应引入串联负反馈；若想减小电路的输入阻抗，应引入并联负反馈。

　　1262. 在光模块的控制电路设计中，应尽量采用单回路负反馈组态，在反馈环的各个节点上慎用相移器件。

　　1263. 对传输和处理速度有严格要求的电路和基准电路，要合理布局，并要有良好接地。

　　1264. 尽量采用数字电路和数字处理技术。尽量采用集成度高的集成电路。

　　1265. 不要设计比技术规范要求更高的输出功率或灵敏度的电路，但是也必须为在最坏的条件下使用留有余地。

　　1266. 电路中应有防差错保护措施。

　　1267. 在设计中应有故障自动检测功能，检测可采用脱机检测，也可采用联机检测。

　　1268. 应对设备电路进行故障模式与影响分析（FMEA）及故障树分析（FTA），寻找薄弱环节，并采取有效的纠正措施。

　　1269. 对设备和电路应进行潜在通路分析、找出潜在通路、绘图错误及设计问题。

　　1270. 正确选择电路的工作状态，减少温度和使用环境变化对电子元器件和机械零件特性值稳定性的影响。

　　1271. 在设计时，对关键元器件已知的缺点应给予补偿和采取特殊措施。

　　1272. 应考虑波形失真及功率因素变化可能产生的不良影响。

　　1273. 电位器的可靠性与安装方式有关，任意一只电位器的安装点，在任何方向上应与离其最近一只电位器的安装点的距离保持为电位器直径的四倍。

　　1274. 继电器或开关的工作不应在其他电路或设备中产生电源瞬变。

　　1275. 在开关或触头闭合及开启过程中应采用电弧抑制措施。如在开关或触头两端跨接 RC 电路、采用负电压特性的电阻、在感性电路两端跨接一个大电阻或整流器等。

　　1276. 对以下产品应采取瞬态电弧抑制措施：继电器及螺管线圈、变压整流器装置、晶闸管整流器开关、电动发电机、降压变压器、磁放大器、桥式硅整流器和继电器式警告器等。

　　1277. 当设备工作要求两种以上电源时，应采取充分措施防止电源错接。

　　1278. 熔丝和线路等过载保护器件应易于使用（最好就在前面板上）。

　　1279. 如果要求电路在过载时也能工作，在主要的部件上应安装过载指示器。

1280. 在前面板上应安装指示器，以指示熔丝或线路断路器已经将某一电路断开。熔丝板上应标出每一个熔丝的额定值，并标出熔丝保护的范围。

1281. 对所使用的每一类型熔丝都要有一个备用件，并保证备用件不少于总数的 10%。

1282. 选择线路断路器，应能人工操纵至断开或接通位置。

1283. 使用自动断路器，除非使用时要求自动断路机构应急过载（不断路）。

1284. 对可能产生自激的电路，应采取自激抑制措施。

1285. 除非为了安全上的需要，否则不要使用特殊工具。

1286. 应使接头数量最少，并应取消不必要的电气端接点。可拆式连接器只用于经常断开的地方或产品制造需要的地方。

# 第二节　降额设计

1287. 降额可以有效地提高元器件的使用可靠性，但降额是有限度的。通常，超过最佳范围的更大降额，元器件可靠性改善的相对效益下降同，而设备的重量、体积和成本却会有较快的增加。有时过度的降额会使元器件的正常特性发生变化，甚至有可能找不到满足设备或电路功能要求的元器件。过度的降额还可能引入元器件新的失效机理或导致元器件数量不必要的增加，结果反而会使设备的可靠性下降。

1288. 必须根据产品可靠性要求选用适合质量等级的元器件。不能用降额补偿的方法解决低质量元器件的使用问题。

1289. 元器件应根据使用场合及用户要求进行降额设计。最佳的降额应处于或低于电应力、温度应力所对应的可靠性曲线拐点附近的区域，并按不同的应用确定降额等级。降额设计的三个等级如下：

1）Ⅰ级降额适用于下述情况：设备的故障将导致人员伤亡或装备与保障设施的严重破坏；对设备有较高可靠性要求，且要采用新技术、新工艺的设计；由于费用和技术原因，设备故障后无法或不宜维修；系统对设备的尺寸、重量有苛刻的要求限制。

2）Ⅱ级降额适用于下述情况：设备的故障可能引起装备与保障设施的损坏；有高可靠性要求，且也采用了某些专门的设计；需支付较高的维修费用。

3）Ⅲ级降额适用于下述情况：设备的故障不会造成人员和设施的伤亡和破坏；设备采用成熟的标准设计；故障设备可迅速、经济地加以修复；对设备的尺寸、重量没有大的限制。

1290. 降额不仅要考虑稳态，还要考虑到电路中可能出现的瞬时过载及动态电应力。

1291. 关键、重要元器件应考虑特殊降额。

1292. 降额应遵循以下原则：

1）应对集成电路的结温和输出负载进行降额应用。

2）应对晶体管结温、集电极电流及任何电压、功耗进行降额应用。

3）应对晶体管的结温、反向电流、电压、功耗进行降额应用。

4）应对晶闸管的电压、电流、结温进行降额应用。

5）应对电阻器的功率和极限温度进行降额应用。

6）应对电容器外加电压进行降额应用，还要注意频率范围及温度极限。

7）应对线圈、扼流圈工作电流、电压进行降额应用。

8）应对变压器工作电流、电压、温升进行降额应用，还应对其温升按绝缘等级作出规定。

9）应对继电器的触点电流按负载的不同进行降额应用，如灯负载、电感负载及电阻负载，还应对其温升按绝缘等级作出规定。

10）应对接插件电流、电压进行降额应用，根据触点间隙大小、直流及交流要求不同而进行适当降额。

11）应对电缆、导线电流密度进行降额应用（铜线每平方毫米流过的电流不得超过 7A），并要注意电缆电压降额应用。

12）应对开关器件开关功率、触头电流进行降额应用。

13）应对电机轴承负载和绕组功率进行降额应用。

14）电子元器件降额系数应随温度的增加而进一步降低。

1293. 对设备中失效率较高和重要的分机、电路及元器件要采取特别降额措施。

1294. 所有为维持最低结温的措施都应考虑。可采取如下措施：

1）器件应在尽可能小的实际功率下工作。

2）为减少瞬态电流冲击应采用去耦电路。

3）当工作频率接近器件的额定频率时，功耗迅速增加，因此元器件的实际工作频率应低于器件的额定频率。

4）应实施最有效的热传递，保证与封装底座间的低热阻，避免选用高热阻底座的器件。

1295. 对电子元器件降额系数应随温度的增加而进一步降低。

1296. 对于继电器的线包电流不能降额，而应保持在额定值的 100% ±5%，否则会影响继电器的可靠吸合。

1297. 电阻器在分组安装时，必须降低功率使用。电阻器降低到 10% 以下对可靠性提高已经没有效果。

1298. 对电容器降额时应注意，对某些电容器降额水平太大，常会引起低电平失效。交流应用时要比直流应用降额幅度大，随着频率增加降额幅度要随之增加。

1299. 在低阻抗电路（尤其开关电源中的滤波电容）中使用的电容器，应将其使用电压设定在额定电压的 1/3 以下。使用其他电路时，将其使用电压设定在额定电压的 2/3 以下。

1300. 导电高分子聚合物电解质片式钽电容 10V 以下降额 10%，10V 以上降额 20%。

1301. 对于磁控管降额的使用，如果阳极电流没有到规定值，降低灯丝电压使用不仅不能提高可靠性，而且还牺牲了可靠性。

# 第三节　冗余设计

1302. 冗余有两种基本类型：

1）主动冗余：当结构中的一个元器件或通道发生故障时，不需要用外部的元器件来完成检测、决策和转换功能。冗余单元总是处于工作状态，并自动为故障单元承担负载。

2）备用冗余：需要外部元器件来进行检测、决策并转换到作为故障元器件或通道的替代物的另一元器件或通道上。备用元器件可以处于工作状态，也可以处于非工作状态。

1303. 采用冗余设计必须综合权衡，并使由冗余所获得的可靠性不要被由于构成冗余布局所需的转换器件、误差检测器和其他外部器件所增加的故障率所抵消。

1304. 为了保证设备的稳定性，电路设计时，要有一定功率裕量（通常应有 20%~30% 的裕量，重要地方可留有 50%~100% 的裕量）。此外，要求稳定性、可靠性越高的地方，裕量越大。

1305. 对于重要而又易出故障的分机、电路和易失效的元器件在体积、重量、经费、耗电等方面允许的条件下，经可靠性预计和分配后，应采用冗余设计技术。

1306. 应保证产品可靠性的增长不会被实现冗余结构而必需的转换装置、误差检测器和其他外围装置所增加的故障率而抵消。

1307. 在系统设计中采用冗余时，必须考虑其"可检查性"。故设计师必须在机内测试计划、计入试验点、封装中考虑其可测性。

1308. 接插件、开关、继电器的触点要增加冗余接点，并联工作。插头座、开关、继电器的多余接点全部利用，多点并联。

1309. 每个接线板应至少有 10% 的接线柱或接线点作为备用。

1310. 当转换开关的可靠性小于单元可靠性 50% 时，则应采用工作储备。对于易失效的元器件应采取工作储备（热储备）。如果信息传递不允许中断的设备也应采取工作储备。

1311. 当体积、重量不太重要，而可靠性及耗电至关重要时，则应采取非工作储备，非工作储备有利于维修。

1312. 如果对设备的体积、重量等有严格要求，而提高单元的可靠性又有可能满足执行任务要求的话就不必采用储备设计。但同时应考虑经济性。

1313. 储备设计中功能冗余是非常可取的，当其中冗余部件失效时并不会影响主要功能；而其工作时，又会收到降额设计的效果。

1314. 尽管并联-串联结构（见图 10-1）比串联-并联结构（见图 10-2）可靠性高，但考虑到便于维修，串联-并联结构也是可取的。

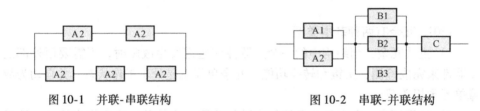

图 10-1　并联-串联结构　　　　　　图 10-2　串联-并联结构

1315. 对于设备（或系统）中可靠性薄弱环节采用混合储备设计措施是很可取的。这是经过可靠性、经济性及重量和体积的权衡结果。

1316. 在冷储备设计中，应尽量采用自动切换转置。

1317. 运动状态下的非工作储备（冷储备）可以缩短信号中断时间，在储备设计中可以根据具体情况加以说明。

1318. 若用余度设计，应尽量在层次低的部位采用余度设计。

1319. 在电源功率不足，单元发热问题较大以及故障单元无法有效隔离的情况下，不能采用工作余度。

1320. 进行余度设计时，一般选用并联、表决系统、旁联余度模型。

1321. 主要的信号线、电缆要进行高可靠性连接。必要时应对继电器、开关、接插件等采用冗余技术，如采取并接或将多余接点全部利用等。

# 第四节　容差设计

1322. 容差分析技术是一种预测电路性能参数稳定性的方法。它主要研究电路组成部分参数偏差，在规定的试验条件范围内，对电路性能容差的影响。容差分析应从设计早期初步电路图给出时开始，一般在做过故障模式及影响分析（FMEA）之后进行。在电路修改后应再进行容差分析。

1323. 应对电路进行分析以确定元器件参数漂移及元器件累积容差的影响。

1324. 对稳定性要求高的部件和电路，必须通过容差分析进行参数漂移设计，以减少电路在元器件允许容差范围内的失效。

1325. 电路容差分析费时费钱，且需要一定的技术水平，所以一般仅在关键电路上应用。需要进行容差分析的关键电路包括：严重影响产品安全性的电路、严重影响任务完成的电路、昂贵的电路、采购或制作困难的电路和需要特殊保护的电路。

1326. 明确电路设计的有关基线，包括被分析电路的功能和使用寿命，电路性能参数及偏差要求，电路使用环境应力条件（或环境剖面），元器件参数的标称值、偏差值和分布，电源和信号源的额定值和偏差值和电路接口参数。

1327. 电路容差除了上述电路有关基线外，还应考虑如下因素：

1）参数随时间的漂移量。

2）电路负载的变动。

3）所有的正常工作方式，预料中的偶然工作方式及各个工作点的情况。

1328. 电路容差分析方法包括：最坏情况试验法、最坏情况分析法、蒙特-卡罗法、伴随网络法、阶矩法。

1329. 为保证电路长期可靠工作，设计应允许二极管主要参数的设计容差为正向电压：±10%；稳定电源：±2%（适用于稳压二极管）；反向漏电流：+200%；恢复和开关时间：+20%。

1330. 为保证电路长期可靠工作，设计应允许晶体管主要参数的设计容差为：电流放大系数：±15%（适用于已经筛选的晶体管）或±30%（适用于未经筛选的晶体管）；漏电流：+200%；开关时间：+20%；饱和电压降：+15%。

1331. 为保证电路长期可靠工作，设计应允许集成电路主要参数的设计容差如下：

1）模拟电路。电压增益：-25%（运算放大器）或-20%（其他）；输入失调电压：+50%（低失调器件可达300%）；输入失调电流：+50%或+5nA；输入偏置电压：±1mV（运算放大器和比较器）；输出电压：±0.25%（电压调整器）；负载调整率：±0.2%（电压调整器）。

2）数字电路。输入反向漏电流：+100%；扇出：-20%；频率：-10%。

# 第五节　防静电设计

1332. 在符合性能要求的同时，优先选用能提供最高抗静电放电能力（即损伤阈值高）的元器件（如选用MOS器件）。

1333. 电路中使用的静电放电敏感的元器件应有标志，标志为等边三角形

（△）。

1334. 采用 MOS 保护电路改进技术，如增大二极管尺寸，采用双极型二极管、增加串联电阻和利用分布式网络等。

1335. 元器件和混合电路设计应避免在连接到外引脚的金属引线下穿接（集成电路互联）。

1336. MOS 保护电路设计应使保护二极管故障时不会导致电路不工作。

1337. 线性 IC 电容器应并联一个具有低击穿电压的 PN 结。

1338. 双极型器件设计应避免在静电放电下使 PN 结耗尽区出现高瞬态能量密度。对于关键元器件应采用串联电阻的方法来限制静电放电电流或利用并联元器件分流。

1339. 晶体管可通过增大与基极连接点临近的发射极参数来提高防静电放电保护能力。

1340. 元器件的连接点边缘和结之间的距离应大于等于 $70\mu m$（双极型器件）。

1341. 元器件和混合电路引脚的布置应避免把关键的静电放电通路设置在边角引脚上，因为边角引脚易受静电放电的影响。

1342. 在可能的情况下，元器件和混合电路设计应避免金属化跨接区。

1343. 在可能的情况下，元器件和混合电路设计应避免寄生 MOS 电容。

1344. 应通过限制输出电流来消除 CMOS 中的闭锁现象，但模拟开关例外。

1345. 在每个输入端增加外部串联电阻可对 MOS 进行附加保护。

1346. 不准将安装在 PCB 上的 ESDS 元器件的引线，不经任何保护电路直接与电连接器的端子相连。

1347. 与 ESDS 电路连接的产品，其外接电连接器上应由 ESD 保护盖（帽）。

1348. 在可能的情况下，应采用由大电阻和大电容（至少 100pF）组成的 RC 网络作为双极型器件的输入，以减少静电放电的影响。

1349. 安装在印制电路板上的敏感元器件的引线，如果不连接串联电阻、分流器、钳位电路或其他保护电路，不应直接与连接器相连接。

1350. 装有键盘、控制板、手动控制器或键锁的系统地设计应使人员产生的静电直接逸散到基板，绕过对静电敏感的元器件。

1351. 诸如 MOS 之类对静电放电敏感的器件应采用各种保护网络，以使其在栅氧化膜（geteoxide）两端的电压低于介质击穿电压而不影响器件的电气性能。

1352. CMOS 器件的防静电设计应注意以下几点：

1）器件所有不用的输入端都应通过电阻（几百 $k\Omega$）接 VDD 引脚或 VSS 引脚，不允许悬空。

2）信号从其他单板来的输入端要加接地电阻和限流电阻，以防悬空及锁定。

3）加电时，应先开电源，后加信号；关电时，应先关信号，后关电源。

4）全部试验设备都要接地。

1353. 增设 RC 网络（如在 MOS 器件的输入端或双极型器件的基极），以提高静电放电的损伤阈值。

1354. ESD 防护网络设计时需考虑的问题如下：

1）网络应防止对所有端头结构的现象。

2）网络应防止两个极性施加 ESD 瞬变。

3）对轻微的错误排列和工艺变化，该设计必须是不敏感的。

4）可用扩散电阻器代替多晶型电阻器。

5）可在金属-扩散层之间使用多接头片。

6）在防护网络单元上避免薄氧化物层。

7）应提供充分的接触层到扩散区边缘的空隙。

1355. 组件内电路在进行保护设计时，应在组件的最低使用电平上实现保护。

1356. 组件应搭接或接地，以供静电放电用。

1357. 进行电路分析，确定所有含有静电放电敏感元器件的组件均应有充分的保护。

1358. 尽可能使用静电抑制技术，如开关接地、导电塑料、喷涂防静电剂等。

1359. 含有 ESDS 元器件和组件的设备应标志静电敏感符号，符号应标在设备外表面上和 ESDS 元器件和组件的端口附近，并标明"含有静电放电敏感元器件"的警示语。

1360. 设计文件和图样中应明确提出：

1）组件和产品的 ESD 敏感度级别和标志。

2）电子元器件 ESD 敏感度级别要求。

3）对供应商和使用方提出 ESD 控制和保护的技术要求。

# 第六节　PCB 设计

## 一、印制板要求

1361. 选择的印制板的印制线对基板的抗剥强度、电击穿强度、绝缘性能、热稳定性、抗张强度、吸水性等指标能满足要求。

1362. 印制电路板覆铜箔的基材厚度（不含铜箔）应不小于 0.05mm。

1363. 印制板铜箔不应脱开绝缘基板，不应分层，不应挠曲变形。

1364. 印制板面应均匀光滑，无气泡，无划痕。

1365. 印制板刻蚀后，不应有过蚀及残留现象。

1366. 电镀层应均匀，不允许有局部腐蚀现象。

1367. 面积大的印制板应有防翘曲变形的措施，SMT 印制板更应对翘曲度进行控制，应采取的措施是，使印制板两面电路图形面积尽量趋于相等，并使图形尽量分布均匀，避免因两面电路图形分布不均以及图形总面积相差过大造成应力，引起板面翘曲，最终影响电气装连和焊点的质量及稳定性。

1368. 印制板的弓曲和翘曲应不大于对角线尺寸的 1%（特殊要求应由相关工艺文件规定）。

1369. 细长条或形状不规则的印制板易产生弓曲或扭曲，因此，印制板的长宽比应尽量小。为了减少弓曲和扭曲，设计时应考虑以下几点：

1）在布线区域内，电路分布、元器件放置和铜箔分布应均匀对称。

2）介质层厚度、层次分配和铜箔厚度与多层板截面中心应对称分布，如分布不均匀，应设计非功能连接盘。

3）如果对称分布和严格的，公差仍不能满足关键的组装和功能要求时，应设计加强条或其他支撑。

1370. 印制底板需承受较大的机械插拔力时，应考虑增加印制底板的厚度或外加金属构件，以提高结构强度。

1371. 焊盘的过渡应圆滑，弧度大，以防断裂。测试焊盘半径应大于或等于 2mm，两测试焊盘间距应大于或等于 6mm。同一焊盘上的焊接线尽量少于或等于 3 根。

1372. 安装成形引线的焊盘，跨距尺寸一般按 2.5mm 的倍数确定。插装焊盘孔径与插入引线直径间的间隙一般为：手插 0.05 ~ 0.15mm、机插 0.3 ~ 0.4mm。

1373. 表面安装焊盘采用锡铅合金为可焊性保护层，锡铅合金层厚度应不小于 0.02mm。

1374. 阻焊膜开口尺寸比焊盘尺寸略大，当阻焊膜分辨率达不到细间距焊盘间的要求时，细间距焊盘范围内不应有阻焊膜，阻焊膜的厚度应不大于焊盘的厚度。阻焊膜在 260℃下不脱落、不起泡。

1375. 印制板上距离近而电位差大的焊盘或导线，应合理地选用镀覆层，尽量加大焊盘或导线间距离，避免离子迁移，并选用绝缘性能好的涂层，进行保护处理。

1376. 印制导线厚度要均匀，否则载流流到薄处易形成致热区，造成导线与基板的粘结性退化。

1377. 在多层板的内层设计平面电阻层，可以省去表面端接电阻的空间，但工艺上必须将电阻值控制在允许的公差范围内，并于互连导线可靠地连接。

1378. 板厚与孔径比的要求：A级为3:1~5:1；B级为6:1~8:1；C级为9:1以上。

1379. 印制板上非支撑孔直径应比元器件引线直径大0.15~0.5mm。应尽量减少非支撑孔的种类。

1380. 在高频电路或高速数字电路中，应把印制导线作为传输线处理，严格控制印制导线的特性阻抗，各段印制导线的特性阻抗应尽量保持一致，一般应控制在设计中心值的±20%以内。

1381. 对工作电压大于50V、海拔大于3050m或长期处于相对湿度大于75%以上环境下工作的印制电路板，应有专门的耐压设计和工艺措施。

**二、布局**

1382. 元器件布局应遵循以下一般原则：

1）合理布设元器件位置，尽可能提高元器件布设密度，以利于减少导线长度、控制串扰和减小印制板的板面尺寸。

2）有进出印制板信号的逻辑器件，应尽量布设在连接器附近，并尽可能按电路连接关系顺序排列。

3）分区布设。根据所用元器件的逻辑电平、信号转换时间、噪声容限和逻辑互连等不同情况，采取相对分区或严格分离回路等措施，以控制电源、地和信号的串扰噪声。

4）满足散热要求。对需要风冷或加散热片时，应留出风道或足够的散热空间；对液冷方式，应满足其相应要求。

5）大功率元器件周围不应布设热敏元器件，并与其他元器件保持足够距离。

6）需要安装重量较大的元器件时，应尽量安排在靠近印制板支撑点位置。

7）应满足元器件安装、维修和测试要求。

8）应综合考虑设计和制造成本等各因素。

1383. 一般情况下，所有元器件都放在同一面，板面上的元器件应按原理图按顺序排列，每个完整、有独立功能的电路的元器件应就近安排，力求电路安排紧凑、密集，以缩短引线。

1384. 数字电路、模拟电路要分开放置，以减少相互影响并便于各自电源线、地线的走线。

1385. 一个板面尽量安装上整个完整电路，若电路复杂或者由于屏蔽要求而必须将整个电路分成几块安装时，则应使每个完整的有独立功能的电路安装于同一板面上，以便调试和维修更换。

1386. 为了便于合理地布置元器件、缩小体积和提高机械强度，可以在印制板外，在安装一块"辅助电路板"，将一些笨重元器件（如变压器、扼流圈、继电器、大电容器等）安装在辅助电路板上，这样做也利于加工和装配。在母板上还可以安装子板，将设备相同的标准电路构成统一的子板，这样不仅有益于提高批量生产的效率，而且减少了设备的备件数。

1387. 在保证电性能的原则下，元器件布局应相互平行或垂直排列，以求整齐美观并便于维修。

1388. 印制板上布置元器件时应优先安排敏感的集成电路，且这些集成电路最好布置在近于板的中央位置。

1389. 元器件放置的位置与相邻印制导线成较大角度的交叉，特别是电感器，以防止电磁干扰。

1390. 发热的元器件应放于利于散热的位置，必要时可以单独放置，以降低对邻近元器件的影响。

1391. 多级放大器如增益不大，可以放置在一块印制板上。如增益大，则一般应分成多块并分别进行屏蔽。

1392. 对于发热量大的元器件不能紧卧在印制板上，因为印制板温度升高后期抗剥强度会降低，同时抗击穿强度也会降低，必要时可在元器件与印制板之间加隔热材料。如考虑空间的约束和耐振性能，在直立安装元器件时可以采用不同的衬垫

1393. 板面上的元器件应按原理图按顺序成直线排列，并力求电路安排紧凑、密集以缩短引线，这对高频宽带电路尤为重要。这样布局有利于安装、调试及维修。

1394. 各级放大器最好成直线排列，使输出级与输入级相距较远，从而减少输出级与输入级间的耦合。

1395. 放大器中有推挽电路和桥式电路时，应注意其元器件的对称性，使电路双臂的分布参数尽可能一致。

1396. 印制板上的装配件与机箱有严格的配合关系时，印制板孔位设计应有相应的要求。印制板上与边条、大、小散热板、屏蔽罩配合的孔及孔位应合理。

1397. 在一般情况下，在单面印制板上所有元器件都应放在基板不焊接的一面，以便于安装、调试及维修。元器件与印制板间一般应留有 1~2mm 的间隙。同一规格的元器件安装孔距应统一。在双面印制板上则应留 2~8mm 间隙。

1398. 大型器件的四周要留一定的维修空隙，以留出 SMD 返修设备操作及局部网板的工作尺寸，一般在该元器件单边 3mm 范围内应不设置其他元器件。

1399. 对于一些体（面）积公差大、准确度低，需二次加工的元器件、零部件（如变压器、电解电容、压敏电阻、桥堆、散热器等），与其他元器件之间的间隔应在原设定的基础上再增加一定的余量，建议压敏电阻、桥堆、涤纶电容等增加裕量不应小于 1mm，变压器、散热器和超过 5W（含 5W）的电阻不小于 3mm。

1400. 对于射频和高速率数字通路，要采用双面印制电路板，板上的微带传输线终端阻抗应良好的匹配。

1401. 排列元器件的间距应考虑到它们之间可能存在的高电位梯度，以防止飞弧和打火。

1402. 元器件间应有足够的间隔，以便能使用测试探针、烙铁和其他需要使用的工具，具体间隔尺寸应视产品特性确定。

1403. 通孔安装印制板布局设计一般应符合下列要求：

1）安装后的元器件边缘距印制板边缘至少为 5mm，距导轨槽至少为 2.5mm。

2）元器件排列应整齐有序，元器件标志的方向应尽量保持一致。

3）镀覆孔的直径应比元器件引线的最大尺寸大 0.2~0.4mm。

4）相邻元器件边缘间距应大于 2mm。

5）相邻焊盘的间距应不小于 0.2mm。

6）定位孔的位置与大小应符合各类插装设备的要求。

1404. 仔细考虑相邻电路板上变压器和电感器的位置，以保证电路之间不会发生不希望的磁耦合。

1405. 贵重元器件不要布放在印制电路板的角、边缘或靠近接插件、安装孔、槽、拼板的切割、豁口和拐角等位置，以上这些位置是印制电路板的高应力区，容易造成焊点和元器件的开裂或裂纹。

### 三、地线

1406. 一般将公共地线布置在印制板最边缘，便于将印制板安装到导轨和机壳上，也便于与机壳地相连。电源、滤波、控制等低频导线靠边缘布置，高频线布置在板子中间，以减少它们对地线和机壳之间的分布电容。导线与印制板的边缘留有一定距离，不仅便于机械加工，而且还可以提高绝缘性能。

1407. 印制板上每级电路的地线一般都应自成封闭回路，这样可以保证每级电路的高频地电流主要在本级地回路流通，不流过其他级地回路，因此减少了级间的地耦合。每一级电路的周围都是地线，便于接地，可以减少引线电感。当外界有强磁场时，地线不能做成封闭回路，以免封闭的地线成为一个线圈而产生电磁感应。

1408. 对于多点接地的电路，通常在印制板四周及各元器件四周空的地方设置地线，便于就近、多点接地。

1409. 在高频应用时，应考虑到流过地线的高频电流由于趋肤效应，使地线产生高频地阻抗，导致高频压降面造成高频耦合，为此印制的公共地线应尽量宽些，以减少地阻抗。

1410. 数字电路的地线与电源线（层）的设计，一般应遵循以下原则：

1）地线一般用宽的印制线构成密集的地网，推荐把所有未用的铜表面连至地，必要时应采用地平面。

2）电源线应紧靠地线，对 ECL、TTL 电路，推荐用宽的印制线构成密集的电源网，必要时应采用电源平面。

3）应严格避免数字电路（特别是 TTL 电路）与敏感的模拟电路使用公用的地线和电源线，ECL、TTL 电路一般也应有各自独立的地线和电源线。

1411. 应将各个电路板上大片的未腐蚀区有效地接地，并将这些接地区作屏蔽用。

1412. 印制电路板上所有的屏蔽体应直接接地到主底板上，而与印制板上任何接地线无关。

**四、布线**

1413. 确定布线区域应考虑下列因素：

1）所需安装的元器件类型、数量和互连这些元器件所需要的布线通道。

2）外形加工时不触及印制导线，布线区的导电图形（含电源层和地线层）距印制板边框一般应不小于 1.25mm。

3）表面层的导电图形与导轨槽的距离应不小于 2.54mm，如导轨槽用来接地，应用地线作为边框。

1414. 印制板布线一般规则如下：

1）印制导线布线层数根据需要确定。布线占用通道比一般应在 50% 以上。

2）根据工艺条件和布线密度，合理选用导线宽度和导线间距，力求层内布线均匀，各层布线密度相近，必要时缺线区应添加辅助非功能连接盘或印制导线。

3）相邻两层导线应布成相互垂直、斜交或弯曲走线，以减小寄生电容。

4）印制导线布线应尽可能短，特别是高频信号和高敏感信号线。对于时钟等重要信号线，必要时还应考虑等延时布线。

5）同一层上布设多种电源（层）或地（层）时，分隔间距应不小于 1mm。

6）对大于 5mm×5mm 的大面积导电图形，应局部开窗口。

7）电源层、地层大面积图形与其连接盘之间应进行热隔离设计，以免影响焊接质量。

1415. 为实现印制板的最佳布线，应根据各类信号线对串扰的敏感度和导线传输延迟的要求确定布线顺序。优先布线的信号线应尽可能地使互连线最短。一般按如下顺序布线：模拟小信号线→对串扰特别敏感的信号线和小信号线→系统时钟信号线→对导线传输延迟要求很高的信号线→一般信号线→静态电位线或其他辅助线。

1416. 采用埋孔/盲孔可以提高布线密度，减少层数。埋孔和盲孔的最小钻孔尺寸应符合表 10-1 中的要求。

表 10-1　埋孔和盲孔的最小钻孔尺寸表　　　　（单位：mm）

| | 板厚 | 1级<br>普通军用电子设备 | 2级<br>专用军用电子设备 | 3级<br>高可靠性军用电子设备 |
|---|---|---|---|---|
| 埋孔 | <0.25 | 0.1 | 0.1 | 0.15 |
| | 0.25~0.5 | 0.15 | 0.15 | 0.2 |
| | >0.5 | 0.15 | 0.2 | 0.25 |
| 盲孔 | <0.1 | 0.1 | 0.1 | 0.2 |
| | 0.1~0.25 | 0.15 | 0.2 | 0.3 |
| | >0.25 | 0.2 | 0.3 | 0.4 |

1417. 设计印制板时，要有意识地减少添加过渡孔，设计完毕后要检查去多余过渡孔。

1418. 应保证在相邻的电路板之间不发生过多的导线平行现象。

1419. 单面印制板上的导线不能交叉，因此某些导线就要绕着走或平行走线，致使导线过长。这不仅使引线电感增加了，而且导线之间、电路之间的寄生耦合也增大了。所以在特殊情况下可以用外接导线。

1420. 在设计布线时，必须保证高频线、管子各极的引线及信号线输出输入线短而直，并避免相互平行，这对抵制各种耦合干扰是有益的，频率越高越应注意。

1421. 使用双面印制板时，两面印制线应避免相互平行，以减少导线间寄生耦合，最好垂直或大角度斜交。

1422. 印制导线需要屏蔽时，如要求不高，可采用印制屏蔽线。印制板面元器件若需要屏蔽时，则可在元器件外面套上一个屏蔽罩，在板的另一面留有覆铜箔，将它们在电气上连接起来并接地，也可以将另一面印制成网格状。

1423. 为了减少电源线耦合引起的干扰，布线时应尽量使电源线和地线紧密地排列在一起。

1424. 印制导线宽度决定导线的附着力。宽度太小，导线容易脱开机板。例如，擦伤会使导线附着力丧失，潮湿也会引起导线脱开基板。但过宽也不行，过宽易引起在焊接时热分布不均匀而导致脱落。其优选序列为 0.5mm，1mm，

1.5mm。其中 0.5mm 主要用于微小型化电路。

1425. 印制导线宽度取决于载流量、温升。对于特定印制导线，当工作电流超过其最大安全电流值时，会引起温度上升，以致引起导线从板上剥落。

1426. 印制导线工作温度一般不宜超过 85℃，若环境温度为 45℃ 时，则导线温升不宜超过环境 40℃。

1427. 考虑到涂"三防"漆后散热性能变差和浸焊及波峰焊后铜箔粘贴强度降低以及刻制水平等，应加 35% 的安全系数。一般导线在任意一点有效宽度缩减超过 35% 就被看作是很大的缺陷。

1428. 为了避免信号电压的损失，应控制导线的电压降。电压降与线宽成反比，线越宽越好。

1429. 为了减少分布电容，减弱导线间的互相干扰，印制线以薄为宜，但又不能太薄，否则由于擦伤和刻蚀等原因易造成开路失效。

1430. 在高频应用时，仔细设计印制导线间距，线间距离将影响分布电容和互感的大小，从而影响到信号损耗、电路稳定性及引起信号互相影响。为此，导线间距应大于 1mm。

1431. 在高密度场合，由于收发信号挨在一起，很容易发生串扰，布线时应保证相邻 PCB 走线的中心线间距要大于 PCB 线宽的 3 倍。

1432. 在插卡设备中，接插件连接的位置，要有许多接地针，提供良好的射频回路。

1433. 当导线间存在电位梯度时，必须考虑线间距离对抗电强度的影响，否则印制导线间打火和击穿将导致基板板面碳化、腐蚀以致破裂。在高电位梯度时应尽量加宽导线间距离。

1434. 应尽可能避免导线分支。当有导线分支时，分支处应圆滑，其半径不小于 2cm，否则将使导线本身与粘贴层产生附加应力，使导线破裂或翘起，并产生附加电场，易产生电击穿。导线分支不应小于 90°。

1435. 印制导线不应有急剧的弯曲和尖角，否则将导致电应力集中引起电弧、电晕和电骚动。

1436. 如果板面上有大面积铜箔，应镂空成栅栏状。宽度超过 3mm 的导线可分成双支、三支平行走线。这样浸入焊锡槽时，导线部分可以迅速加热，并能保证焊锡均匀覆盖，还能防止板体受热变形及铜箔翘曲和剥落。

1437. 印制导线间距的选择还与气压、频率、涂覆厚度、温度和湿度有关，这些都影响抗电强度，所以在导线间距离选取时应有一定的安全系数。在可能的情况下，导线的间距应尽可能大，相邻导线之间、导电图形之间、层间间距（Z轴）及导电材料（导电标志或安装的硬件）和导线之间的最小间距，应在布设总图上加以规定。若未规定，应符合表 10-2 中的要求。

**表 10-2　印制导线最小间距表**

| 导线间电压 DC 或 AC 峰值/V | 最小间距/mm | | | | | | |
| --- | --- | --- | --- | --- | --- | --- | --- |
| | 裸　　板 | | | | 组　装　件 | | |
| | B1 | B2 | B3 | B4 | A5 | A6 | A7 |
| 0 ~ 15 | 0.05 | 0.1 | 0.1 | 0.05 | 0.13 | 0.13 | 0.13 |
| 16 ~ 30 | 0.05 | 0.1 | 0.1 | 0.05 | 0.13 | 0.25 | 0.13 |
| 31 ~ 50 | 0.1 | 0.6 | 0.6 | 0.13 | 0.13 | 0.4 | 0.13 |
| 51 ~ 100 | 0.1 | 0.6 | 1.5 | 0.13 | 0.13 | 0.5 | 0.13 |
| 101 ~ 150 | 0.2 | 0.6 | 3.2 | 0.4 | 0.4 | 0.8 | 0.4 |
| 151 ~ 170 | 0.2 | 1.25 | 3.2 | 0.4 | 0.4 | 0.8 | 0.4 |
| 171 ~ 250 | 0.2 | 1.25 | 6.4 | 0.4 | 0.4 | 0.8 | 0.4 |
| 251 ~ 300 | 0.2 | 1.25 | 12.5 | 0.4 | 0.4 | 0.8 | 0.4 |
| 301 ~ 500 | 0.2 | 2.5 | 12.5 | 0.8 | 0.8 | 1.5 | 0.8 |
| 大于 500 | 0.0025/V | 0.005/V | 0.025/V | 0.00305/V | 0.00305/V | 0.00305/V | 0.00305/V |

注：B1 为内层导线；B2 为外层导线未涂覆，适合于海拔低于 3050m 的地方；B3 为外层导线未涂覆，适合于海拔高于 3050m 的地方；B4 为外层导线用永久性聚合物涂层，适合于任何海拔的地方；A5 为外层导线在组装件上用聚形涂层，适合于任何海拔的地方；A6 为元件引线和端子，未涂覆；A7 为元件引线和端子，涂覆敷形涂层。

1438. 对于某个接点或连接线较短的两个孤立接点，应增加辅助加固线，以增加焊接强度。

1439. 对于不同的电子元器件，其引线粗细不同，设计焊盘的直径应考虑引线装配孔直径，同时考虑偏钻孔差。否则机械强度不能保证，焊接时易受热剥落。

1440. 除双面印制电路不能适应电路密度及复杂性要求外，不要使用多层印制电路板。

1441. 印制电路板元器件引脚焊接处最好采用金属化孔。

1442. 印制导线之间通常会产生信号串扰，应采取缩短布线长度、增加线间距、在信号层之间增加地层、在信号线之间插入地线隔离等电磁屏蔽措施，使串扰值低于规定值。

1443. 避免采用长距离平行敷设的导线。

1444. 在不得不采用长距离平行敷线的场合，如"母线板"上，排线的顺序依次为低电平引线、最敏感的引线，最后是电平最高的引线。经滤波的直流电源引线和低速率的控制引线（电位器引线、参考电压引线等）可以在中间走线。

1445. 印制导线的传输延迟一般为 5 ~ 8ns/m。在高速数字电路设计中，应采取下列措施减少传输延迟：缩短印制导线长度；以减少信号线负载个数；合理地处理布线与端接，以减少信号反射；选用介电常数低的介质材料。

1446. 信号在印制板上传输，其延迟时间不应大于所用器件的标称延迟时间。

### 五、专门措施

1447. 对不同类型的数字电路，应采取不同的抑制反射措施：

1）ECL 电路：必须严格控制信号线特性阻抗，导线超过规定长度时应加匹配电阻。

2）TTL 电路：必须避免松散布线，信号线应靠近地线，并采用细导线。当导线超过规定长度时，应考虑加串联端接。

3）CMOS 电路：信号线应避免用宽导线或太靠近地线，以取得高阻抗，改善边沿。

1448. 对 ECL 和 TTL 电路，必须重视抑制串扰，主要措施如下：

1）信号线靠近地线或地平面。

2）控制平行线和重叠线的长度。

3）信号线之间设置地线。

1449. 数字电路，特别是 ECL 电路，应避免在高噪声环境下使用。否则，除采用屏蔽措施外，还应使用适当的电源滤波器。对 CMOS 电路，应有防静电措施。

1450. 高频和高速脉冲电路的印制板设计，一般应遵守以下原则：

1）即使是一段很短的印制导线，也必须当作传输线考虑。

2）电源线要短，地线要宽。推荐采用导体面作为接地平面。

3）电源线和地线最好面对面布设，以实现低阻抗。

4）输入线、输出线和不希望有耦合电容的导线，应相互远离或避免平行布线，必要时导线间应加地线隔离。

5）要考虑趋肤效应，介质损耗、辐射损耗引起的上升时间限制和高频损耗。

1451. 模拟电路印制板设计，一般应遵循以下原则：

1）模拟电路应尽可能缩短印制导线的长度，地线、电源线应足够宽，不同的地线系统最后应连接到设备最稳定的地参考点上。

2）小信号放大器：高阻抗小信号导线与干扰线之间，至少应保持 40 倍线宽的距离；低阻抗小信号导线与大信号信号线之间应留有足够的间隔或采用完全屏蔽，并且要注意防止磁场或电感性耦合而产生感应电压。

3）高频放大器/振荡器/混频器：输入线与输出线必须保持足够的距离；电源线应尽可能短；各级宽频带放大器应加去耦电容。

4）高精度差动放大器：应使各输入端有相同的高阻抗值，并使印制导线的物理尺寸对称；采用导体保护技术，从印制板输入插头到放大器输入焊点均应设置保护导体，并将其连至设备的外壳上。

5）大功率输出的多极放大器：各级的电源线和地线应相互分开，避免公共通路；电源线应加足够大的去耦电容。

1452. 微波电路的设计，一般应遵循以下原则：

1）选用低损耗介质材料，材料厚度和介电常数应非常均匀，以适应更高频率范围，一般高频和微波电路采用聚酰亚胺覆铜板、聚四氟乙烯覆铜板。

2）当用印制图形制作微波电路及元器件时，图形和衬底尺寸等的参数一般要经 CAD 容差分析后确定，并要有严格的加工准确度和表面粗糙度要求。

3）进行电磁兼容设计时，还必须考虑腔体谐振和高频互耦效应的影响。

# 第七节　与软件设计有关的硬件设计要求

1453. 硬件选用要求如下：

1）优先选用可靠性、维修性符合要求的成熟硬件，正确选择和确定供货单位。

2）为统一运行环境，建议在同一系统内采用优选的、系列化的少数几种中央处理机单元（CPU）或机型。

3）优先选用其指令和数据具有分开的存储器及总线的 CPU。

4）所用的元器件必须经过严格的检测与筛选，并尽量采用有自我纠错能力的元器件。

1454. 总线检测：对于指令和数据使用公用存储器及总线的 CPU，要通过测试来确定总线上各功能间必须隔开的最小时钟数，以确保 CPU 不致采集到非法信息。应尽可能实施周期性的存储和数据总线检测。测试顺序的安排应能检测并隔离单点或多点故障。

1455. 系统设计中必须加入通电检测过程，确保系统在通电时处于安全状态，并确保安全关键的电路和元器件受到检测，以保证它们能正确的工作。

1456. 系统设计必须能够在电源失效的情况下，提供一种安全的关闭，并使电源的脉动不会产生潜在的危险状态。

1457. 系统必须设计成可以检测出主控计算机的失效，并且在主控计算机失效时，系统能自动进入安全状态。

1458. 反馈回路的设计应保证接口软件不会因为反馈传感器的失效而引起失控情况。

1459. 系统中计算机和外部硬件的设计应尽可能地把电磁辐射、电磁脉冲、静电干扰等对系统有害的影响控制在可接受的水平之下，并遵守有关电磁兼容性规范的规定。

1460. 必须提供维修互锁措施以消除对系统维修人员的危害。互锁措施应确保互锁不会被无意地暂时取消，且一旦系统恢复到运行状态时，互锁不会被留在暂时取消状态中。

# 第八节 应用示例

## 一、负反馈电路

电路的输出不仅决定于输入，还决定于输出本身，这就有可能使电路自动地根据输出本身的情况来调整输出，从而达到改善电路性能的目的。理论中的反馈就是指将输出量（电流或电压）的一部分或全部，按一定的方式送回到输入回路，来影响输入量（电流或电压）的一种连接方式。前文里已经介绍了负反馈电路的作用，下面简单介绍一下四种负反馈电路的主要特征。

1. 电压串联负反馈（见图10-3）

电压串联负反馈放大电路的主要性能指标如下：

1）$A_u = U_o/U_d$；$F_u = U_f/U_o$。

2）负反馈放大器的电压放大倍数 $A_{uf} = A_u/(1 + A_u F_u)$。

3）负反馈放大器的电流放大倍数 $A_{if} = A_i$。

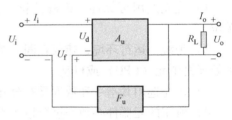

图10-3 电压串联负反馈

4）稳定量 $A_{uf}$：$(d|A_{uf}|/|A_{uf}|)/d (|A_u|/|A_u|) = 1/(1 + A_u F_u)$。

5）负反馈放大器的输入阻抗 $Z_{if} = Z_i(1 + A_u F_u)$。

6）负反馈放大器的输出阻抗 $Z_{of} = Z_o/(1 + A_{uo} F_u)$，电压负反馈能使输出电压比较稳定，意味着输出阻抗的减小。

2. 电流并联负反馈（见图10-4）

电流并联负反馈放大电路的主要性能指标如下：

1）负反馈放大器的电流放大倍数 $A_{if} = A_i/(1 + A_i F_i)$。

2）负反馈放大器的电压放大倍数 $A_{uf} = A_u$。

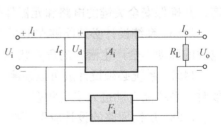

图10-4 电流并联负反馈

3）稳定量 $A_{if}$：$(d|A_{if}|/|A_{if}|)/d (|A_i|/|A_i|) = 1/(1 + A_i F_i)$。

4）负反馈放大器的输入阻抗 $Z_{if} = Z_i(1 + A_i F_i)$。

5）负反馈放大器的输出阻抗 $Z_{of} = Z_o/(1 + A_{is} F_i)$。

3. 电压并联负反馈（见图 10-5）

电压并联负反馈放大电路的主要性能指标如下：

1）负反馈放大器的互阻放大倍数 $A_{rf} = A_i / (1 + A_r F_g)$。

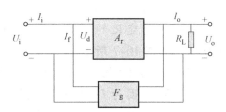

2）负反馈放大器的电流放大倍数 $A_{if} = A_i / (1 + A_r F_g)$。

图 10-5　电压并联负反馈

3）负反馈放大器的电压放大倍数 $A_{uf} = A_u$。

4）稳定量 $A_{rf}$：$(d|A_{rf}|/|A_{rf}|)/d(|A_r|/|A_r|) = 1/(1 + A_r F_g)$。

5）负反馈放大器的输入阻抗 $Z_{if} = Z_i(1 + A_r F_g)$。

6）负反馈放大器的输出阻抗 $Z_{of} = Z_o / (1 + A_{ro} F_g)$。

4. 电流串联负反馈（见图 10-6）

电流串联负反馈放大电路的主要性能指标如下：

1）负反馈放大器的互导放大倍数 $A_{gf} = A_g / (1 + A_g F_r)$。

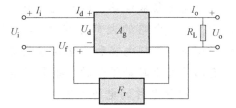

2）负反馈放大器的电压放大倍数 $A_{uf} = A_u / (1 + A_g F_r)$。

图 10-6　电流串联负反馈

3）负反馈放大器的电流放大倍数 $A_{if} = A_i$。

4）稳定量 $A_{gf}$：$(d|A_{gf}|/|A_{gf}|)/d(|A_g|/|A_g|) = 1/(1 + A_g F_r)$。

5）负反馈放大器的输入阻抗 $Z_{if} = Z_i(1 + A_g F_r)$。

6）负反馈放大器的输出阻抗 $Z_{of} = Z_o / (1 + A_{gs} F_r)$。

5. 四种反馈类型的判断

1）先判断是电压反馈还是电流反馈，再判断是串联比较还是并联比较（即反馈信号是电压还是电流），最后判断是正反馈还是负反馈。

2）将负载 $R_L$ 短路，若此时反馈消失，则为电压反馈；将负载 $R_L$ 开路，反馈消失，则为电流反馈。

3）将反馈放大器的输入端短路，如果反馈信号作用不到基本放大器的输入端，则为并联反馈；若反馈信号仍能作用到基本放大器的输入端，则为串联反馈。

4）一般采用瞬时极性法判断反馈的极性：先假定将反馈通路与输入回路的连接处断开；再假定输入信号瞬时值有一个变化量，然后分析这个变化量经过放大再反馈回来对原来的输入量产生什么样的影响。若其趋势使输入量变化的趋势得到加强则为正反馈；反之，使输入量变化的趋势受到削弱则为负反馈，如图 10-7 所示。

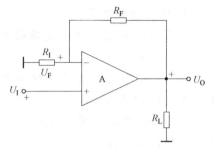

假设在某瞬间 $U_I$ 增大（图中用"＋"表示），因为 $U_I$ 加在放大器 A 的同相输入端，所以在该瞬间信号正向传送到输入端，使 $U_O$ 也增大。该电路的反馈通路由电阻网络 $R_I$ 和 $R_F$ 组成，所以该瞬间信号反向传送到反相输入端的反馈电

图 10-7　负反馈示意图

压，即 $R_I$ 上的电压 $U_F$ 也增大，由于 $U_F$ 和 $U_I$ 在输入电路相互作用的结果使输入电压在该瞬时比无反馈时减小，因此可以判断此反馈为负反馈。

## 二、时钟设计

无论是集成电路、PCB 还是整个系统，时钟电路是影响 EMC 性能的主要因素。集成电路的大部分噪声都与时钟频率及其多次谐波有关。合理的地线、适当的去耦电容和旁路电容能减少辐射。用于时钟分配的高阻抗缓冲器也有助于减小时钟信号的反射和振荡。

### 1. 时钟芯片的电源处理

时钟芯片的电源处理直接关系到系统时钟的性能和 EMI 指标。

对于时钟驱动器而言，比较好的方法是直接通过过孔就近将电源和地连接到平面上去，充分利用平面电容和电源去耦提供良好的电源。但是这样做的同时，将时钟驱动器这一强脉冲电流源引入了全板供电系统，进而可能导致整个单板的 EMI 指标恶化。所以我们一般采取折中的方法，对于输出引脚较多的时钟芯片，其电源滤波采用一颗磁珠，磁珠后应接 $10\mu F$ 钽电解电容，$0.1\mu F$ 陶瓷电容和 $1000pF$ 陶瓷电容提供较宽频段内的低阻抗。

多电源引脚时钟驱动器件每对电源地管脚之间的电源去耦可以照常进行。建议在器件下方设置一块铜皮作为电源，减低电源回路的电感。

### 2. 驱动器未用引脚接平面电阻，建议使用分立电阻

驱动器未用引脚的接平面电阻，因为涉及功耗和 EMI 等多种问题，实际应用中可能焊接也可能不焊接。为了能够灵活处理各种状况，建议使用分立电阻，尽量不用排阻对未用引脚进行处理。

### 3. 时钟信号网络的端接

时钟信号在系统中至关重要，时钟网络往往是 EMI 的主要源头，所以时钟信号的网络必须恰当的规划拓扑并进行恰当的端接，确保信号质量，减少 EMI。

时钟信号最常用的拓扑和端接方式为点对点传输，源端端接。其实现简单，端接恰当就可以在接收端得到一个非常好的波形。

4. 锁相环串联使用，需注意不会引发谐振

锁相环是一个闭合控制回路，它在跟踪信号相位时，对部分频率敏感，部分频率不敏感。其环路滤波器、VCO 和鉴相器几个部分的传递函数都可能存在零极点。此时整个锁相环的传递函数中可能存在谐振点，即对某些频率分量的增益大于 1，该频率分量上的相噪将被放大。

如果多个锁相环串联使用，如果存在共同的谐振点，将会导致输出的时钟信号该频率上相噪大，所以在锁相环串联使用时，需避免谐振的产生。

5. 尽量不用多通道输入时钟驱动器驱动不同时钟

采用多通道时钟驱动器驱动多路时钟，各路时钟之间会发生相互干扰。一方面是由于容性或者感性耦合，一方面是因为电源和地的扰动。

当一路时钟发生切换时，因为时钟缓冲器一般输出数量多，瞬态电流比较大，将会在地引脚或者电源引脚上产生电压降（Vcc Sag 或者 Ground Bounce），造成芯片的参考电位波动。如果芯片在设计过程中接地不合理，那么一路时钟切换在电源引脚上产生的波动将可能导致其他时钟切换的不确定性，甚至导致毛刺。为了避免此类情况的发生，所以应尽量不用多通道输入的时钟驱动器驱动不同时钟。

6. 子卡与母板间传输的时钟，应保证子卡不在位时，时钟输入不悬空，时钟的输出有匹配

如图 10-8 所示，驱动在母板时，采用源端串阻匹配；驱动在子卡时，采用终端电阻匹配，或者在子卡上采用远端匹配，在母板上通过上拉或下拉电阻确保当子卡不插时接收端不会悬空。

### 三、电源设计

1. 热拔插系统必须使用电源缓起动设计

热拔插系统在单板插入瞬间，单板上的电容开始充电。因为电容两端的电压不能突变，会导致整个系统的电压瞬间跌落。同时因为电源阻抗很低，充电电流会非常大，快速的充电会对系统中的电容产生冲击，易导致钽电容失效。

如果系统中采用熔丝进行过电流保护，瞬态电流有可能导致熔丝熔断，而选择大电流的熔丝会使得在系统电流异常时可能不熔断，起不到保护作用。所以，在热拔插系统中电源必须采用缓起动设计，限制起动电流，避免瞬态电流过大对系统工作和器件可靠性产生影响。

2. 在压差较大或者电流较大的降压电源设计中，建议采用开关电源，避免使用 LDO 作为电源

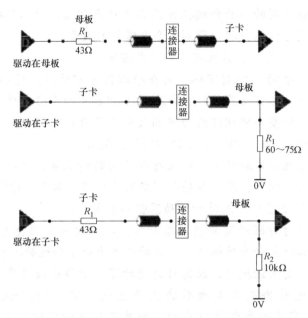

图 10-8　子卡与母板间传输的时钟匹配示意图

采用线性电源（包括 LDO）可以得到较低的噪声，而且因为使用简单，成本低，所以在单板上应用较多。FPGA 内核电源、某单板上射频时钟部分的电源等都使用线性电源从更高电压的电源上调整得到。

采用开关电源能够达到很高的效率，对大电流及大压差的场合，推荐采用开关电源进行转换。如果电路对纹波要求较高，可以采用开关电源和线性电源串联使用的方法，采用线性电源对开关电源的噪声进行抑制。

3. LDO 输出端滤波电容选取时注意参照手册要求的最小电容、电容的 ESR/ESL 等要求确保电路稳定。建议采用多个等效电容并联的方式，增加可靠性以及提高性能

LDO 输出电容为负载的变化提供瞬态电流，同时因为输出电容处于电压反馈调节回路之中，在部分 LDO 中，对该电容容量有要求以确保调节环路稳定。该电容容量不满足要求，LDO 可能发生振荡导致输出电压存在较大纹波。

多个电容并联，以及对大容量电解电容并联小容量的陶瓷电容，有利于减少 ESR 和 ESL，提高电路的高频性能，但是对于某些线性稳压电源，输出端电容的 ESR 太低，也可能会诱发环路稳定裕量下降甚至环路不稳定。

在设计中应仔细参照手册的要求进行设计，保证电源稳定。

4. 电源滤波可采用 RC、LC、π 形滤波。电源滤波建议优选磁珠，然后才是电感。同时电阻、电感和磁珠必须考虑其电阻产生的电压降

对电源要求较高的场合以及需要将噪声隔离在局部区域的场合，可以采用无源滤波电路。在采用无源滤波电路时，推荐采用磁珠进行滤波。

磁珠和电感的主要区别是：电感的Q值较高，而磁珠在高频情况下呈阻性，不易发生谐振等现象。电感加工精度较高，而磁珠加工精度相对较低，成本也较便宜。在选择滤波器件时，优选磁珠。选择电阻和电容构成无谐振的一阶RC低通滤波器，但是该电路只能应用于电流很小的情况。负载电流将在电阻上形成电压降，导致负载电压跌落。

无论是采用何种滤波器，都需要考虑负载电流在电感、磁珠或者电阻上的电压降，确认滤波后的电压能够满足后级电路工作的要求。

另外，对于滤波电路，应保证电感、磁珠或者电阻后的电容网络能够在所有频率下，都能够保证低阻抗。必要时应采用多种容量的电容并联，并局部铺铜的方式达到目标阻抗。

5. 大容量电容应并联小容量陶瓷贴片电容使用

大容量电容一般为电解电容，其体积较大，引脚较长，经常为卷绕式结构（钽电容为烧结的碳粉和二氧化锰）。这些电容的等效串联电感较大，导致这些电容的高频特性较差，谐振频率在几百千赫兹到几兆赫兹之间。小容量的陶瓷贴片电容具有低的ESL和良好的频率特性，其谐振点一般能够到达数十至数百兆赫兹，可以用于给高频信号提供低阻抗的回流路径，滤除信号上的高频干扰成分。因此，在应用大容量电容（电解电容）时，应在电容上并联小容量瓷片电容。

6. 电源要有防反接处理

输入电流超过3A，输入电源反接只允许损坏熔丝；低于或等于3A，输入电源反接不允许损坏任何器件。

7. 对于多工作电源的器件，必须满足其电源上掉电顺序要求

对于有核电压、I/O电压等多种电源的器件，必须满足其上电和掉电顺序的要求。这些条件不满足，很有可能导致器件不能够正常工作，甚至触发门锁导致器件烧毁。

当有多个电源时，如必要可采用专用的上电顺序控制器件确保上电顺序。设计中应保证在器件未加载烧结文件时，电源处于关断状态。也可以通过在不同的电源之间连接肖特基二极管确保上电掉电过程中不会违反上掉电顺序的要求。

8. 多个芯片配合工作

必须在最慢上电的器件初始化完成后才能开始操作，否则可能造成不可预料的结果。

# 第十一章　结构可靠性设计

为保证产品战技术指标的实现，必须注意设备的强度、刚度等问题，以免产生变形，引起设备故障，甚至受振后破坏。

构成产品自身危险的主要来源有产品中或产品使用的材料中的固有危险、设计缺陷、制造缺陷。制造缺陷一般由不正确的生产工艺造成，但在某些情况下，设计人员也对制造缺陷负有责任。最常见的例子有：产品中的锐边、棱角、尖端等。因此设计人员应注意制造工艺性，在设计时就应采取相应措施避免工艺性缺陷的产生。结构与工艺是密切相关的，采用不同的结构就相应有不同的工艺，因此，设计者还必须结合生产实际考虑其结构工艺性。

## 第一节　构造性设计

1461. 结构要简单可靠，操作便捷，其优选顺序为用手操作→能用多种通用工具操作→通用工具操作→专用工具操作（尽量避免）。

1462. 设计设备时，应注意使维修人员能看得见全部零件，以便迅速找出明显的故障（例如，损坏的零件，烧毁的电阻或断了的线路）。

1463. 设计时就应考虑安装，在不妨碍设备性能的情况下，为了能看得见，应按下列顺序选用安装方法：

1) 敞开，不装盖子。

2) 如果为了防潮、防尘或防止异物入侵，可安装透明塑料窗。

3) 如果磨损或化学品侵蚀会破坏塑料的透明度，可安装不碎玻璃。

4) 如果玻璃不能满足对应力或其他方面的要求，应采用容易迅速打开的金属盖。

1464. 在设计时，对机械零件已知的缺点应给予补偿，并采取特殊措施。

1465. 对于结构设计使用公差需考虑设备在寿命期内出现的渐变和磨损，并要保证其能正常使用。

1466. 质量大于68kg的设备应装有起重环。在起重环附近应标志"此处起重"。当使用可拆卸的起重环时，设备内应有存放起重环的装置。

1467. 应为从外壳内拉出设备单元或底盘提供把手。把手应安装在设备的前面板上，以便在设备单元或底盘抽出时，或前面板向下放置时，保护前面板上的仪表和控制装置。

1468. 如果模件需要对准或者连接器的密度过大，就必须设置引导销。

1469. 连接器上的对准销或键销应该比电插脚伸出的更长些。

1470. 设计可移动的零件时，应令其只能安装在正确的位置上。为此，可用特定的颜色、编号、尺寸或形状。

1471. 插头所在的位置应方便的接近，便于操作及维修。接头之间的距离，能满足带上御寒手套操作的需要。

1472. 系统设计时应避免各单元设备之间紧密重叠的安装方式，应留出足够的空间以利于设备散热及安装、维护操作的需要。

1473. 对于自锁插销，考虑用安全锁挡，为了能快速解脱，不宜用安全线系。

1474. 设计设备时，应使其在维修时不易受到损坏。易受损坏的精密零件，在外露时应加防护装置，当底盘拆下并倒置以进行维护时，应加网罩或采用其他方法保护零件。

1475. 定位销的排列不要对称，以免反转180°误插，并可兼作"对号入座"的识别标记。

1476. 部件与组合件装配时要有引导销保证对准定位。

1477. 产品在设计时，应保证产品在生产、试验、运输和工作过程中不产生多余物，如不能完全避免，结构布局要便于检查、清除多余物，且应设计专门的观测孔和检修窗口等。

1478. 有窗口的产品设计时应考虑防堵和密封，当可能积水或结冰时，要有连续排水和防冰措施。

1479. 为预防多余物进入，在关键的机械、电子、液压和气动部件上，选用适当的网罩、密封罩、过滤装置等。

1480. 相对运动的部件应避免锐边、咬边和毛刺等，以免划伤其他部件表面或因毛刺脱落而产生多余物。

1481. 在产品敞开的开口、管道、插头、插头座等部位，应选用适当的工艺堵盖或采取其他保护措施。

1482. 紧固件安装孔的口部或其他容纳部位应有合适的形状和尺寸，使其开始时易于进入而不用精确对准。

1483. 构件上的内螺纹必须有足够大的拉伸强度以承受螺栓或地螺钉的最大旋紧力矩，并有耐磨损的边缘。

1484. 在经常要分解结合又难以接近的场合，要求只用单手或一把工具就能操作。例如，有能嵌入螺母或螺栓头的凹进部位，使螺母或螺栓头呈半永久性固定等。

1485. 对关键部位应使用单面联结（盲孔）紧固的形式。

# 第二节　工艺性设计

1486. 在满足设备性能要求的前提下，设备的零件、部件和整件的设计应具有良好的结构工艺性，制造工艺应经济合理，并应优先采用典型工艺。

1487. 应采用通过试验证明能保证产品质量要求的新工艺、新技术、新材料。

1488. 应限制采用有可能污染环境或危害人身的原材料和工艺。

1489. 零件的外形应尽量使零件能在板料上紧密排列，以节省材料，降低成本，达到最佳的经济性。

1490. 避免太小的孔间距、避免复杂轮廓、避免过薄的冲模结构。零件轮廓应避免出现尖（锐）角，以免产生毛刺或踏角，并避免过紧公差。

1491. 形状尽量简单，优先采用斜切角，避免圆角。

1492. 窄料小半径弯曲时，为防止弯曲处变宽，工件弯曲处应有切口。

1493. 弯曲带孔的工件时，如孔在弯曲线附近，可预冲出月牙槽或孔，以防止孔变形。

1494. 在局部弯曲时，预冲防裂槽或外移弯曲线，以免交界处撕裂。

1495. 弯曲件形状尽量对称，否则工件受力不均，不易达到预定尺寸。

1496. 弯曲部位压筋，可增加工件刚度，减少回弹。筋位弯曲部分应设计预切，防止弯曲部分起皱。

1497. 多重弯曲工件外形应利于简化展开料形状。

1498. 增加支撑孔刚度，为保证弯曲后支撑孔同轴，在弯曲时翻出短边。

1499. 所有需模具成型的零件，应设计适当的脱模斜度，防止工件从凹模中退出时与凹模内壁摩擦。

1500. 需电镀的塑料件应尽量满足以下要求：

1）尽量减少锐边、尖角及锯齿形，而以圆弧代替。

2）避免深凹、突出部位和盲孔等结构形式。

3）减少大面积的平直表面，可用一定的圆弧代替平直表面。

4）表面粗糙度应保证 $Ra < 0.2\mu m$，才能得到光亮的镀层。

5）避免有金属镶嵌件。

6）滚镀塑料件的外形越简单越好。

1501. 法兰边宽度应一致。加强筋应与零件外形相近或对称。

1502. 设计时，必须注意焊件结构形状、刚度、焊接方法、焊接材料及焊接工艺条件，考虑工件材料的可焊性。设计重要焊件时，还必须依据可焊性试验，选择焊接母材。

1503. 设计焊接结构时，应尽可能采用最合理的结构和焊接工艺，以便满足以下要求：

1）在满足设计功能要求下，焊接工作量最少。

2）焊接件可不再需要或只需要少量的机械加工。

3）变形和应力能减至最少。

4）为焊工创造良好的工作条件。

1504. 减少拼焊的毛坯数，用一块厚板代替几块薄板。

1505. 考虑最有效的焊接位置，以最小的焊接量达到最大的效果。

1506. 合理布置构件的相互位置，以保证焊接件的刚性。

1507. 设计焊缝位置应便于操作。不要让热影响区相距太近，焊缝应避免过分密集或交叉，以防止裂纹，减少变形。焊接端部应去除锐角。

1508. 焊缝应避免受剪切力和避免集中载荷。在承受弯曲载荷处，应尽可能避免横向焊缝。断面转折处不应布置焊缝。

1509. 用钢板焊接的零件，可先将钢板弯曲成一定形状再进行焊接。

1510. 焊接件设计应具有对称性，焊缝布置与焊接顺序也应对称。

1511. 不同厚度工件焊接，接头应平滑过渡。

1512. 套管与板的连接，应将套管插入板孔。

1513. 加工面应尽量远离焊缝。焊缝不应在加工表面上。

1514. 切削零件的设计应选择合理的尺寸封闭环。

1515. 加工面与毛坯面的关联尺寸原则上在一个坐标方向，只应当标注一个，当多于一个时，应注明哪个是划线基准。

1516. 零件图上的尺寸、公差、表面粗糙度、技术要求，应尽可能集中标注。

1517. 尺寸标注应考虑到加工顺序。尺寸标注应满足加工时的实际要求，应考虑检验和测量方便。

1518. 设计基面与工艺基面尽可能一致。

1519. 不规则外形应设置工艺凸台，此凸台应尽可能布置在装夹压力的作用线上。

1520. 大件、沉重刮研件和长轴应考虑工艺吊装位置。

1521. 力求将加工面布置在同一平面。

1522. 尽可能避免倾斜的加工面和大件的端面加工，并要减少大面积的加工面。

1523. 减少轴类零件的阶梯差。

1524. 简化工艺复杂的结构。

1525. 应避免在加工平面中间设置凸台。避免把加工面布置在低凹处。避免箱体孔的内端面加工。

1526. 精加工孔尽可能做成通孔。

1527. 应以外表面加工代替内表面加工。要进行合适的组合，减少内凹面的加工。

1528. 保证零件加工时必要的刚性，增设必要的加强肋、设置支撑用工艺凸台。

1529. 设置必要的工艺孔。

1530. 尽可能采用标准刀具。零件结构要适应刀具尺寸，如设计退刀槽。

1531. 当尺寸差别不大时，零件各结构要素，如沟、槽、孔、窝等，应尽可能一致。

1532. 尽可能避免在倾斜面上钻孔和钻不完整的孔，以防止损坏刀具、降低加工精度及切削用量。

1533. 设计文件中应有清除毛刺、尖角以及防止零、部件表面涂层发生锈蚀、脱漆、脱皮等的措施要求。

1534. 不可对铝制齿轮啮合进行阳极氧化处理。

1535. 在任何设备内面都不可涂镉，下列零件如果是装在机箱内，也不可涂镉：在油脂内或泡在油箱内的零件、防松垫圈、螺纹零件。

# 第三节　装 配 设 计

1536. 设备各单元应合理配置，以保证设备各项性能指标不因安装不当受到不利影响。

1537. 设备的安装环境应与规定的环境要求相一致，避免设备间的相互干扰。

1538. 应尽可能地降低机柜和控制台的重心。

1539. 应尽量采用无余量装配设计，避免装配时挫修。

1540. 尽量避免重叠安装，做到检查或维修任一部分时，不拆卸、不移动其他零部件和导线。

1541. 如果为了节省空间必须叠放，则应将不要求频繁接触的零部件放在后面或底部。

1542. 在进行结构设计时应特别注意解决连接器的导向问题，以保证连接可靠。

1543. 插拔力大的连接器，其安装板的刚度要高，以免在插拔过程中，使安装板变形而影响接触。

1544. 用于互连组件的接线端子板和接线条，应留有 10% 的裕量，至少不小于两个备用接线端子。

1545. 端子、端子板、接线条、接线柱及接线片的端头接点应有适当的间距，在高湿度（包括凝暴）条件下，应能防止电晕放电、击穿和降低漏电阻。

1546. 端子接线板应用螺栓固定，其安装位置应便于检测和更换。

1547. 用在恶劣环境和至关重要的部件装配上，为了防止设备在使用中紧固件松脱，在用紧固件装配后应进行两三次冷热处理（如20℃、±40℃），随即再进行两三次复紧处理。

1548. 零件的配合面应形状简单、平直，便于良好贴合，避免强迫装配。

1549. 两种不同材料紧密结合时，要注意可能产生的电化学腐蚀问题，如存在应采取措施。

1550. 不同材料组合成的结构，在安装前应按异种材料进行防护处理。

1551. 不用紧固件连接的独立零件之间应有足够的间隙，避免零件相互摩擦、碰撞。

1552. 与绝热、隔声材料相接触的零件，除了进行电镀或阳极氧化处理外，还应涂底漆保护。

1553. 铝合金结构中使用镀镉的凸头螺栓或螺母时，在螺栓头和螺母下面应加隔离垫片。受剪螺栓加铝合金垫片，受拉螺栓加镀锌钢垫片。

1554. 对机内多孔松软衬垫零件应有良好的密封措施。在使用毡层类多孔材料的衬垫时，应先使用密封剂封闭便民孔隙，防止使用中吸湿气或吸水，引起相接触零件的腐蚀。

1555. 穿过机体的外露件装配部位（如天线座等）应密封。

1556. 尽可能组成单独的箱体或部件。将部件分成若干装配单元，以便组装。

1557. 同一轴上的零件，尽可能考虑能从箱体一端成套装卸。

1558. 零件装配位置不应是游动的，而应有定位基面。

1559. 互相有定位要求的零件，应按同一基准来定位，应避免用螺纹定位。

1560. 绕性连接的部件，可以用不加工面作为基面。

1561. 定位销的孔尽可能钻通。

1562. 螺纹端部应倒角。

1563. 尽可能把紧固件布置在易于装拆的部位。

1564. 应考虑电气、润滑、冷却等部分安装、布线和接管的要求。

1565. 当调整维修个别零件时，应避免拆除全部零件。

1566. 尽量减少不必要的配合面。

1567. 应避免配作时的切屑带入难以清理的设备内部。

1568. 减少装配时的刮研和手工修配工作量。减少装配时的机加工配作。

1569. 部件接合处，可适当采用装饰性凸边。

1570. 铸件外形结合面的圆滑过渡处，应避免作为分型面。

1571. 不允许一个罩（或盖）同时与两箱体或部件相连。

1572. 有可能做成一体的两个零件应尽可能做成一体。

1573. 定位面要便于安装和调整。

1574. 滚动轴承装配后在正常工作情况下，温升不得超过40℃。

1575. 盖子的开关方法须在结构上计算出来，或者在外面标出。

1576. 在垂直固定的面板上安装插座时，凡可行之处，应使插座的最大极性键、主键或键槽位于插座壳体的顶部中心。

1577. 在安装时，应避免使壳体、模块或接头受到较大的扭力或压力。

1578. 在拆卸或安装时，应为大型的或笨重的部件准备底盘座或架子。

1579. 修改零部件或单元的结构设计时，不要随意改变其安装结构要素，避免破坏其互换性。

1580. 对于壁挂式安装的设备（除配电盘外），在安装外壳的后表面应有安装衬垫，其中至少两个衬垫的位置应在封闭设备的重心之上。

1581. 质量超过40kg的设备不应采用壁挂式安装。

# 第四节　紧固件的选用

1582. 紧固件的设计与选用应考虑以下因素：

1）紧固件必须承受的应力与外界因素。

2）紧固件周围的工作空间。

3）操作紧固件的工具种类。

4）紧固件操作的频繁程度。

5）产品中所用所有紧固件的品种规格等。

1583. 各种紧固件的优选顺序为快速解脱紧固件→碰锁、扣锁→夹持器→系留紧固件（即俗称的松不脱）→螺钉→螺栓。

1584. 应尽量采用标准件，避免使用专用紧固、装配螺纹、专用工具等。

1585. 经标准化选择的紧固件要求做到：不同尺寸的紧固件，明显不同；螺纹尺寸不同的螺钉、螺栓、螺母，在实体尺寸上应明显不同，并标上扭矩值。

1586. 在一个系统中，紧固件的种类、尺寸大小、扭矩值要求以及使用工具等的品种数，要求减少到最低限度。且还应使所选用的紧固件有明显不同的区分方式，以免混淆错装，以缩短维修时间，提高维修效率。同一装备内应只使用一种紧固件标志。

1587. 宁用少量大紧固件，不用多量小紧固件。一般安装单一构件不应多于

4 个（对氧气、液体密封、电磁兼容要求除外）。

1588. 采用铰链、限制器、掣子等，减少使用紧固件数量。

1589. 根据产品使用的力学环境条件，选用具有防松脱功能的紧固件。

1590. 在产品螺栓连接部位，为防止弹性垫圈断裂产生的多余物，应严格控制弹性垫圈的选用。

1591. 紧固件材料应能保证满足使用强度和防腐蚀性要求。例如，铝合金零件不用铝合金螺钉，可使用不锈钢、铜镍合金做紧固件材料；如使用黑色金属作为紧固件，则表面应作防腐蚀处理，还要防止电化耦合作用而导致腐蚀等。

1592. 要防止丢失脱落。例如，螺栓安装应使头部向上，以免螺母松脱时螺栓掉下，小的活动件要用链子系住。

1593. 应优先采用十字螺钉。避免采用特殊紧固件或有过盈公差的紧固件。不应使用自攻螺钉。

1594. 左旋螺纹只应用在需要受力的地方，并给出左旋标记。

1595. 尽量不在铝合金或镁合金上直接安装螺钉，如需在铝合金或镁合金中旋入螺钉时，应使用钢丝螺套。

1596. 凡适用之处，应优先采用快速、可靠脱扣、自锁紧和不脱落紧固件。

1597. 铰链、卡锁、门扣、快速解脱装置等用小螺钉或螺栓固定，不要用铆钉。

1598. 锁紧或松开快速解脱紧固件应小于一圈，旋紧或卸出螺钉、螺栓、螺母，应小于 10 圈。

1599. 螺钉的受力螺纹长度不小于直径。

1600. 螺栓不要过长，但要露出螺母 2 扣以上。

1601. 有内压的设备，应选用细牙螺钉。

1602. 埋头螺钉只用在需要平滑表面的地方。

1603. 在厚度小于 2.4mm 的面板上，应该用圆头而不要用平头螺钉，以防面板撕裂。

1604. 易磨损或损坏的紧固件应可更换。为此，应避免使紧固件与机壳成为一体的结构形式。

1605. 机件上的内螺纹必须有足够承受螺钉最大扭紧力矩的强度和耐磨的极限。

1606. 对紧固件操作时，应无需先拆卸其他零件，且操作时也不受其他构件干扰。

1607. 螺母需用开口销、铁丝、止动垫圈等锁紧在螺栓上，也可采用能够卡住螺母防止相对转动的其他方法。

1608. 对过薄或过软不能攻螺纹的金属件，或空间受限制扳手无法到达的部位应采用固定式螺母，这样安装时就不必抓着螺母。

　　1609. 应留有足够的使用工具操作的空间。

　　1610. 应尽量减少操作紧固件的工具的种类和规格，避免使用专用工具。尽量选用不用工具或只用普通手工工具就能操作的紧固件。

　　1611. 通用工具中应尽量不使用或少用活动扳手拧紧或拆卸紧固件。

　　1612. 紧固件所处位置对人员、线路和软管等，不构成危害。

　　1613. 合成树脂材料或瓷料制成的零件用螺钉紧固时，应加垫圈进行保护。

　　1614. 尽量不用螺钉紧固来实现电气连接。

　　1615. 一些"特殊"的螺钉和螺栓的头部应专门涂色或打标记，以保证更换时不会搞错。

　　1616. 对于关键部位的紧固件，应采用力矩扳手操作，并按规定力矩紧固。

# 第五节　应用示例

1. 避免应力集中的设计（见表 11-1）

表 11-1　避免应力集中的设计比较

| 好 | 不好 |
|---|---|
| 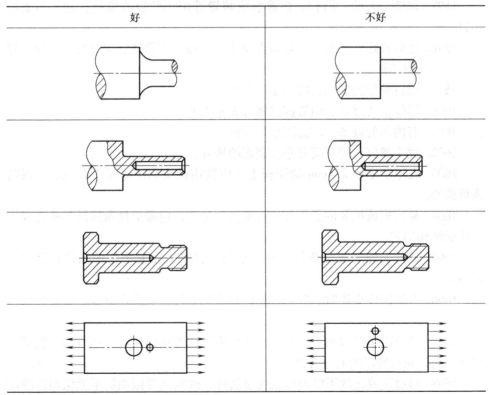 | |

## 2. 防积水的设计（见表11-2）

**表11-2　有效防止积水设计比较**

| 好 | 不好 |
|---|---|
| | |
| 底部打孔<br> | |

# 第十二章  人 机 设 计

除了设备本身发生故障以外，人为的错误操作也会造成系统故障。人机设计就是应用人体工程学与可靠性设计，使所设计的机器设备能充分适应人的生理特点，适合人的操作和使用要求，以排除不良环境对人机系统的影响，保证操作者能安全、舒适和高效的工作，从而减少人为因素造成设备或系统故障，提高人机系统的效能和可靠性。

同时，设备在维修时，维修人员能有良好的工作姿势，低的噪声、良好的照明、合适的工作负荷，这些都能够提高维修人员的工作质量和效率。所以，人机工程关系也是产品维修性设计中必须考虑的问题。

## 第一节  一 般 原 则

1617. 提供的工作环境应能促进有效的作业程序、工作方式及人员的健康，以及设备的安全。工作空间应符合人体大小和工作的类型。

1618. 尽可能改善操作人员的工作舒适度，减少导致人的能力降低和错误增加的因素。

1619. 保证装备能满足维修者各方面要求，符合人体工程学的观点，满足维修操作性、人力限度、身体各部的适合性等要求。

1620. 不应要求操作和维修人员去做其不适合做的事情。

1621. 不可要求操作人员同时做太多的工作。不能希望他们过快地处理信息。

1622. 在设计设备时，应使人为控制和目视显示设备减少到最低限度，应使用自动控制和信息自动传送。

1623. 只要不妨碍工作，应将控制面板布置得越简单越好，省去一切多余的元器件。

1624. 不但要让不同的控制器能用眼睛分辨出来，还要能用手一摸就能区分。不同的控制器要能从颜色、大小、形状和位置上区别得出来。

1625. 凡是按键操作的，要能指示动作效果（如跳动感或发光）。

1626. 强调按功能将显示器和控制器编组并对称配置，还可考虑安装在不同的平面内。

1627. 合理安排插座，使电缆不致干扰控制器与显示器。

1628. 在时间、费用、性能、技术、人力、资源等的相互权衡中，尽量减少对人员技能及训练的要求。

1629. 应对可能的操作者（如设备的操作、维修、编程、监视人员、通信、指挥人员等）的作用、工作负荷、对信息处理的能力（如准确性、反应速度、延迟时间等）以及设备的处理能力进行评估或确定，以便选择和确定功能、决定操作和维修人员的各种信息需求、控制和显示以及通信方面的要求等。

1630. 关键性的控制器的设计和定位应能防止意外启动。

# 第二节 视 觉 系 统

1631. 应提供为完成动作、控制、训练和维修所需的自然或人工照明。

1632. 仪表与指示器灯光应符合人的感觉习惯和国际惯例。如红色闪光表示紧急情况；红色表示设备失灵；黄色表示运行不能令人满意，性能下降；绿色表示设备正常；白色表示不存在"正确"、"错误"的问题；蓝色表示备用等。

1633. 不必要的指示装置尽量不要放在面板上，以防止干扰人的视线，使视觉疲劳。

1634. 显示装置、数值显示器、刻度盘和控制器等应尽量为直读式，应无需借助校准图表或曲线。

1635. 尽量减少显示器的数量，可以在一种显示器上显示多种指示，但各色光亮度要平衡。

1636. 显示装置排列的跨度不要太大，以防止操作者监视时，动作幅度太大而引起疲劳，但可分成多行排列。

1637. 显示器应布置在操作者的最佳视区范围内，显示器屏面与操作者的正常视线夹角一般不小于45°，并尽可能与操作人员的视线垂直，以免产生视差或反光。视距应控制在300～700mm，以500mm为最佳。

1638. 显示器上的变化要容易看清，不要对人的视觉有过高的要求。

1639. 显示器应该在1m的距离上，从最高环境照度1076lx到最低环境照度10.76lx的范围内仍能清晰可辨。

1640. 将阴极射线管显示器周围环境的照明应满足视觉作业（如调节控制器、维修等）的要求，最好提供可调节式照明。具体的照度要求如下：

1）数据输入类作业的环境照度应不低于200lx。

2）通信类作业的环境照度应不低于100lx。

3）寻址类作业的环境照度应不低于50lx，不高于100lx。

1641. 位于高照明度内的阴极射线管要加罩，以免强烈反光，且其亮度要均匀。

1642. 荧光显示器周围附近表面均应褪光，使人眼睛集中在显示信息上，而不被周围的光线所干扰。

1643. 目视指示器各部位亮度要均匀。且目视指示器不宜颤动，以免眼睛疲劳。

1644. 防止光源发出刺眼眩光。所有光源应有遮光控制，能个别或成组调整，可使用光学或电学方法，能由最小可见度调到最大亮度。

1645. 设计灯罩，防止光线外泄，最好采用光波导。

1646. 在低照度下，应考虑使用发光记号。

1647. 应对整个照明系统进行全面仔细的分析，以免以后不得不采取权宜补救措施（如外加挂灯）。

1648. 不可任意假定一般照明能适合各种特定任务，应考虑在最坏情况下仍能看得清楚。

1649. 除非设计上有特殊需要，否则应尽量选择有图形符号的指示灯代替简单的指示灯。

1650. 每一种功能应分别用不同的指示灯。

1651. 对于表示方位或变化率的信息，应使用标量显示器以反映定性信息。

1652. 如果只需反映量的关系，则用数字显示器，以便读数准确迅速。如果只需显示可否的，则用是/否指示器。

1653. 标量显示器的分度应该精确，但不应追求不必要的准确度。

1654. 分度与刻度之间应有适当的距离，以便准确辨读。应根据人的眼睛对点或线间辨认距离进行设计。

1655. 为避免视差，同时考虑指针能可靠指示，刻度旋转时，端面跳动应小于 0.5mm；刻度盘端面指针的距离应在 0.5~1.2mm 范围内；与刻度盘处于同一平面上的指示盘与刻度盘之间的间隙应为 0.25~0.5mm。

1656. 如果需同时读几只仪表（如校准读数时），最好将所有指针的正常工作位置安排在同一指向（最好在类似时钟 9 点或 12 点的位置）。对于多圈数表面，0°应位于类似时钟零点整处。

1657. 除数字调谐指示器外，开窗式调谐仪表的开口至少应能看清两个数码。

1658. 固定标尺移动指针较固定指针移动标尺好。

1659. 在符合信息要求的前提下，目视显示器越简单越好，以便于迅速准确地阅读。

1660. 在操作调整控制器时，信号和改变要能看得清楚。

1661. 旋转式控制器上的记号和指针必须清晰可见。

1662. 设计指针还应注意，不要让指针遮住数字和刻度。

1663. 用前后一致的颜色标示来确定操作和危险范围，并简化标准读数。

1664. 如果在同一平面上有一个以上的指针，要注明何针指何刻度。不可在同一根轴上安装两枚以上的针。

1665. 在同一控制板上，所有表面宜用同样的计数与刻度进位法则。

1666. 标尺进位用 1、5、10 等。尽量避免用不规则或非线性进位法。

1667. 表盘上的尺度不要用分数和小数。尽量避免要求工作人员对单位或符号进行运算。仪表上的读数应可以直接使用。

1668. 数字应该是自左向右递增或自下向上递增。

1669. 如果仪表的标尺刻度是有限的，应在 0° 与标尺末端画出端点。

1670. 不要将临界限度置于标量显示器的两端点上。

1671. 选择报警灯时，应保证能与环境照明水平相协调。太暗了在白天就会看不到，太明亮了又可能对暗适应有害。如有必要，可采用光度调整器。

1672. 报警灯闪光每秒应闪烁 3~5 次，发光与熄灭的间歇时间应大致相等。

1673. 报警信号只用于报警，不要太长，能唤起注意就够了。要安装一种装置用来停止有声音信号并使闪光信号稳定下来。

1674. 为了得到最好的效果，应把关键性报警灯与其他不重要指示灯分离开来，增加其亮度，引起注意。

1675. 漆面应为亚光色以防止反光。不要用反光面或光亮的金属面。在透明的仪表盖上，只要可能都应涂上防眩光层。

1676. 使用玻璃应不变形、不眩眼、不易碎。

# 第三节 听觉系统

1677. 下列情况下应选用听觉指示系统或增加听觉系统作为辅助提示：当人员经常走动且需要及时处理事件时；提供告急信息时；视觉系统负担过重时；不合适设置视觉显示器（如太亮或有暗适应要求）时；原始信号是声音或完全使用语言通道时。

1678. 双向话音通信信道，在最不利的环境噪声中，其清晰度指数至少应为 0.35。

1679. 如果可听度至关重要，则在可听频带内的背景噪声要最低，信噪比应为 10dB。

1680. 音响报警器的频率范围应为 250~2500Hz，这是因为 2000Hz 以下的音频分量很容易分清。各个信号应有不同的强度、音调和节拍。

1681. 音响警报的声压至少应比预期的环境噪声级高 20dB。

1682. 警报不可超过安全暴露水平，不要吵得人不得安宁。

1683. 重要警报与非重要警报要易于分辨，重要警报应该既看得见又听得到。重要电路断开或设备无电，必须能自动发出声响和可见的警报。

# 第四节　人体协调性

1684. 系统的操作控制器应由系统设计者按其功能统一考虑。

1685. 按钮不要用凸端面或平坦而光滑的端面。这种端面在操作时易滑脱，应选用粗糙的平端面或凹型端面。

1686. 按钮端面不应过于小，圆形直径最好不要小于9.5mm，矩形面积不应小于 $(9 \times 7)\,mm^2$。

1687. 按钮的压力不要太大 $(2.8 \sim 11N)$。

1688. 对于在一般情况下不允许按动的按钮，除了要有明显标志外，还应设计得使其不易按动或采用锁定装置。

1689. 有些控制器需要操作者不用眼睛看就能找到。因此，应把它们安装在操作者的前面，而不要安装在其侧面或背面。

1690. 不但要让不同的控制器能用眼睛分辨出来，还要能用手一摸就能区别。不同的控制器要从颜色、大小、形状和位置上有所区别。

1691. 那些经常要用到的控制器的高度，应该在人的肘弯和肩膀之间。

1692. 控制器之间的距离，既要便于操作，又不可太靠近，以免误动。

1693. 设计及选用控制器时应使控制动作平稳、确定，不要涩滞或生硬。

1694. 控制器上要标明操作方向。同一个设备上的控制器操作方向必须一致。

1695. 设计手柄，要根据转动它们的速度和负荷面定。就是说，需要手腕迅速运动的轻负荷，可用小于肘弯高度的手柄；对于需用整个胳膊运动的重负荷，就要用大手柄。

1696. 一般控制机构手轮及旋转手柄的调节用力限度为：用手腕操作时应为1kg以下；用手肘操作时应为4kg以下；用全胳膊操作时应为8kg以下。

1697. 开关转动位移要足够大，以便容易确定其位置或状态。注意不要让开关有可能停止在两档位置的中间。

1698. 一切开关应具有顺序性、节奏性，把一切枯燥乏味的重复的繁重的动作交给机器去完成。

1699. 主要用手指操作的旋钮，应突出控制面板表面1.3～2.5cm，调整旋钮直径为1～10cm。旋钮的转矩要小。

1700. 旋钮、操作杆、手轮均应易握、易操作。需要稳定连续运动的，应使用圆形柄。需要节跳式旋转的，就用棒针或针形柄。

1701. 如果是要站着看的垂直安装的仪表，其与地面的距离应为104～

188cm，最好为 127～175cm。

1702. 如果是要坐着看的垂直显示器，其距离椅面的高度应为 15～122cm，最好为 36～94cm。座椅的高度和操纵台的尺寸要一同规定好。

1703. 如果是站着操作，控制器距地面高度应在 86～188cm 之间，最好为 86～145cm。

1704. 坐着操作的控制器，距椅面的高度应在 20～89cm 之间，最好为 20～76cm。

1705. 常用的控制器与操作者的肩膀的距离不宜超过 71cm。

1706. 控制面板和设备布局上应考虑到人的上肢的正常工作区域：一般正常工作区域为 1200mm×400mm，最大工作区域为 1500mm×500mm。

1707. 最佳工作位置的选择不仅与操作准确度与操作速度有关，而且也与人体所能施加的控制力有关。最大拉力是发生在离座位靠背 570～660mm 处。

1708. 如果控制台是要坐着操作的，就要遵照良好的坐姿原则。此外，还要考虑靠胳臂和放脚位置，以及坐垫和活动空间等。

1709. 如果要求在工作台上写字，那就需考虑桌面高度、工作面的宽度和深度，以及放膝盖和脚的地方。如果不止一人，还要考虑胳膊肘的空间。

1710. 如果多个人机结合体集中到一起，应确保各个操作人员的基本操作活动不互相影响。

1711. 如果一同工作的人员须共用一个中心显示器，应确保大家的视线不因人或设备的安排不当而受到阻碍。

1712. 集体操作要按照相同的工作或工作顺序来安排，如有可能，有关的显示器应朝着同一个方向。

1713. 仪器设备或部件的尺寸、重量、提升高度如果由一人搬运时，应遵守表 12-1 中的规定，如果由两人搬运，则可按表 12-1 中的规定增加一倍。

**表 12-1　设备最大重量要求**

| 长/m | 高/m | 从地面提升的高度/m | 设备(部件)的最大重量/kg |
|------|------|------|------|
| 0.4 | 0.3 | 1.5 | 16 |
| | | 1.2 | 25 |
| | | 1 | 30 |
| | | 0.6 | 36 |
| | | 0.3 | 40 |

# 第五节　操作习惯

1714. 面板上控制器和显示器的布局，需适应操作使用和内部结构布置的要求。一般情况下，内部元器件排列应服从面板布置的要求。

1715. 操作应双手平均分摊，最重要的控制动作最好让右手去做（毕竟习惯用右手者占大多数）。

1716. 强调按功能将显示器和控制器编组并对称配置，还可考虑安装在不同的平面内。

1717. 控制器与显示器组合时，一般应是显示器在上控制器在下或显示器在左控制器在右。

1718. 拨动式控制器，按习惯应为上、下拨动控制，一定不能有明显的中间位置。

1719. "接通"、"启动"、"增大"等指示通常应与控制器的下列运动方向和位置相对应：

1）旋转控制器：顺时针转动。

2）线性控制器：向前（离开操作者）、向下或向右滑动。

3）乒乓开关：把手向上或向前。

4）推拉开关：拉出。

5）按钮开关：按上方或按右方（双钮开关）。

1720. 设计时要注意不要让手和胳膊妨碍视线。一般来说，控制器和显示器的互相位置应该处于显示器中心，眼睛平视的高度，而控制器则在下方或四周。

1721. 显示器和控制器上都要有适当的标志或标签，说明哪个控制器管哪个显示器，并表明控制器的运动方向。

1722. 如果不会与其他的操作要求冲突，应把控制某一显示器的控制器安放在其附近。

1723. 校准控制器不可太细致，以致转了许多转还得不到预期的值，也不可太粗，以致很快就把峰值错过。

1724. 通常追踪用显示器的"零位"设置在时钟的 12 点或 9 点方向较合适。

# 第六节　把　　手

1725. 把手应设置在便于操作的地方，把手的位置应与设备的重心相适应，把手应设置在设备重心的上方，以便在提起设备时不致摆动或倾斜，并且至少应有 50mm 的操作间隙。

1726. 把手的尺寸应满足戴手套（包括皮、棉手套，连指手套等）搬运设备的要求。

1727. 不带手套进行操作的把手的最小尺寸为：11kg 以下的设备把手的直径

应为 6~13mm；11kg 以上的设备把手的直径应为 13~19mm。指间距离为 50mm。把手宽度为 100~130mm。

1728. 机箱上的把手应采用带有铰链的金属把手，手握的部位应为非金属材料，长度不少于 89mm，截面直径应不小于 19mm；把手张开 90°时应限位，并在不使用时由弹簧使其恢复和保持在关闭位置。

1729. 把手应不妨碍堆码，当把手设置在顶部时，必须为嵌入式。

1730. 每个把手上的承载不应超过 20kg。

# 第七节　应用示例

1. 系统人机交互设计示例

机柜在使用时安装可调节支臂的显示器和键盘（见图 12-1），这样显示和操作的高度、前后位置均可调整以适应操作人员在不同姿态，如站立（见图 12-2）、半坐靠（见图 12-3）、坐姿（见图 12-4）下的操作。

图 12-1　带可调节支臂显示器和键盘的系统　　　　图 12-2　站立

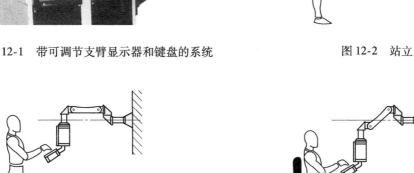

　　　图 12-3　半坐靠　　　　　　　　　　　图 12-4　坐姿

2. 把手示例

把手一般的设置在设备的两侧（见图 12-5）或顶部（见图 12-6），把手开口要足够宽以保证戴手套时的使用要求，且保证至少手握部位应由橡胶、塑料等非金属材料包裹。

图 12-5　带弹簧复位功能的侧装把手　　　　图 12-6　用弹簧钢片为内芯的顶装把手

# 第十三章 标识及包装设计

标识（标志）是一种很特殊的目视告警和说明手段，是一种最常用的告警方法。在产品设计中，不能提供合适的告警是一种设计缺陷，而制造商或设计部门不能提供可能导致人员伤亡的危险警告则是失职。

产品在包装、贮存、装卸与运输过程中都有可能出现故障，而包装设计的目的就是对产品的包装、贮存、装卸与运输方式提出可靠性设计约束要求。

## 第一节 标识设计

### 一、通则

1731. 凡有必要让人员识别产品、遵守规程或避免危害时均应提供适当的标志。

1732. 整机、部件、模件、零件、备件、附件、专用工具、测试仪表等应能明确识别区分。

1733. 设备应有永久性铭牌，其内容包括生产厂名或代号、设备名称（或代号）、型号、序号、出厂日期等。分机也应有标识，应标出该分机的通用名称或其他内容。标识应包含必要的功能说明和性能参数，有的还要注明出厂日期，生产单位等。

1734. 标识必须经久耐用，不脱落、不褪色和不因腐蚀而变质模糊。

1735. 标识在同一设备中应有统一的格式。标识应鲜明醒目，容易看到和辨认。标识应通俗易懂，应按照国际惯例和相关国家或行业标准进行设计，尽量不要用难以理解的词汇或模糊的语句。必要时，可使用颜色、图案等方式对标识加以补充。标识应尽量简短而确切，使用标准缩写，避免使用标点符号。仪表面和文字应该用差别最大的颜色。

1736. 凡是在规定的间隔时间必须拆卸修理或更换的部位都应明显标出。间隔时间也应在日历或工作时间表上标出。

1737. 通常采用单元编号的方法，使得同一部件多处使用时，不必变更其内部有关标识。同一部件编号，在各种技术资料中要一致。

1738. 在塑料或金属上设置的标识应当压印、蚀刻、雕刻、丝网印刷或漏印，并涂上透明漆，避免使用纸签或印花釉法。

1739. 选用最佳的字母和数字的高、宽和笔画。标尺与数字的设计需视阅读者的距离而定，应适应人的视觉要求。提醒文字的字高不应小于 5mm。要适当考虑标识上相邻的文字是否容易辨认。标志文字应尽量从左到右横排印刷，除特殊位置、特殊要求外，不应竖排。标签上要用大写字母，但说明部分可用大写字母开头的小写字母。

1740. 应标出单位名称，而不标出指示器名称。例如，应标"rpm"（每分钟转数），而不是标"转速计"；应标"伏"，而不标"电压表"。

1741. 一些特殊的螺栓和螺钉，头部应涂色或打印记，以保证它们能正确地发放、置换而不会搞错。左旋螺纹应按 GB/T 3098.6—2014 中的规定要有左旋标记。

1742. 对规定有可追溯性要求的产品，应按规定制作每一件或每一批次的唯一性标识，并记录备案。

1743. 生产中，原有标识被加工掉时，应按规定恢复原有标识或以新标识替代原有标识，并经确认。

1744. 关键件、重要件及所用器材经检验合格后应单独存放或做特殊标记。

1745. 标识的位置应便于观察，在维修时不应受到损坏。零件的标识应位于每一零件的近旁。

1746. 应对标识内容与底色的颜色搭配进行选择，以获得最佳的易读性。除警告标识规定用黑底黄字和危险警告标志用黑底红衬白字外，颜色搭配的优选顺序为白底蓝字→黄底黑字→白底绿字→白底黑字→红底绿字→黄底红字。

**二、说明性标识**

1747. 在许可的条件下，设备上应尽量提供产品的接线图、电路图、润滑和操作说明、安全注意事项等标识。

1748. 在需要表明接线、功能等的部件上或部件附近，应设有相应的标识。

1749. 测试点和与其他有关设备的连接点均应标明名称或用途以及必要的数据等，也可标明编号或代号。

1750. 所有控制装置和检测装置近旁，应有表示用途及作用（如"接通"、"断开"等）的清晰标记。

1751. 带有绕组的电器元件，如变压器、继电器、电机等，通常在其外表不受磨损的部位应有线路示意图。

1752. 熔断器座附近，应标有熔断器额定电流值。接线片附近，应标有该接线片的代号。

1753. 连续可变操作的控制器上应标出调整方向。

1754. 插头上应标有名称（或代号）；机箱面板上的插座附近，应标有该插座的名称（或代号）；底板接线面上的插座，应标有该插座的名称（或代号）；安装插入件的一面，应标有插入件的名称（或代号）。

1755. 可更换零部件上和安装位置附近，应标有易识别的标志。

1756. 使用电池工作的设备，应在电池盒（箱）或附近标明型号、极性、标称电压值、定期更换时间等。

1757. 在同一盒子内部的部件的正确方向必须设计得易于识别，或适当标出。所有相似插座和相似极性的部件，其方向也应该一样。

1758. 刻度、指针或表头的所有控制器都应明显地标出，以便识别控制部位。

1759. 如果在进行正常维修时需要将控制器预置，那就应该在设备上标出指示记号。

1760. 将维修说明和校准表安装在设备的显眼处以便维修时参照，并使它们在设备的整个使用寿命期都能保存下来。说明应简明完备。

1761. 在同一盒子内部的部件的正确方向必须设计得易于识别，或适当标出。所有相似插座和相似极性的部件，其方向也应该一样。

1762. 维修时必须拆卸的部件单元或机械设备在其相应位置上必须做出记号，以保证重新装配时各部件的相对部位正确。

1763. 在每个维修通道口上既要标明所达到的零部件，又要标明进入通道的辅助设备。

1764. 每个通道口应标以专门的数字、字母或其他记号，使每个人都能够从使用说明书或修理手册上清楚地识别。

1765. 在传输线端头应标明导线的特性阻抗。电线与电缆都要编号并加标记，以便在它的整个长度上都易于识别。

1766. 接头与附带的标识应安装在看得见的地方，所有的接头插脚都应该标出。用插拔方式进行更换的元件、器件，应在其底座或近旁标出名称或型号。

1767. 电缆上的连接件要标明来源，如来自接收、显示、电源等。所有电气插座都应标示出其相应的电压、相位及频率等特性参数。

1768. 对于各种管路，应按相应规定进行标记和使用色码。

1769. 应尽量避免将小写字母"l"、大写字母"I"和数字"1"，大写字母"O"和数字"0"同时出现，以免混淆。如必须使用，也应采取措施使其能区分开来。

### 三、警告标识

1770. 设备外部和相应部件上应有必要的安全标志。在直流电压或交流电压有效值超过500V的高电压部件或单元体的防护罩外应有醒目的警告标志，其内容为"高压危险×××V"，其颜色为红底白字或银灰字。在静电放电敏感的电子部件或单元体的外罩上应标有静电放电敏感标志。在激光器外壳上应有规定的警告标志。

1771. 在可能危及人员安全或非常精密又易损坏的部件上，应标有警告符号。产品上应有必要的为防止差错和提高维修效率的标识。对可能发生操作差错的装置应由操作顺序号码和方向的标志。

1772. 告警标志必须包括如下基本信息：

1）引起可能处于特定危险下的使用人员、维修人员或其他人员注意的关键词。

2）对防护危险的说明。

3）为避免人员伤害或设备损坏所需采取措施的说明。

4）对不采取规定措施的后果的简要说明。

5）在某些情况下，也要说明对忽视告警造成损伤后的补救或纠正措施。

1773. 警告词的应用如下：

1）注意：用于指出需要正确的操作、维修程序或习惯做法以防止设备轻微损坏或人员轻伤的警告。

2）警告：用于指出需要正确的操作、维修程序或习惯做法以防止可能的（不是立即出现的）危险造成人员伤亡的警告。

3）危险：用于指出可能导致人员伤亡的直接危险的警告。

1774. 对于需要使用专用防护服装、工具（如绝缘鞋、手套、外衣、安全帽、防护面具等）进行作业的工作区域应予以标记。在需要提醒人员注意预防受伤或人员接近有可能使装备受损之处，应设置"止步"之类的提示。

1775. 警告标识中适当采用色码是一项很重要的工作。如无其他规定，建议红色用于"危险"，橙色用于"警告"，黄色用于"注意"。

1776. 对各种信号颜色意义的规定（识别颜色）如下：

1）红色：禁止和紧急信号。表示工作不正常、过负荷、过热、故障或操作错误、高压接通等。

2）白色：注意信号。用于电表盘的底色等。

3）黄色：注意信号。警告、注意，表示情况有变化或即将发生变化以及准备使用；当几个白色信号需要区分时，代替白色。

4）绿色：安全信号。表示设备正常工作，可以进行操作。

5）蓝色：当几个绿色信号需要区分时，用以代替绿色信号。其也可以表示负极性。

# 第二节　包装设计

1777. 产品研制阶段，要统筹考虑产品的包装、装卸、运输、贮存的要求、环境条件及需要配备的工具设备、器械等。

1778. 根据产品的特点确定其包装、装卸、运输、贮存质量管理中应注意的事项，并形成技术文件。

1779. 包装设计应安全可靠，结构合理和经济实用，并足以使包装内的产品避免遭到可能来自外界和其他一般事故的损坏。

1780. 应根据产品的物理、化学性能特征，外形、体积、结构、重量等因素和防护要求以及流通、保管和使用的环境要求，合理地设计内外包装，以可靠地保护产品不变质、不变形、不渗漏、不损坏。

1781. 包装容器要开启方便，做到系列化、通用化，并尽可能地采用复用包装容器。

1782. 包装容器应坚固、体积小、重量轻、重心低、稳定性好，能满足陆运、海运、空运的要求，并具有防水、防潮、减振和通风等措施。当包装容器需要通风时，应在其合适的位置设置通风装置。

1783. 在满足防护要求的同时，有缓冲装置的包装件应具有最小体积。

1784. 包装容器上的手柄及紧固件等不应凸出容器表面，以免在运输中对其他包装件或货物造成损坏。

1785. 对于体积大、重量重而需要用装卸设备完成装运的包装容器应设有搬动、吊装用的吊环和叉车槽等。

1786. 凡需要起吊的包装件，若设备的重心偏离包装件中心时，应在包装件表面写上"重心"、"由此起吊"的字样。

1787. 对不可重新修理的精密贵重设备，按 GB/T 8166—2011《缓冲包装设计》中的要求进行缓冲包装设计。

1788. 对可重新修理的设备，应采用能重复使用的包装材料或容器。

1789. 应根据产品的特性和贮存期以及产品到达使用单位之前可能遇到的运输、装卸和贮存条件，分析并选择合适的防护包装和装箱等级。既要能保护产品，也不应出现过分保护。

1790. 单元包装设计，应减少不必要的重量和体积。

1791. 在满足装箱性能的前提下，应便于产品的装入和取出。

1792. 对于易受腐蚀或易变质损坏的无保护的产品表面，与其接触的材料应无腐蚀性。对于高光度的产品表面，与其接触的材料应无磨损性。

1793. 对于易燃、易爆、剧毒、腐蚀性及放射性产品的包装、运输、装卸和贮存必须采取有效措施，确保安全，防止污染环境。

1794. 对于不宜拆卸的活动零件与凸出零件，应采取拉紧、填塞、支撑或其他适当的保护措施。

1795. 重心偏高的产品宜卧放或采取适当措施降低重心。重心偏离包装容器几何中心较明显的产品，应在装箱时采取相应的平衡措施。

1796. 除非另有规定，设备中所有电池应取出并单独包装。装箱单应注明该电池是从哪个包装箱内的设备上取下的，条件许可时，应尽可能与设备放入同一运输包装箱内。

1797. 选择产品的防护材料时，应选用聚乙烯保护薄膜贴面、保护纸、防护压敏胶带、可剥性材料等不腐蚀、不污染被防护产品的材料进行防护，并要满足防护膜不自行脱落、不起翘、易撕开、不留残胶的要求。

1798. 禁止使用刨花、报纸、碎纸片（所有类型的，包括蜡纸）和类似吸湿的材料、非中性材料或其他类型的松散材料作缓冲、填充材料。缓冲和裹包材料应具有阻燃特性。电子和电气产品都不应该使用石棉或含有石棉的材料进行包装。

1799. 缓冲包装材料的选择应考虑：材料的冲击、振动隔离性能好，能够有效地减小传递到产品上的冲击与振动；压缩蠕变小；永久变形小；在冲击和振动作用下，不易发生破碎；可耐受一定程度的弯折；在冲击和振动作用下，与产品直接接触的材料不应擦伤产品的表面；材料的使用温湿度范围宽；材料在较潮湿的环境中与产品直接接触时不发生腐蚀；长期在高湿环境中存放，材料不应发生霉变；材料与产品的涂覆层、表面处理层等不发生化学反应；材料与油脂类接触时，不发生变质；材料易于加工、制造、运输及进行包装作业；材料对环境的影响应尽可能小。

1800. 对于易燃、易爆、剧毒、腐蚀性、放射性等产品及其在装卸、运输、贮存中注意事项的标识，必须标注在包装件外表的醒目的位置。

1801. 备件清单应放入透明的防水塑料袋内，其厚度至少为 0.1mm，袋口应封合，放入运输容器易于提取的位置。

1802. 工具及备附件应固定在工具箱或附件向内一定的位置上，箱盖内侧应有装箱明细标示牌，且在箱内的放置应满足整齐紧凑、存取方便的要求，并保证不在箱内移动。

1803. 作为防静电包装材料应具备下列主要性能：防止摩擦起电的产生；免受静电场的影响；防止与带电人体或与带电物体接触产生直接放电。

1804. 防静电包装材料的选用原则。为保证静电防护得以维持，包装材料的选用要根据产品的静电防护原理、产品特点和使用方法的不同而有所侧重，具体如下：

1）与 ESDS 产品接触的包装材料（包括填充料）应是静电耗散类的，或是不易产生静电的材料。

2）当在静电防护工作区外搬运和贮存产品时，ESDS 产品应封装在导静电的和静电屏蔽的包装容器内。外包装箱一般应是屏蔽良好和表面导电的金属箱，壳体可以是实芯型或非实芯型（如金属网）。

3）包裹或封装 ESDS 产品的所有间接材料应能在静电防护工作区内耗散静电电荷（有接地措施）。

4）使用或重复利用的防静电包装材料应经常检查静电耗散性能、屏蔽性能和摩擦起电性能等防静电性能，使其保持基本不变。

1805. 静电防护包装应有静电敏感符号和专门的警告文字进行标志和说明，并应清晰可辨。

1806. 任何 ESDS 产品选用的防护包装材料，与裸露产品首先接触的那一层应为静电耗散类的非导电材料。

1807. 产品在包装容器内摆放时，应预留间隙，通常预留的间隙如下：

1）当产品被固定、填塞和支撑在包装容器某一内壁上或紧固在外加底座上时，产品与包装容器其余各面构件之间的间隙应不小于 25mm。

2）产品易碎部位周围的间隙应不小于 50mm。

3）采取缓冲措施的产品与包装容器各构件之间的间隙应不小于 50mm。

1808. 根据具体情况，精密或易碎产品应选择下列合适的缓冲方式：

1）用粒状、丝状或成型件等形式的缓冲材料将产品整个表面包覆起来。

2）用成型缓冲垫（平缓冲垫或角缓冲垫等）支撑在产品的某些部位上。

3）用合适的弹簧装置将产品悬挂或悬浮在包装容器内。

1809. 为防止产品在包装容器内移动，应采取合适的固定措施，如螺栓固定、绑扎带固定、压杠紧固、挂钩紧固、铁抱箍紧固、木块定位紧固及其他能满足要求的固定方法。

1810. 对于不耐水且未经防水保护的产品，必要时，包装容器内应采用防水内衬、密封防水裹包、密封护罩等措施以防产品进水。

1811. 在满足装箱性能的前提下，产品的装箱应考虑其经济性。

1812. 运输箱应具有允许堆放而不损坏机箱内设备的几何结构。

1813. 除非另有规定，运输箱应提供一个或多个把手。把手的数量和位置应使每个把手上的承载质量不超过 20kg。把手应设置于设备重心的上方，以保证携带时的稳定性。

1814. 对于质量大于 100kg（含）以上的单个产品，为便于装卸，包装箱的底部应有支撑重物的垫木，垫木截面积应不小于 65mm×65mm。当单个产品的质量超过了相应包装容器限定的质量时，应在包装箱外用木档加固。

1815. 运输箱应为一个用来贮存附件、工作手册、可拆卸电缆、信号引线及操作备件的装置。贮存时对设备的携带稳定性不应产生有害影响，并在运输中保护附件或设备不受损坏。

1816. 运输箱周角应设计成圆形，以防止对人身和材料的损害。在规定的环境条件下，所有周角应充分加固以防止设备损坏。

1817. 密封式运输箱应提供一个平衡空气压力的装置，所提供的装置不应超过运输箱外表平面。

1818. 包装时，不要打乱产品的配套关系，要按配套比例、按图号进行，一般同比例、图号的产品装在一个箱内，对于较小的产品可按同比例、同专业或同类型进行装箱，大件要单独包装。

1819. 成套的设备和备件分箱包装时，每个箱子应有编号，箱号采用隶属编号表示，如主箱号为 001，则分箱号为 001-1，001-2 等。

1820. 容易变形或有防振要求的设备应首先装入包装盒中，再将其固定在大包装箱中。

1821. 每个包装箱上至少应有"向上"、"小心轻放"、"防湿"三个标志。

# 第三节　应用示例

1. 标识示例

设备外壳接口处的标识和电缆标识分别如图 13-1 和图 13-2 所示。

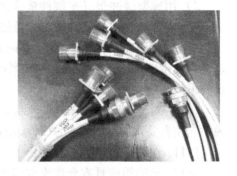

图 13-1　设备上标识符号及危险说明　　　图 13-2　电缆两头均应有相应标识

2. 包装示例

1）选用滚塑工艺生产的塑料包装箱，具有高强度、抗振性强、重量轻等特点（见图 13-3）。

2）箱体周边采取大圆角设计，搬运时不会因箱体的尖锐边角而意外造成伤害（见图 13-3）。

3）箱体具有上下凹凸互补的槽道专门用于堆叠码放（见图 13-4）。

4）箱体内填充内衬泡沫，泡沫具有减振、恒温、保护设备等作用，且泡沫专门按产品形状设计成独立的存储格，这样对该包装箱内的每件产品均形成良好的保护（见图 13-5）。

5）箱体与箱盖之间有密封圈，箱盖闭合后能形成密封的内空间，从而有效保护产品（见图 13-6）。

6）箱体与箱盖之间的搭扣、把手均为内陷式设计，这样运输、贮存时不会因其凸出于箱体外而对人员造成不必要的伤害（见图13-3）。

　　7）箱体上设置能平衡内外气压差的调节阀，以便能保证包装箱在不同海拔地区均能轻松打开（见图13-7）。

图 13-3　包装箱外形

图 13-4　堆放情况

图 13-5　密封圈

图 13-6　平衡内外气压的调节阀

图 13-7　内衬泡沫格

# 第十四章 软 件 设 计

软件可靠性设计是指为了满足软件可靠性要求而采用相应技术进行的设计活动。

为保证软件产品的可靠性，必须注意软件产品与硬件产品的差别，软件产品具有无形性、一致性、不变性、易改动性、复杂性等特点。虽然软件和硬件有如此大的差异，但它们之间是相互依存的，软件在被测试前必须和硬件匹配。如果发现软件失效，问题可能出在硬件、软件或硬件/软件接口的某个未曾预料到的交互作用中。

## 第一节 总 则

1822. 实施软件工程。实施软件工程是实现系统可靠性与软件可靠性的基础。

1823. 软件开发规范化。将软件开发过程分为若干个阶段，每个阶段都要编制必要的文档并进行检查、分析和评审，实施配置管理。图形符号、程序构造及表示应符合标准的规定。

1824. 尽可能采用先进、适用的软件开发工具，并确保软件开发工具免受计算机病毒侵害。

1825. 加强软件检查和测试。应尽早开展软件检查和测试，采取措施（如自检、互检、专检相结合的三检制度，制定设计检查单等）使检查工作切实有效，软件测试应达到规定的要求。

1826. 软件系统应由不同层次的软件模块构成。软件模块的要求如下：

1）具有独立功能，可以单独编写、运行和测试。

2）编码完备、准确，运行可靠。

3）便于理解、修改和维护，方便裁剪。

4）便于移植、嵌套、挂接、扩充和升级。

5）界面清晰，接口简洁，模块之间联系简单。

6）具有容错、纠错和隔离错误的能力。

1827. 实施软件配置管理。

## 第二节 计算机系统设计

1828. 应定义和记录系统的体系结构设计（标识系统部件，包括硬件、软件、人工操作项及其接口，以及它们之间的执行的方案）以及系统部件与系统需求之间的可追踪性。

1829. 对具有高可靠性和安全性要求的功能，应权衡用硬件实现还是用软件实现的利弊，做出妥善决策。

1830. 软件的可靠性指标应与硬件的可靠性指标大体相当，可根据具体情况进行适当调整，但调整不宜过大，并且所分配的指标应能验证。

1831. 在系统控制回路中，安全关键功能的执行在可能时必须经操作人员确认或启动。

1832. 在安全关键的计算机系统中，应当设计一个称为安全性内核的独立计算机程序，用来监视系统并防止系统进入不安全状态。当出现潜在不安全的系统状态或者有可能转移到这种状态时，它将系统转移到规定的安全状态。

1833. 必须采取措施自动记录检测出的所有系统故障及系统运行情况。

1834. 在系统设计时考虑故障的自动检测，一旦检测出不安全状态，系统应做出正确响应，不得回避。

1835. 系统设计应能防止越权或意外地存取或修改软件。

1836. 容错设计：对可靠性要求很高的系统应同时考虑硬件和软件的容错设计，而不能只考虑硬件容错设计。

1837. 下述软件应定为安全关键软件：

1）故障检测的优先级结构及安全性控制模块或校注逻辑、处理和响应故障的模块。

2）中断处理程序、中断优先级模式及允许或禁止中断的例行程序。

3）产生对硬件进行自主控制信号的软件。

4）产生直接影响硬件部件运行或启动安全关键功能的信号的软件。

5）其输出是显示安全关键硬件的状态的软件。

1838. 嵌入式软件的运行过程与相关系统硬件的运行过程相互交错，密不可分，设计因素相互影响。进行软件可靠性和安全性设计时必须考虑与硬件设计有关的要求。

# 第三节　软件需求分析

1839. 软件需求包括需求的状态和方式、能力、外部接口、内部接口、内部数据、适应性、安全性、保密性、环境、计算机资源、质量因素、设计和实现约束、合格性、需求可追踪性等方面。

1840. 软件需求分析必须确保软件需求规格说明的无歧义性、完整性、可验证性、一致性、可修改性、可追踪性和易使用性。

1841. 软件需求分析是在系统分析和软件定义的基础上，在完成了可行性研究报告和项目开发计划之后进行的。系统分析提供的有关信息主要有：系统总体设计要求；系统性能要求（包括容量、准确度、时间特性要求）；设备要求：运行软件系统所需的硬件设备；接口设计要求（包括与外部设备的接口、与其他系统的接口、人机接口）；操作使用要求（包括软件的人机界面）；系统设计标准（软件开发过程所使用的技术、方法、设计标准和设计约束及有关工具；程序编制的标准和约定；在特殊情况下，允许不采用自顶向下方法的准则；所有非正式文档的内容和格式）；系统备份和维护要求。

1842. 对安全关键软件，必须列出可能的不期望事件，并分析导致这些不期望事件的可能原因，提出相应的软件处理要求，且应在软件开发的各个阶段进行有关的软件危险分析。

1843. 对有可靠性指标的软件，在确定了软件的功能性需求之后，应考虑该软件的可靠性指标是否能够达到以及是否能够验证，还应与用户密切配合，确定软件使用的功能剖面，并制定软件可靠性测试计划。

1844. 应定义和记录每个 CSCI 要满足的软件需求、保证每项需求得以满足所使用的方法以及 CSCI 需求与系统需求之间的可追踪性。

# 第四节　文档编制要求

1845. 在软件开发过程中可产生下列文档：运行方案说明（OCD）、系统/子系统规格说明（SSS）、接口需求规格说明（IRS）、系统/子系统设计说明（SSDD）、接口设计说明（IDD）、软件研制任务书（SDTD）、软件开发计划（SDP）、软件配置管理计划（SCMP）、软件质量保证计划（SQAP）、软件安装计划（SIP）、软件移交计划（STrP）、软件测试计划（STP）、软件需求规格说明（SRS）、软件设计说明（SDD）、数据库设计说明（DBDD）、软件测试说明（STD）、软件测试报告（STR）、软件产品规格说明（SPS）、软件版本说明（SVD）、软件用户手册（SUM）、软件输入/输出手册（SIOM）、软件中心操作员手册（SCOM）、计算机编程手册（CPM）、计算机操作手册（COM）、固件保障手册（FSM）、软件研制总结报告（SDSR）、软件配置管理报告（SCMR）、软件质量保证报告（SQAR）。

1846. 软件设计可根据项目所选择的生存周期、软件研制任务书的要求及实际活动，确定项目产生文档的种类，并根据实际情况对文档的种类进行合并、拆分。若两个或多个文档合并，以其中一个文档为主文档，将其他文档的内容有机地组合到主文档中，组合后形成的文档的要素应保持完整不遗漏，并在注释中说明。同理，文档拆分为两个或多个文档，拆分前后文档的要素应保持一致，并在其中的一个文档的注释中对拆分情况进行说明。根据需要，也可以对文档内容进行裁减。若裁减了某章或某条，则在被裁去的章条的标题下标识为"本章无内容"或"本条无内容"，并说明理由。

1847. 运行方案说明（OCD）描述系统应满足的用户需要、与现有系统或规程的关系以及使用方式等。运行方案说明（OCD）既可向开发者表达用户的需要，也可向用户或其他对象表达开发者的思路，以便在需求方、开发方、保障机构和用户之间，对所开发的系统的运行方案达成共识。

1848. 系统/子系统规格说明（SSS）描述系统的需求，以及确保满足各需求所使用的方法。系统外部接口方面的相关需求，可在 SSS 中给出或在引用的一个或多个《接口需求规格说明》中给出。SSS 可由《接口需求规格说明》补充，共同构成系统设计与合格性测试的基础。系统/子系统设计说明（SSDD）描述系统/子系统的系统级或子系统级设计决策与体系结构设计。SSDD 与其相关的《接口设计说明》和《数据库设计说明》，共同构成系统实现的基础。

1849. 接口需求规格说明（IRS）描述作用于一个或多个系统、子系统、硬件配置项、计算机软件配置项、人工操作或其他系统部件之间的需求，从而实现这些实体间的一个或多个接口。一个 IRS 可以包含多个接口。

1850. 接口设计说明（IDD）描述一个或多个系统或子系统、硬件配置项、计算机软件配置项、人工操作或其他系统部件的接口特性。一个 IDD 可以描述多个接口。IDD 可作为《系统/子系统设计说明》、《软件设计说明》、《数据库设计说明》的补充。IDD 与其相关的《接口需求规格说明》可用于接口设计决策的交流和控制。

1851. 软件研制任务书（SDTD）描述软件开发的目的、目标、主要任务、功能及性能指标等要求，是软件开发的基础和依据。其应包括下述内容：

1）运行环境要求：描述 CSCI 运行必需的硬件环境和软件环境的要求。

2）技术要求：描述软件的功能、性能、输入/输出、数据处理、接口、固件、关键性要求等方面的要求。

3）设计约束。

4）质量控制要求：描述软件关键性等级、标准、文档、配置管理、测试、分承制方等方面的要求。

5）验收和交付：描述软件的验收准则，软件的交付形式、数量、装载媒体，交付的文档清单和软件的版权保护等方面的要求。

6）软件保障要求。

7）进度和里程碑：包括项目的进度要求、里程碑和需要需方参加的评审等。

1852. 软件开发计划（SDP）描述实施软件开发工作的计划。软件开发活动包含新开发、修改、重用、再工程、维护和由软件产品引起的其他所有活动。SDP 的内容包括软件开发过程、所使用的方法、每项活动的途径、项目的进度、组织及资源的可视性和监督工具。SDP 是动态的，随着项目的进展，在出现重大偏差或在里程碑处应进行分析，必要时应重新策划并修订 SDP。根据实际需要，可将 SDP 中的某些部分编制成单独的计划。

1853. 软件配置管理计划（SCMP）描述在项目中如何实施软件配置管理。其既可作为《软件开发计划》的一部分，也可单独成文。

1854. 软件质量保证计划（SQAP）描述在项目中采用的软件质量保证的措施、方法和步骤。其既可作为《软件开发计划》的一部分，也可单独成文。

1855. 软件安装计划（SIP）描述在用户的现场安装软件的计划。具体包括准备工作、用户培训以及从现有系统进行转换。当软件的安装需要开发人员参与，且安装过程十分复杂时，应制定 SIP。

1856. 软件移交计划（STrP）描述开发方向保障机构移交应交付项的计划。具体包括可交付软件生存周期所需要的硬件、软件和其他资源。

1857. 软件测试计划（STP）描述对计算机软件配置项（CSCI）和软件系统或子系统进行合格性测试的计划。具体包括测试环境、要执行的测试、测试活动的进度。通常每个项目都应有一个 STP。

1858. 软件需求规格说明（SRS）描述对计算机软件配置项（CSCI）的需求，以及确保满足每个需求所使用的方法。SRS 可由《接口需求规格说明》补充，共同构成 CSCI 设计与合格性测试的基础。

1859. 软件设计说明（SDD）描述计算机软件配置项（CSCI）的设计。其内容包括计算机软件配置项（CSCI）级设计决策、计算机软件配置项（CSCI）体系结构设计（概要设计）和实现该软件所需的详细设计。SDD 与其相关的《接口设计说明》和《数据库设计说明》共同构成软件实现的基础。

1860. 数据库设计说明（DBDD）描述数据库的设计以及存取或操纵数据所使用的软件单元。它是实现数据库及相关软件单元的基础。

1861. 软件测试说明（STD）描述执行计算机软件配置项（CSCI）、软件系统或子系统合格性测试所需的测试准备、测试用例及测试过程。

1862. 软件测试报告（STR）是对计算机软件配置项（CSCI）、软件系统或子系统合格性测试的记录。

1863. 软件产品规格说明（SPS）描述或引用可执行软件、源文件以及软件保障信息。其内容包括"已建成"CSCI 的设计信息，以及编译、建立和修改规程等。SPS 是 CSCI 的主要软件保障文档。

1864. 软件版本说明（SVD）标识并描述由一个或多个计算机软件配置项（CSCI）组成的软件版本，用于发布、追踪以及控制软件版本。

1865. 软件用户手册（SUM）描述操作该软件的用户如何安装和使用计算机软件配置项（CSCI）、相关的 CSCI、软件系统或子系统。其可能还包括软件运行的某些特殊方面的说明等。该文档也可代替《软件输入/输出手册》和《软件中心操作员手册》。其应包括如下内容：

1）软件概述：软件应用、必须安装的所有软件文件的清单、软件环境、软件组织和操作概述、意外事故及运行的备用状态和方式、保密性、帮助和问题报告等。

2）软件入门：软件的首次用户所需的信息以及软件的启动、停止和挂起等方面的规程和信息。

3）使用指南：描述使用软件的规程，包括能力、约定、处理规程、数据备份、各种消息以及错误、故障和紧急情况下的恢复等。

1866. 软件输入/输出手册（SIOM）是为安装在计算机中心或在其他集中式或网络化安装场所的软件系统编制的。常与软件中心操作员手册一起使用，此时可代替软件用户手册。其应包括如下内容：

1）软件综述：描述软件应用、软件清单、软件环境、软件组织和操作概述、意外事故及运行的备用状态和方式、保密性、帮助和问题报告等。

2）使用软件：描述启动规程、输入/输出描述、输出的使用、恢复和错误纠正规程、通信诊断等。

3）查询规程：描述数据库/数据文件格式、查询能力、查询准备、控制指令等。

4）用户终端处理规程：描述使用终端完成处理的信息，包括可用的能力、访问规程、显示更新和检索规程、恢复和错误纠正规程、结束规程等。

1867. 软件中心操作员手册（SCOM）是为计算机中心或在其他集中式或网络化的安装场所工作的人员，提高如何安装和操作软件系统的信息而编制的。常与《软件输入/输出手册》一起使用，此时可代替《软件用户手册》。其包括如下内容：

1）软件综述：描述软件应用、软件清单、软件环境、软件组织和操作概述、意外事故及运行的备用状态和方式、保密性、帮助和问题报告等。

2）安装和设置。

3）运行描述：描述运行清单、阶段划分、诊断规程、错误信息列表、每个运行的说明等。

1868. 计算机编程手册（CPM）为程序员描述对指定计算机进行编程所需要的信息。具体包括以下内容：

1）软件编程环境：描述系统配置和操作信息，以及编译、汇编和链接所需要的设备和程序。

2）编程信息：描述编程特征、程序指令、输入和输出控制、错误检测和诊断特征以及其他编程技术等。

1869. 计算机操作手册（COM）描述操作指定的计算机及其外部设备所需的信息。具体包括以下内容：

1）计算机系统操作：描述计算机系统的准备和关机、操作规程、问题处理规程等。

2）诊断特征：描述诊断特征概述、诊断规程、诊断工具集等。

1870. 固件保障手册（FSM）描述对系统的固件设备进行编程和再编程所需的信息，也描述为擦除固件设备、向固件设备加载软件、验证加载过程和标记已加载的固件设备所需的固件设备和装备、软件以及规程。针对每个被编程固件设备，提供如下方面的描述：预编程设备的综述、写入设备的软件、编程设备、编程软件、编程规程、安装和修复规程、供应商信息等。

1871. 软件研制总结报告（SDSR）描述软件整个研制/开发情况。具体包括：任务来源与研制依据、软件概述、软件研制过程（软件研制过程的概述以及软件研制各活动/阶段所采用的方法和工作产品等）、软件满足任务指标情况、质量保证情况（质量保证措施实施情况、软件重大技术质量问题和解决情况等）、配置管理情况（软件配置管理要求、软件配置管理实施情况、软件配置状态变更情况等）、测量和分析、结论（评述软件工程化实施情况，说明软件功能和性能指标是否满足软件任务的要求，给出软件是否可以交付使用的结论）。

1872. 软件配置管理报告（SCMR）描述软件整个研制/开发过程中软件配置管理情况。具体包括：软件配置管理情况综述、软件配置管理基本信息、专业组划分及权限分配、配置项记录、变更记录、基线记录、入库记录、出库记录、审核记录、备份记录、测量。

1873. 软件质量保证报告（SQAR）描述软件整个研制/开发过程中软件质量保证情况。具体包括软件研制概述、软件质量保证情况、软件配置管理情况、第三方评测情况等。

# 第五节　具体软件设计

## 一、通则

1874. 应定义和记录 CSCI 级设计决策（即关于 CSCI 行为设计的决策和其他对组成 CSCI 的软件单元的选择和设计有影响的决策）。

1875. 应定义和记录每个 CSCI 的体系结构设计（标识组成该 CSCI 的软件单元及接口，它们之间的执行的方案）和软件单元与 CSCI 需求之间的可追踪性。软件单元可由其他软件单元组成，并可以组织成为表示 CSCI 体系结构所需的多个层次。

1876. 应编写和记录每个软件单元的说明，包括每个软件单元的设计决策和约束、接口和数据库的详细设计说明，其详细程度应达到能够根据说明进行软件实现。

1877. 应开发和记录与 CSCI 设计中每个软件单元相对应的程序。其中包括对计算机指令和数据定义进行编码、建立数据库、将数据值填入数据库和其他数据文件中，以及其他为实现设计所需的活动。

1878. 应为与每个软件单元相对应的软件制定测试计划（包括规定测试需求和进度）、准备测试用例（按输入、预期的结果和评价准则进行描述）、测试规程和测试数据。测试用例应覆盖该单元详细设计的所有方面。

1879. 根据测试结果对软件进行必要的修改，并进行必要的回归测试，以及根据需要更新软件开发文件和其他软件产品。

1880. 负责测试的人员不应是从事该项软件详细设计和实现的人员。测试应在目标计算机系统或需方批准的替代系统上进行。

**二、安全关键功能的设计**

1881. 软件本身是安全的，不会给社会和人类带来任何不利影响，只有当软件与硬件综合并用于执行指挥、控制或监控功能时，才有可能产生危险。故在进行软件安全性分析时，应从系统的观点出发，不应将软件孤立化。软件危险通常主要是由下列事件造成的：

1）无意或越权事件，如发生不希望的事件。

2）顺序错误事件，如某已知的和计划的事件在不该发生时发生。

3）未发生事件，应该发生的事件没有发生。

4）其他，通常是指语法错误。

1882. 过去开发的或用户指定的软件（如操作系统、显示管理系统、数据库系统等）有时也可全部或部分满足系统要求，在使用这类软件之前应得到有关部门的批准。

1883. 下述民用现成软件（COTS）不能用于安全关键的领域：不能进行充分测试的软件；故障造成风险很高的软件；在计划使用中不安全的软件；在故障时会产生不利后果的软件；不能确定其风险水平或故障后果的软件。

1884. 安全关键功能必须至少受控于两个独立的功能。

1885. 安全关键的模块必须同其他模块隔离；安全关键的模块必须放在一起，以便对其进行保护。

1886. 安全关键功能必须具有强数据类型；不得使用一位的逻辑“0”或“1”来表示“安全”或“危险”状态；其判定条件不得依赖于全“0”或全“1”的输入。

1887. 安全关键的计时功能必须由计算机控制，使操作人员不能随意修改。

1888. 在启动安全关键功能之前，必须对可测试的安全关键的单元进行实时检测。当检测到不安全的情况时，软件必须采取措施对其进行处理；如软件无法处理这种情况，则应保证将控制转换到硬件的安全子系统。

1889. 安全性"禁止"、"陷阱"、"互锁"必须通过测试或模拟进行验证，程序中的所有代码至少应执行一次且每个判别语句应至少对其所有可能的输出进行一次测试（尽管不能对各种组合进行）。

1890. 软件安全性分析应严格遵循下述步骤：

1）列出可能受控制器错误输出影响的所有系统单元。对每个单元，应列出软件问题可能对安全性带来的不利影响。

2）选择造成上述不利影响的单元的错误输入信号。它可能是控制器的某个输出信号。

3）分析软件程序，以确定是否存在会产生错误输出的途径，是否存在阻碍产生所要求的安全关键输出的途径。

4）确定程序中是否包含有可消除或减少出现错误输出的方法。

5）分析控制器的输入，以确定什么样的输入会引起不希望的输出。

6）确定是否有控制器之外的原因造成系统故障，如由于操作人员错误地修改程序或提供错误的输入数据而影响程序。

### 三、冗余设计

1891. 一般依据软件安全关键等级，确定软件的失效容限要求，根据软件的失效容限要求，确定软件冗余要求。

1892. 对无法实现 $N$（>2）版本程序设计的安全关键软件，建议采用恢复块技术。

1893. $N$ 版本程序设计由 $N$ 个实现相同功能的（必要时，在考虑特殊处理后可包括按功能降级设计的）相异程序和一个管理程序组成，各版本先后运算出来的结果相互比较（表决），确定输出。在表决器不能分辨出错模式的情况下，应当采取少数服从多数的表决方式，甚至可以根据系统安全性要求采取"一票否决"的表决方式。

1894. $N$ 版本程序设计还可以对每一版本运算的结果增加一个简单接受测试或定时约束的功能，先期取消被证明是错误的结果或迟迟不能到达的结果，以提高表决器的实时性和成功率。

1895. 要选用各种不同的实现手段和方法来保证版本的强制相异，以减少共因故障。

1896. 软件需求规格说明中应对恢复块作单独的定义和说明。恢复块由一个基本块、若干个替换块（可以是功能降级替换块）和接收测试程序组成。基本工作方式是：运行基本块，进行接收测试（若测试通过，则输出结果；否则，调用第一个替换块，再进行接受测试），若在第 N 个替换块用完后仍未通过接收测试，便进行出错处理。

1897. 对于信息冗余应注意以下内容：

1）安全关键功能应该在接到两个或更多个相同的信息后才执行。

2）对安全关键信息，应保存在多种或多个不同芯片中，并进行表决处理。

3）对可编程只读存储器（PROM）中的重要程序进行备份，万一 PROM 中的程序被破坏，还可通过遥控命令等手段使系统执行其备份程序。

4）对随机存取存储器（RAM）中的重要程序和数据，应存储在三个不同的地方，而访问这些程序和数据都通过三取二表决方式来裁决。

**四、接口设计**

1898. 软件的接口需求分析必须明确地规定该软件系统与外部的各种接口关系，并指明每个接口的特性。这包括软件产品的人机接口、软件产品与外部设计的接口、软件产品与其他系统的接口。对于该软件系统内部程序间的接口，可根据该软件系统的总需求，结合系统的结构特征来确定其需求，并在软件产品的开发过程中加以完善。软件的接口需求分析、说明的主要技术内容包括：

1）分类明确说明该项软件产品所需配置的各个接口的功能、性能等技术要求。

2）列出各个接口的有关接口标准、接口约定等技术要求。

3）接口的数据需求。

4）接口的质量保证要求。

1899. 以框图或结构图的方式，说明系统与各个接口之间的连接关系，包括主要控制信息和数据信息流向。

1900. 硬件接口要求如下：

1）CPU 之间的通信必须在数据传输之前对数据传输通道进行正确性检测。

2）需要从接口软件中得到两个或更多安全关键信息的外部功能不得从单一寄存器或从单一输入/输出（I/O）端口接收所有的必要信息，而且这些信息不得由单一 CPU 命令产生。

3）对于所有模拟及数字输入输出，在根据这些值采取行动之前，必须先进行极限检测和合理性检测。

1901. 硬件接口的软件设计：

1）硬件接口的软件设计必须考虑检测外部输入或输出设备的失效，并在发生失效时恢复到某个安全状态。设计必须考虑所涉及硬件的潜在失效模式。

2）在设计硬件接口的软件时，必须预先确定数据传输信息的格式和内容。每次传输都必须包含一个字或字符串来指明数据类型及信息内容。至少要使用奇偶校验与检验和来验证数据传输的正确性。

3）在硬件接口的软件设计中必须考虑硬件接口中已知的元器件失效模式。

4）安全关键功能应使用专用 I/O 端口，并使这种 I/O 端口与其他 I/O 端口有较大区别。

1902. 人机界面的设计要求如下：

1）人机交互软件要便于操作员用单一行为处理当前事务，使系统退出潜在不安全状态，并恢复到某一安全状态。

2）在启动安全关键功能时，必须由两个或多个人员在"与"方式下操作，并有完善的误触发保护措施，以避免造成无意激活。两个操作员应独立地、最好在不同的操作键盘或操作面板上同时启动，且一个操作员不能同时启动也不能采取措施强迫另一操作员启动。

3）向操作员提供的显示信息、图标和其他人机交互方式必须清晰、简明。

1903. 报警设计的要求如下：

1）必须向操作员提供声光报警，声音报警信号必须超过预期的背景噪声，并同时提供表明软件正在操作的实时指示。要求几秒钟或更长时间的处理功能在处理期间必须向操作员提供一个状态指示。

2）报警的设计必须使例行报警与安全关键的报警相区别，并应使得在没有采取纠正行为或没有执行所要求的后续行为以完成该操作的情况下，操作员无法清除安全关键的报警。

1904. 软件系统的接口设计，必须明确地规定该软件系统接口需求说明所提出的各个接口的设计特性和程序编制要求，其主要内容包括各个接口的名称标识；各个接口在该软件系统中的地位和作用；各个接口在该软件系统中与其他程序模块或接口之间的相互关系；各个接口的功能定义；各个接口的规格和技术要求，包括它们各自适用的标准、协议或约定；各个接口的数据特性；各个接口的资源要求，包括硬件支持、存储资源分配等；各个接口程序的数据处理要求；某些接口的特殊设计要求；各个接口对程序编制的要求。

1905. 列表或逐项说明接口设计中应用的各种数据类型的特性，包括各个数据元素的标识；各个数据元素的源、目标；各个数据元素的数值范围、极限值；各个数据元素的计量单位；各个数据元素的准确度、分辨率等；其他数据特性。

1906. 列表或逐项说明的方式描述穿过本接口的每一个数据元素的下列特性：数据元素的单一标识符；数据元素的简要说明；数据元素的源（计算机软件配置项、硬件配置项或临界项）；数据元素的使用者（或称目标）；数据元素需要的计量单位；数据元素要求的数值极限或范围（对常数提供实际值）；数据元素要求的精度；重要数字项中的数据元素的精确度和分辨度；数据元素计算或更新频率；数据类型，如整型、实型、常量、ASCII 代码等；数据元素执行的合法性检查；数据表达式或格式；数据元素的优先级。

1907. 具体说明本接口设计中使用的各项数据处理的方法，如数据计算的算法表达式、数据格式变换处理方式、数据记录的装订方法等。

1908. 具体说明本接口程序和硬件操作所采用的控制方式，如启动、调用方式、定时控制，计数控制以及其他特殊控制方式及其实施方法。

1909. 具体说明本接口设计中所涉及的各种时间特性，如中断响应时间、数据处理时间、延时等待时间等。

1910. 具体说明本接口程序所需使用的存储资源的空间大小和地址分配，以及其他的媒体支持等。

1911. 详细说明系统内部软件间接口的功能，包括它所联结的程序模块间的相互关系及该接口的作用；输入、输出关系；需要完成的处理；特殊要求。

1912. 列表或逐项说明系统内部软件间接口有关的数据特性，包括各数据元素、记录、报告的名称和标识；数据传输特性，如传输格式、速率等；数据处理要求，给出数据计算的算法表达式、数据变换的格式等具体的处理要求和方法以及数据处理准确度；各数据元素使用的单位、分辨度、数值准确度等特性；其他需要说明的数据特性。

1913. 说明执行通信接口功能的硬件部件或装置的有关特性，包括硬件部件或设备的名称和标识；硬件类型：如专用集成电路，智能通信部件，可编程通信接口部件等；硬件执行的通信处理和传输功能；校验能力和方法；对软件设计的要求；其他需说明的技术问题。

1914. 详细说明通信接口的基本功能和在软件系统中的作用，包括软、硬件界面输入、输出信息；硬件执行的功能；软件执行的功能；特殊要求，如校验、异常处理等。

1915. 详细说明通信接口的通信协议（或约定），包括要以文字或图表方式详细描述本接口通信的报文格式、结构、字段的详细定义，说明报文格式及报文类型；说明如何实现报文的装拆（打包、拆包），以满足输出和输入的需求；说明在通信传输中的错误检查方法，如 CRC 校验、奇偶校验等，以及传输失败的处理和恢复方法，如超时报警、解除报警等错误控制和恢复过程；通信方式，如全双工、半双工；同步方式，即同步、异步；传输的同步，包括通信连接的建立、保持、终止及定时方式；编码方法；流量控制，包括顺序号、窗口大小、缓冲器分配等；传输速率，bit/s；路由、寻址、命名约定；优先级分配；启动、识别、通知，以及其他通信特征控制；通信安全措施，包括保密、使用权划分方法等；其他必要的说明。

1916. 在设计软件接口时必须确保以下几点：

1）模块的参数个数与模块接受的输入变元个数一致。

2）模块的参数属性与模块接受的输入变元属性匹配。

3）模块的参数单位与模块接受的输入变元单位一致。

4）模块的参数次序与模块接受的输入变元次序一致。

5）传送给被调用模块的变元个数与该模块的参数个数相同。

6）传送给被调用模块的变元属性与该模块的参数的属性相同。

7）传送给被调用模块的变元单位与该模块的参数的单位相同。

8）传送给被调用模块的变元次序与该模块的参数次序相同。

9）调用内部函数时，变元的个数、属性、单位和次序正确。

10）其不会修改只是作为输入值的变元。

11）全程变量在所有引用它们的模块中都有相同的定义。

12）不存在把常数当作变量来传送的情况。

1917. 软件接口设计必须遵循以下步骤：

1）在软件系统分析和接口分析的基础上确立接口配置。

2）建立软件系统的接口框图。

3）建立软件系统接口信号交叉引用表。

4）分类列出各接口的规格说明。

5）根据各接口的规格要求，进行各自的程序设计。

1918. $N^2$ 图提供了一种软件开发过程中用图形描述接口的好方法。它是软件系统接口设计完整性的重要保证。对于数据流和接口多而复杂的软件系统，它是结构化设计方法的有利补充，而且适用于任意层次的接口。

1919. 数据流程图是结构化设计方法的一个重要环节，它突出数据流动特性。它也是接口分析和设计的一种有效手段，特别是对于描述接口的数据特征，便于设计人员直观地分析，为保证接口设计中数据特性的完整性和准确性提供有效的支持。

1920. 控制流程图是构造软件结构图的一个重要环节，它对于软件设计中的控制信息的分析描述，是一个直观的表示，为保证软件控制特性的完整和准确性提供有效的支持，对于接口设计，同样适用。

**五、软件健壮性设计**

1921. 软件设计必须考虑在系统加电时完成系统级的检测，验证系统是安全的并可正常启用。在可能时软件应对系统进行周期性检测，以监视系统的安全状态。

1922. 若某些外来因素使系统产生不稳定，不宜继续执行指令，软件应采取措施，等系统稳定后再执行指令。

1923. 应充分估计接口的各种可能故障，并采取相应的措施。如软件应能够识别合法的及非法的外部中断，对于非法的外部中断，软件应能自动切换到安全状态。同时，软件对输入、输出信息进行加工处理前，应检验其是否合理。

1924. 对被控对象的变化信号中存在的干扰信号采用数字滤波器加以过滤时，采样频率的确定不仅要考虑有用信号的频率，而且要考虑干扰信号的频率。

1925. 软件应能判断操作员的输入操作正确（或合理）与否，并在遇到不正确（或不合理）输入和操作时拒绝该操作的执行，并提醒操作员注意错误的输入或操作，同时指出错误的类型和给出纠正措施。

1926. 监控定时器的设计应符合以下要求：

1）必须提供监控定时器或类似措施，以确保微处理器或计算机具有处理程序超时或死循环故障的能力。

2）监控定时器应力求采样独立的时钟源，用独立的硬件实现。若采用可编程定时器实现，应统筹设计计数时钟频率和定时参数，力求在外界干扰条件下定时器参数的最小值大于系统重新初始化所需的时间值，最大值小于系统允许的最长故障处理处理时间值。

3）与硬件状态变化有关的程序设计应考虑状态检测的次数或时间，无时间依据的情况下可用循环等待次数作为依据，超过一定次数应进行超时处理。

1927. 必须仔细分析软件运行过程中各种可能的异常情况，并设计相应的保护措施。特别当采用现成软件时，必须仔细分析原有的异常保护措施对于现有的软件需求是否足够且完全适用。异常处理措施必须使系统转入安全状态，并保持计算机处于运行状态。

## 六、简化设计

1928. 除中断情形外，模块应使用单入口和单出口的控制结构。

1929. 模块的独立性，应以提高内聚度，降低耦合度来实现，设计时必须考虑以下因素：

1）采用模块调用方式，而不采用直接访问模块内部有关信息的方式。

2）适当限制模块间传递的参数个数。

3）模块内的变量应局部化。

4）将一些可能发生变化的因素或需要经常修改的部分尽量放在少数几个模块中。

1930. 在设计软件时，将模块在逻辑上构成分层次的结构，在不同的层次上可有不同的扇入扇出数。模块的实际结构形态应满足以下几点：

1）模块的扇出一般应控制在 7 以下。

2）为避免某些程序代码的重复，可适当增加模块的扇入。

3）应使高层模块有较高的扇出，低层模块有较高的扇入。

1931. 模块间耦合的优选顺序为数据耦合→控制耦合→外部耦合→公共数据耦合→内容耦合。

1932. 模块内元素关联的方式按以下优选顺序排列：功能内聚→顺序内聚→通信内聚→时间内聚→逻辑内聚→偶然内聚。

1933. 应鼓励采用经过实践考验、可靠且适用的现有软件，但必须仔细分析其适用性，并对其不适用之处妥善处理。

### 七、裕量设计

1934. 在软件设计时，应确定有关软件模块的存储量，输入输出通道的吞吐能力及处理时间要求，并保证满足系统规定的裕量要求。军用软件一般要求留有不少于20%的裕量。

1935. 软件工作的时序安排，要结合具体的被控对象确定各种周期，如采样周期、数据计算出来周期、控制周期、自诊断周期、输出输入周期等。当各种周期在时间轴上安排不下时，应采取更高性能的 CPU 或多 CPU 并行处理来解决，以确保软件的工作时序之间留有足够的裕量。

### 八、数据要求

1936. 必须定义软件所使用的各种数据。必须规定静态数据、动态输入输出数据及内部生成数据的逻辑结构，并列出这些数据的清单，说明对数据的约束。同时，必须规定数据采集的要求，说明被采集数据的特性、要求和范围。对重要的数据在使用前后都要进行检查。推荐建立数据字典，并阐明数据的来源、处理及目的地。

1937. 任何数据都必须规定其合理的范围（如值域、变化率等）。如果数据超出了规定的范围，就必须进行出错处理。变量的定义域应预先规定，在实现时予以说明，在运行时予以检查。必须对参数、数组下标、循环变量进行范围检查。

1938. 进行数值运算时，必须注意数值的范围及误差问题。在把数学公式转化成计算机程序时，要保证输入输出及中间结果不超出机器数值表示范围。

1939. 保证运算所要求的准确度。要考虑到计算误差及舍入误差，选定足够的数据有效位。

1940. 在软件的入口、出口及其他关键点上，应对重要的物理量进行合理性检查，并采取便于故障隔离的处理措施。

1941. 使用数字协处理器（如 $80 \times 87$）时，必须仔细考虑浮点数接近零时的处理方式。建议在发生下溢时，使用最小的浮点数来替代零。在软件设计时还应考虑某些硬件（如 $80 \times 87$）出错的处理，对在使用这些硬件的过程中出现的异常情况进行实时恢复。

### 九、防错程序设计

1942. 在软件设计中，必须规定用统一的符号来表示参数、常量和标志，以便在不改变源程序逻辑的情况下，对它进行修改。

1943. 必须指明有两个或多个模块公用的数据和公共变量，并尽量减少对公共变量的改变，以减少模块间的副作用。

1944. 所有标志必须进行严格的定义，并编制标志的使用说明，说明的项目包括：名称和位定义、功能和作用、使用范围（有效范围）、生命周期（初始状态、运行中的变化条件、状态和时刻、最终状态）、使用情况（使用该标志的模块名称及使用方式）。

1945. 对于安全关键的标识，在其被使用的软件单元里，必须唯一且用于单一目的。

1946. 文件必须唯一且用于单一目的；文件在使用前必须成功地打开，在使用后必须成功地关闭；文件的属性应与它的使用相一致。

1947. 非授权存取的限制如下：

1）必须防止对程序（源程序、汇编程序及目标代码）的非授权的或无意的存取或修改，其中包括对代码的自修改。

2）必须防止对数据的非授权的或无意的存取或修改，应对安全关键功能模块应设置调用密码。

1948. 无意指令跳转的处理应注意以下几个问题：

1）必须检测安全关键软件内或安全关键软件间的无意跳转，如果可行的话，进行故障诊断，并确定引起无意跳转的原因。

2）必须提供从无意指令跳转处进入故障安全状态的恢复措施。

1949. 程序检测点的设置应注意以下问题：

1）在安全关键软件中的关键点上进行监测，在发现故障时进行故障隔离。必要时，使系统进入安全状态。

2）在完成必要检测功能的前提下，检测点宜少不宜多。

3）测试特征量流出通道应力求独立，使测试功能的失效不会影响其他功能。

1950. 尽量不使用间接寻址方式。

1951. 为防止程序把数据错当为指令来执行，要采用将数据与指令分隔存放的措施。必要时在数据区和表格的前后加入适当的 NOP 指令和跳转指令。使 NOP 指令的总长度应等于最长指令的长度，然后加入一条跳转指令，将控制转向出错处理程序。

1952. 对于安全关键信息的要求如下：

1）安全关键信息不能仅由单一 CPU 命令产生。

2）不用寄存器和 I/O 端口来存储安全关键信息。

3）使安全关键信息不会因一位或两位差错而引起系统故障。

4）安全关键信息与其他信息之间应保持一定的码距。

5）安全关键信息的位模式不得使用一位的逻辑"1"和"0"表示，建议用4位或4位以上，即非全0且又非全1的独特模式来表示，以确保不会因无意差错而造成危险。

6）如安全关键信息有差错，应能检测出来，并返回到规定的状态。

7）安全关键信息的决策判断依据不得依赖于全"0"或全"1"的输入（尤其是从外部传感器传来的信息）。

1953. 对不需修改的重要信息，条件允许时应放在不易丢失的只读存储器（ROM）中。对需要少量修改的重要信息，则应放在电可擦除可编程只读存储器（$E^2PROM$）中。在宇宙空间不得使用电可擦除可编程只读存储器（EPROM）。

1954. 算法的选择要求如下：

1）对规定时间内要完成规定任务的软件，不能采用不成熟的算法。

2）算法所使用的存储空间应完全确定，如尽量不采用动态维空间。

# 第六节　编　程　要　求

1955. 对编程的语言要求如下：

1）采用标准化的程序设计语言进行编程。

2）在同一系统中，应尽量减少编程语言的种类；应按照软件的类别，在实现同一类软件时应只采用一种版本的高级语言进行编程，必要时，也可采用一种机器的汇编语言编程。

3）应选用经过优选的编译程序或汇编程序，杜绝使用盗版软件。

4）为提高软件的可移植性和保证程序的正确性，建议只用语言编译程序中符合标准的部分进行编程，尽量少用编译程序引入的非标准部分进行编程。

1956. 暂停、停止、等待指令要严格控制使用。

1957. 高级语言的编程限制如下：

1）原则上不得使用 GOTO 语句；在使用 GOTO 语句能带来某些好处的地方，必须控制 GOTO 的方向，只许使用向前 GOTO，不得使用向后 GOTO。

2）对顺序程序的编制，应参照 GJB 2786A—2009 中推荐的几种控制结构来编制程序；对并行程序的编制，应选择便于测试且简单的结构来编制程序。

1958. 软件单元的圈复杂度（即 McCabe 指数）应小于 10。

1959. 对于用高级语言实现的软件单元，每个软件单元的源代码最多不应超过 200 行，一般不超过 60 行。

1960. 对命令要求如下：

1）必须以显意的符号来命名变量和语句标号。

2）尽量避免采用易混淆的标识符来表示不同的变量、文件名和语句标号。

1961. 在编辑源程序时，应将其编辑成反映结构化特色的缩进格式，使编码的逻辑关系与程序清单的实际位置对应。

1962. 为提高可读性，在源程序中必须有足够详细的注释。注释应为功能性的，而非指令的逐句说明。注释的行数不得少于源程序总行数的1/5。

1963. 在每个模块的可执行代码之前，必须用一段文字注释来说明如下内容：

1）模块名注释：标识模块的名称、版本号、入口点、程序开发者姓名、单位及开发时间。如有修改，还应标识修改者的姓名、单位和修改时间。

2）模块功能注释：说明模块的用途和功能。

3）输入输出注释：说明模块所使用的输入输出文件名，并指出每个文件是向模块输入，还是从模块输出，或两者兼而有之。

4）参数注释：说明模块所需的全部参数的名称、数据类型、大小、物理单位及用途，说明模块中使用的全局量的名称、数据类型、大小、物理单位及其使用方式，说明模块的返回值。

5）调用注释：列出模块中调用的全部模块名和调用该模块的全部模块名。

6）限制注释：列出限制模块运行特性的全部特殊因素。

7）异常结束注释：列出所有异常返回条件及动作。

8）方法注释：说明该模块为实现其功能所使用的方法，为简练，亦可指出说明该方法的文档。

9）外部环境及资源注释：说明该模块所依赖的外部运行环境及所用资源，如操作系统、编译程序、汇编程序、中央处理机单元、内存、寄存器、堆栈等。

1964. 在模块中，至少应对有条件改变数据值或执行顺序的语句（即分支转移语句、输入输出语句、循环语句、调用语句）进行注释。对这些语句的注释不得扰乱模块的清晰性，即这些注释也应符合程序的缩进格式。具体注释的方法如下：

1）分支转移语句：指出执行动作的理由。

2）输入输出语句：指出所处理的文件或记录的性质。

3）循环语句：说明所执行动作的理由及出口条件。

4）调用语句：说明调用过程的理由及被调模块的功能。

1965. 在每个模块和软件单元中，对关键的于今标号和数据名还必须有准确的引用信息，并确定所有输入值和输出值的允许和预期范围；对计时器的值的注释必须包含计时功能的描述、其值及基本原理所引用的解释计时器值的基本原理文档。

1966. 通用的程序设计具体要求如下：

1）程序要编写清楚，不要过分灵巧。

2）不要为了"效率"而牺牲清晰。

3）应使用库函数。

4）简单而直接地说明用意。

5）避免使用临时变量。

6）把繁琐的工作交给计算机去做。

7）使用语言中的好特征，避免使用不良特征。

8）先用易于理解的伪码语言编写。

9）选用能使程序更简单的数据结构。

10）每个模块都只做一件事情。

11）不要修补不好的程序，应当重新编程。

12）将大程序分成小块去编写和测试。

13）对递归定义的数据结构适应递归过程。

14）确保所有变量在使用前都被初始化。

15）不要查出一个错误就终止检查。

16）使用可以进行调试的编译程序。

17）避免因一个错误而造成中断。

18）在边界上检查程序。

19）进行防错性程序设计。

20）应牢记 10.0 乘以 0.1 很少等于 1.0 这类事实，应避免进行浮点数相等的比较。

21）先保证正确，再提高速度。

22）先保持简单，再提高速度。

23）先保持清晰，再提高速度。

24）与其重用不合适的代码，不如重新编制。

1967. 与结构有关的程序设计要求如下：

1）可使用调用一个公共函数的方式代替重复的表示。

2）使用括号以避免二义性。

3）避免不必要的分支。

4）不要使用条件分支去代替一个逻辑表达式。

5）若逻辑表达式难以理解，就修改到易于理解为止。

6）使程序自顶向下读。

7）用 IF-ELSE-IF-ELSE 来实现多路分支。

8）避免使用 THEN-IF 和空 ELSE。

9）用 IF-ELSE 来强调只执行两个动作中的一个。

10）避免使用 ELSE GOTO 和 ELSE RETURN 语句。

11）尽量使用基本的控制流结构。

12）使与判定相联系的动作尽可能近地紧跟着判定。

13）使用数组以避免重复的控制序列。

14）要模块化，使用子程序。

15）使模块间的耦合清晰可见。

16）当心不要分支出两条等价的支路。

17）避免从循环引出多个出口。

1968. 便于理解的程序设计风格如下：

1）选用不易混淆的变量名。

2）使用有意义的变量名。

3）使用有意义的语句标号。

4）保持注释和程序一致。

5）注释不要离题。

6）不要用注释去复述代码，使每条注释都起到提高可读性的作用。

7）不要注释不合理的代码，而要对其重写，直到易于理解为止。

8）程序的格式安排应有助于理解。

9）将数据编制成文档。

1969. 与输入输出有关的程序设计要求如下：

1）检查输入的合法性和无二义性。

2）确保输入不违背程序的限制。

3）使用文件结束符或其他标记而不用计数来终止输入。

4）识别错误的输入，并尽可能地纠正错误。

5）用统一的方式处理文件的结束条件。

6）使输入易于准备，使输出能自我说明。

7）使用统一的输入格式。

8）使输入易于校对。

9）尽可能采用自由格式输入。

10）允许默认值，但应在输出时反映出来。

11）将输入和输出局限在子程序中。

1970. 与 FORTRAN 语言有关的程序设计要求如下：

1）应避免 FORTRAN 的算术 IF。

2）用 DO-END 和缩排格式来限定语句组的边界。

3）用 DO 和 DO-WHILE 强调循环的存在。

4）用 DATA 语句或 INTIAL 属性对常数初始化。

5）对常量用可执行代码初始化。

# 第七节　多余物处理及软件更改要求

**一、多余物处理**

1971. 运行和支持程序必须只包含文档所要求的特征和能力，而不应包含文档中没有的特征。对于为便于软件测试而引入的必要功能和特征，必须验证它们不会影响软件的可靠性和安全性。

1972. 程序中多余物清除时应注意的问题：

1）运行程序不得包含不使用的可执行代码。不使用的可执行代码必须从源代码及重新编译的程序中去掉。

2）装入的运行程序不得包含不引用的变量。固件应在固化前去除不再运行的程序部分。

3）对不同阶段的多余物（如在星载软件中配合地面测试的监控程序，它在地面测试阶段并非多余物，而上天后为多余物）应慎重考虑。

1973. 未使用内存的处理：

1）所有未被运行程序使用的内存必须初始化到某一模式，该模式得执行将使系统恢复到安全状态；不得用随机数、停止、等待指令填充处理器的内存；NOP、停止指令要慎用；不得保留先前覆盖中的或装入的数据或代码。

2）当处理器收到这种非执行的代码模式而暂停运行时，监控定时器必须提供一个中断例行程序来使系统恢复到安全状态。如果处理器把这些非执行代码模式视为一个错误，则应开发一个错误处理例行程序来将系统恢复到某个安全状态，并终止处理，同时给操作员提供信息，以提醒注意失效。

3）未使用的内存包括程序的"空白区"和数据的"空白区"，程序的"空白区"在固化时应做适当的处理，数据的"空白区"应在系统初始化时做适当的处理。处理对策应根据指令系统功能、故障处理的实时性要求及其他要求确定。一般应选择单字节指令。

1974. 覆盖必须占有等量的内存。当某一特殊函数需较少的内存空间时，必须将剩余部分初始化到某一模式，该模式执行时将使系统恢复到某一安全状态。剩余空间既不得用随机数、停止、等待指令填充，也不得用前面的覆盖中的数据或代码来填充。

**二、软件更改要求**

1975. 对软件的更改应执行配置管理规范，严格实施更改管理（包括对软件需求说明的更改）；对更改过的软件必须进行回归测试；确保对有关文档进行相应的更改，以保持文档的一致性；必须进行软件更改危险分析。

1976. 禁止对已处于配置管理下的目标程序代码进行修补，所有的软件更改必须用源程序语言编码并编译。

1977. 对已经推广应用的或者在现场系统上的安全关键软件的更改，必须以修改后通过审查批准的整个软部件的形式来发布，而不得对目标程序代码进行修补。

1978. 对固件的更改应在软件更改经验证之后进行，且必须由两人或多人共同完成；必须以经过测试的全功能电路板的形式发布；该电路板的设计及安装过程应使由于误操作、静电放电、正常或异常的存储环境对电路造成损害的可能性极小。

# 第八节 测 试 要 求

1979. 测试级别分为：单元测试、部件测试、配置项测试、系统测试。回归测试可出现在上述每个测试级别中，并贯穿于整个软件生存周期。

1980. 测试过程包括：测试策划、测试设计和实现、测试执行、测试总结。

1981. 测试方法分为静态测试方法和动态测试方法。静态测试方法包括检查单和静态分析方法，对文档的静态测试方法主要是以检查单的形式进行，而对代码的静态测试方法一般采用代码审查、代码走查和静态分析，静态分析一般包括控制流分析、数据流分析、接口分析和表达式分析。动态测试方法一般采用白盒测试方法和黑盒测试方法。黑盒测试方法一般包括功能分解、边界值分析、判定表、因果图、随机测试、猜错法和正交试验法等；白盒测试方法一般包括控制流测试（语句覆盖测试、分支覆盖测试、条件覆盖测试、条件组合覆盖测试、路径覆盖测试）、数据流测试、程序变异、程序插桩、域测试和符号求值等。

1982. 配置项测试和系统测试一般采用黑盒测试方法；部件测试一般主要采用黑盒测试方法，辅助以白盒测试方法；单元测试一般采用白盒测试方法，辅助以黑盒测试方法。

1983. 设计测试用例时，应遵循以下原则：

1）基于测试需求的原则。应按照测试级别的不同要求，设计测试用例。

2）基于测试方法的原则。应明确所采用的测试用例设计方法。为达到不同的测试充分性要求，应采用相应的测试方法，如等价类划分、边界值分析、猜错法、因果图等方法。

3）兼顾测试充分性和效率的原则。每个测试用例的内容应完整，具有可操作性。

4）测试执行的可重复性原则。

1984. 每个测试用例应包括以下要素：

1）名称和标识。

2）测试追踪。说明测试所依据的内容来源，如系统测试依据是用户需求，配置项测试依据是软件需求，部件测试和单元测试依据是软件设计。

3）用例说明。简要描述测试的对象、目的和所采用的测试方法。

4）测试的初始化要求。硬件配置：包括硬件条件或电气状态；软件配置：测试的初始条件；测试配置：如用于测试的模拟系统和测试工具等的配置情况；参数设置：如标志、第一断点、指针、控制参数和初始化数据等的设置；其他特殊说明。

5）测试的输入。包括每个测试输入的具体内容（确定的数值、状态或信号等）及其性质（有效值、无效值、边界值等）、测试输入的来源（测试程序产生、磁盘文件、通过网络接收、人工键盘输入等）、选择输入所使用的方法（等价类划分、边界值分析、猜错法、因果图、功能图等方法）、测试输入时是真实的还是模拟的、测试输入的时间顺序或事件顺序。

6）期望测试结果。

7）评估测试结果的标准。对于每个测试结果，应根据不同情况提供如下信息：实际测试结果所需的准确度；实际测试结果与期望结果之间的差异允许的上、下限；时间的最大和最小间隔，或实际数目的最大和最小值；实际测试结果不确定时的测试条件；与产生测试结果有关的出错处理；其他标准。

8）操作过程。对于每个操作应提供：每一步所需的测试操作动作、测试程序的输入、设备操作等；每一步期望的测试结果；每一步的评估标准；程序终止伴随的动作或错误指示；获取和分析实际测试结果的过程。

9）前提和约束。如果有特别限制、参数偏差或异常处理，应该标识出来，并说明它们对测试用例的影响。

10）测试终止条件。说明测试正常终止和异常终止的条件。

1985. 应按照软件配置管理的要求，将测试过程中产生的各种软件工作产品纳入配置管理。

1986. 测试评审分为测试就绪评审和测试评审。在测试执行前，应对测试计划和测试说明等进行审查。审查测试计划的合理性、测试用例的正确性、科学性和覆盖充分性，以及测试组织、测试环境和设备工具是否齐全并符合技术要求等。测试完成后，审查测试过程和测试结果的有效性，确定是否达到测试目的。主要对测试记录、测试报告进行审查。

1987. 软件测试文档包括测试计划、测试说明、测试报告、测试记录和测试问题报告。

1988. 软件单元测试一般应符合以下技术要求：

1）对软件设计文档规定的软件单元的功能、性能、接口等应逐项进行测试。

2）每个软件特性应至少被一个正常测试用例和一个被认可的异常测试用例覆盖。

3）测试用例的输入应至少包括有效等价类值、无效等价类值和边界数据值。

4）在对软件单元进行动态测试之前，一般应对软件单元的源代码进行静态测试。

5）语句覆盖率应达到100%。

6）分支覆盖率应达到100%。

7）对输出数据及其格式进行测试。

1989. 软件单元测试接口一般应包括以下内容：调用被测单元时的实际参数与该单元的形式参数的个数、属性、量纲、顺序是否一致；被测单元调用子模块时，传递给子模块的实际参数与子模块的形式参数的个数、属性、量纲、顺序是否一致；是否修改了只作为输入值的形式参数；调用内部函数的个数、属性、量纲、顺序是否一致；被测单元在使用全局变量时是否与全局变量的定义一致；在单元有多个入口的情况下，是否引用了与当前入口无关的参数；常数是否当作变量来传递；输入/输出文件属性的正确性；OPEN 语句的正确性；CLOSE 语句的正确性；规定的输入/输出格式说明与输入/输出语句是否匹配；缓冲区容量与记录长度是否匹配；文件是否先打开后使用；文件结束条件的判断和处理的正确性；输入/输出错误是否检查并做了处理以及处理的正确性。

1990. 测试软件单元内部的数据能否保持其完整性，包括内部数据内容、格式及相互关系。应设计测试用例检查以下错误：不正确或不一致的数据类型说明；错误的变量名，如变量名拼写错误或缩写错误；使用尚未赋值或尚未初始化的变量；错误的初始值或错误的默认值；不一致的数据类型；下溢、上溢或是地址错误；全局数据对软件单元的影响。

1991. 软件部件测试一般应符合以下技术要求：

1）应对软件部件进行必要的静态测试，并先于动态测试。

2）软件部件的每个特性应被至少一个正常的测试用例和一个被认可的异常测试用例覆盖。

3）测试用例的输入应至少包括有效等价类值、无效等价类值和边界数据值。

4）应采用增量法，测试组装新的软件部件。

5）应逐项测试软件设计文档规矩的软件部件的功能、性能等特性。

6）应测试软件部件之间、软件部件和硬件之间的所有接口。

7）应测试软件单元和软件部件之间的所有调用，达到100%的测试覆盖率。

8）应测试软件部件的输出数据及其格式。

9）应测试运行条件（如数据结构、输入/输出通道容量、内存空间、调用频率等）在边界状态下，进而在认为设定的状态下，软件部件的功能和性能。

10）应按设计文档要求，对软件部件的功能、性能进行强度测试。

11）对安全性关键的软件部件，应对其进行安全性分析，明确每一个危险状态和导致危险的可能原因，并对此进行针对性的测试。

1992. 软件部件测试总结，测试分析员应根据被测软件的设计文档（含接口设计文档）、部件测试计划、部件测试说明、测试记录和软件问题报告单等，分析和评估测试工作。一般应包括以下内容：

1）总结软件部件测试计划和软件部件测试说明的变化情况及其原因，并记录在软件部件测试报告中。

2）对测试异常终止情况，确定未能被测试活动充分覆盖的范围，并将理由记录在测试报告中。

3）确定未能解决的软件测试事件以及不能解决的理由，并将理由记录在测试报告中。

4）总结测试所反映的软件部件与软件设计文档（含接口设计文档）之间的差异，记录在测试报告中。

5）将测试结果连同所发现的错误情况同软件设计文档（含接口设计文档）对照，评价软件部件的设计与实现，提出软件改进建议，记录在测试报告中。

6）按要求编写软件部件测试报告，该报告应包括测试结果分析、对软件部件的评估和建议。

7）根据测试记录和软件问题报告单编写测试问题报告。

1993. 软件部件测试完成后应形成软件部件测试计划、软件部件测试说明、软件部件测试报告、软件部件测试记录和软件部件测试问题报告。

1994. 软件配置项测试一般应符合以下技术要求：

1）必要时，在高层控制流图中进行结构覆盖测试。

2）软件配置项的每个特性应至少被一个正常的测试用例和一个被认可的异常测试用例覆盖。

3）测试用例的输入应至少包括有效等价类值、无效等价类值和边界数据值。

4）应逐项测试软件需求规格说明规定的软件配置项的功能、性能等特性。

5）应测试软件配置项的所有外部输入、输出接口（包括核硬件之间的接口）。

6）应测试软件配置项的输出及其格式。

7）应按软件需求规格说明的要求，测试软件配置项的安全保密性，包括数据的安全保密性。

8）应测试人机交互界面提供的操作和显示界面，包括用非常规操作、误操作、快速操作测试界面的可靠性。

9）应测试运行条件在边界状态和异常状态下，或在认为设定的状态下，软件配置项的功能和性能。

10）应测试软件配置项的全部存储量、输入/输出通道和处理时间的余量。

11）应按需求规格说明的要求，对软件配置项的功能、性能进行强度测试。

12）应测试设计中用于提高软件配置项安全性、可靠性的结构、算法、容错、冗余、中断处理等方案。

13）对安全性关键的软件配置项，应对其进行安全性分析，明确每一个危险状态和导致危险的可能原因，并对此进行有针对性的测试。

14）对有恢复或重置功能需求的软件配置项，应测试其恢复或重置功能和平均恢复时间，并且对每一类导致恢复或重置的情况进行测试。

15）对不同的实际问题应外应添加相应的专门测试。

1995. 软件配置项测试总结一般包括以下内容：

1）总结软件配置项测试计划和软件配置项测试说明的变化情况及其原因，并记录在测试报告中。

2）对测试异常终止情况，确定未能被测试活动充分覆盖的范围，并将理由记录在测试报告中。

3）确定未能解决的软件测试事件以及不能解决的理由，并将理由记录在测试报告中。

4）总结测试所反映的软件配置项与软件需求规格说明（含接口设计文档）、软件设计文档（含接口设计文档）之间的差异，记录在测试报告中。

5）将测试结果连同所发现的错误情况同软件需求规格说明（含接口设计文档）、软件设计文档（含接口设计文档）对照，评价软件配置项的设计与实现，提出软件改进建议，记录在测试报告中。

6）按要求编写软件配置项测试报告，该报告应包括测试结果分析、对软件配置项的评估和建议。

7）根据测试记录和软件问题报告单编写测试问题报告。

1996. 系统测试一般应符合以下技术要求：

1）系统的每个特性应至少被一个正常的测试用例和一个被认可的异常测试用例覆盖。

2）测试用例的输入应至少包括有效等价类值、无效等价类值和边界数据值。

3）应逐项测试系统/子系统设计明确规定的系统的功能、性能等特性。

4）应测试软件配置项之间及软件配置项与硬件之间的接口。

5）应测试系统的输出及其格式。

6）应测试运行条件在边界状态下、异常状态下或在设定的状态下，系统的功能和性能。

7）应测试系统访问和数据安全性。

8）应测试系统的全部存储量、输入/输出通道和处理时间的余量。

9）应按系统或子系统设计文档的要求，对系统的功能、性能进行强度测试。

10）应测试设计中用于提高系统安全性、可靠性的结构、算法、容错、冗余、中断处理等方案。

11）对安全性关键的系统，应对其进行安全性分析，明确每一个危险状态和导致危险的可能原因，并对此进行针对性的测试。

12）对有恢复或重置功能的系统，应测试其恢复或重置功能和平均恢复时间，并且对每一类导致恢复或重置的情况进行测试。

13）对不同的实际问题应外加相应的专门测试。

1997. 系统测试总结包括以下内容：

1）总结系统测试计划和系统测试说明的变化情况及其原因，并记录在系统测试报告中。

2）对测试异常终止情况，确定未能被测试活动充分覆盖的范围，并将理由记录在系统测试报告中。

3）确定未能解决的软件测试事件以及不能解决的理由，并将理由记录在系统测试报告中。

4）总结测试所反映的软件系统与软件开发任务书或软件开发合同或系统/子系统设计文档之间的差异，记录在测试报告中。

5）将测试结果连同所发现的错误情况同软件开发任务书或软件开发合同或系统/子系统设计文档对照，评价软件系统的设计与实现，提出软件改进建议，记录在测试报告中。

6）按要求编写系统测试报告，该报告应包括测试结果分析、对软件系统的评估和建议。

7）根据测试记录和软件问题报告单编写测试问题报告。

1998. 回归测试的对象包括以下内容：

1）未通过软件单元测试的软件单元，在更改之后，应对其进行测试。

2）未通过软件部件测试的软件部件，在更改之后，应对更改的软件单元和软件部件进行测试。

3）未通过软件配置项测试的软件配置项，在更改之后，应对更改的软件单元、受更改影响的软件部件和软件配置项进行测试。

4）未通过系统测试的软件，在更改之后，应对更改的软件单元、受更改影响的软件部件、软件配置项和系统进行测试。

5）因其他原因进行更改之后的软件单元、软件部件或软件配置项。

1999. 回归测试的技术要求一般应符合原软件单元、软件部件、软件配置项测试的技术要求，并可根据更改情况酌情裁剪。回归测试的测试内容一般应根据更改情况确定其测试内容，可能存在以下三种情况：

1）仅重复原测试做过的测试内容。

2）修改原测试做过的测试内容。

3）在前两者的基础上增加新的测试内容。

2000. 系统回归测试完成后应形成下列文档（按测试级别形成相应级别的测试文档，高级别测试产生的文档必须包含低级别测试产生的文档）：

1）软件单元（软件部件、软件配置项、系统）回归测试计划。

2）软件单元（软件部件、软件配置项、系统）回归测试说明。

3）软件单元（软件部件、软件配置项、系统）回归测试报告。

4）软件单元（软件部件、软件配置项、系统）回归测试记录。

5）软件单元（软件部件、软件配置项、系统）回归测试问题报告。

# 第九节 应 用 示 例

## 一、多组条件判别的完全性示例

C 语言中的 IF 语句推荐的书写格式为

```
if (id = =0) {                          //0 的处理
} else if (id = =1) {                   //1 的处理
…
} else {                                //其他情况的处理
}
```

注意这里 else 要求明确写出，要充分利用 else 进行异常情况的处理。事实上，if 处理条件的遗漏是经常发生的，需要特别小心。

## 二、函数调用返回设计示例

方法一：可以设置整型函数的返回值，以标识函数的运行状态。如计算三角形面积的函数可设计为

```
int TriangleComp(float a, float b, float c, float *s)
{
    if(…){                //正常时的计算,面积值赋给 *s
    …
```

```
      return(0);
   } else if(…){              //出现边长小于零的情况
      return( -1);
   } else if(…){              //两边之和小于第三边的情况
      return( -2);
   …
   } else{                    //其他情况
      return( -10);
   }
}
```

在调用时可以进行判别

```
int flag;
   flag = TriangleComp(3,4,5,&s);
   if(flag <0){
      …                       //异常处理
   } else{
      …                       //正常处理
   }
```

方法二：可以在调用参数中专门设计一个函数运行状态的参数。如上述计算三角形面积的函数也可设计为

```
float TriangleComp(float a,float b,float c,int * e)
{
   float s;
   if(…){                     //正常时的计算,面积值赋给 s 返回
      * e =0;
      return(s);
   } else if(…){              //出现边长小于零的情况
      * e = -1;
      return(0);
   } else if(…){              //两边之和小于第三边的情况
      * e = -2;
      return(0);
   } else{                    //其他情况
      * e = -10;
```

```
    return(0);
  }
}
```

在调用时可以进行判别如：

```
int e;
  float s;
  s = TriangleComp(3,4,5,&e);
  if(e<0){
    …                    //异常处理
  }else {
    …                    //正常处理
  }
```

### 三、避免潜在死循环的设计示例

在等待外部信号的程序段中，不允许无限制地等待。正确的做法应是，采用循环等待次数控制或使用定时器，使得在规定时间内（无论成功或失败）必须保证退出等待外部信号的程序段，如图 14-1 及图 14-2。

### 四、某部件测试软件编写示例

**1. 软件概述**

为了完成×××测试程序的测试，依据《×××测试程序详细设计说明书》、《×××电缆原理图》编制本测试用例。测试人员依据具体要求和方法对×××测

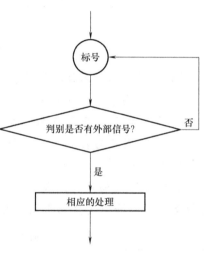

图 14-1　不允许的设计方法

试软件进行功能测试及性能测试。主要包括四部分：第一部分是对测试程序软件安装、数据库信息、测试程序代码进行检查；第二部分是对测试程序软件中手动功能的测试；第三部分是对测试程序软件中自动功能部分的测试；第四部分是维修指导测试（此部分本书略）。

完成规定的测试所需工具包括：直流电源 DH1718D-4、万用表 34401A、电子负载 IT8514C、函数发生器 33220A、导线若干。

**2. 安装测试程序**

安装测试程序，检查名称及文件夹是否符合需求分析。

**3. 数据库信息检查**

在开发平台打开测试程序集，对输入的信息进行检查，详细检查内容如下：

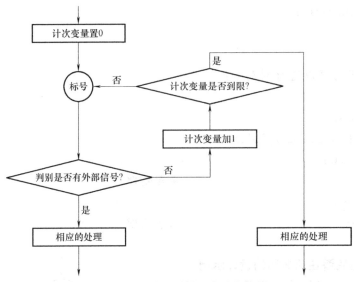

图 14-2　建议采用的设计方法

1) 填写的部件名称、型号、件号、程序编号与需求分析一致。

2) 电缆编号、识别电阻与详细设计一致。

3) 特征电阻和测量点高低端与电缆原理图的说明一致。

4) 部件图标与实际部件符合，并符合研制规范的要求。

4. 代码走查

测试程序代码开发完成后，代码走查人员应根据表 14-1 中的要求对代码进行走查，并给出走查结果（合格或不合格）。

表 14-1　代码走查信息表

| 序号 | 走查内容 | 走查结果 | 备注 |
|---|---|---|---|
| 1 | 自动测试代码的项目、步骤、属性与《×××测试程序详细设计说明书》一致 | | |
| 2 | 自动测试代码的测试内容、测试指标与'原始资料'、'测试需求分析'、'测试程序详细设计'一致 | | |
| 3 | 自动测试代码的所有'测量属性'只包含测量动作 | | |
| 4 | 自动测试代码中提示面板与《×××测试程序详细设计说明书》一致 | | |
| 5 | 手动测试代码的测试面板布局、控件与《×××测试程序详细设计说明书》一致 | | |
| 6 | 手动测试代码的控件、回掉函数的执行动作与《×××测试程序详细设计说明书》一致 | | |
| 7 | Powercheck 的代码编写合理 | | |
| 8 | 全局变量、自定义函数名称、算法与《×××测试程序详细设计说明书》一致 | | |
| 9 | 试验建立、试验拆除所执行的动作与《×××测试程序详细设计说明书》一致 | | |
| 10 | 试验拆除中关闭了所有的 Timer 控件 | | |
| 11 | 检查所有条件语句结构(if、case 结构等)，各条件分支程序无死循环 | | |

5. 手动测试用例

手动测试用例主要检测测试软件面板上的控件功能及相应的程序输入/输出功能是否正常。手动测试用例包括电源测试、部件帮助信息功能测试等测试用例。

部件帮助信息测试包括以下内容：

1) 帮助中的理论值、上下限与需求分析一致。

2) 帮助中的名称、件号、型号与需求分析一致。

3) 清楚说明手动维修的操作方法。

4) 描述语句通顺、无语法错误。

5) 随机挑选两个测试项目按部件帮助信息的描述进行操作，观察输出结果是否正常。

（1）直流电源测试用例（见表14-2）

**表14-2　手动测试用例-直流电源测试**

| 用例名称 | | 直流电源测试 | | | | |
|---|---|---|---|---|---|---|
| 前提条件 | | 无 | | | | |
| 用例编号 | 用例描述 | 输入/动作 | 测试数据 | 预期结果 | 实际结果 | 备注 |
| 1 | 验证电源输出电压是否满足要求 | 1. 把万用表扳到直流电压档,然后将万用表的正、负端分别连接到×××测试电缆XP1插头的46针和47针<br>2. 在人工(干预)测试面板上将"电源开关"接通,万用表测量两端的电压值为 $V$<br>3. 测试结束后,在人工(干预)测试界面将"28V电源开关"关闭 | | $V = 28.5 \pm 2.85\text{VDC}$ | | |
| 2 | 验证电源负载能力是否满足要求 | 1. 把电子负载设置为电流模式,电流1.2A;串接在×××测试电缆XP1插头的46针和47针之间<br>2. 在人工(干预)测试面板上将"28V电源开关"接通,观察手动测试面板上电源电流的测试结果应为 $I_1$<br>3. 电子负载设置电流为1.4A,观察手动测试面板上电源电流的测试结果应为 $I_2$<br>4. 电子负载设置电流为1.6A,观察手动测试面板上电源电流的测试结果应为 $I_3$<br>5. 测试结束后,在人工(干预)测试界面将"28V电源开关"扳到断开位置,然后拆除电子负载和万用表 | | $I_1 = 1.2 \pm 0.1\text{A};$<br>$I_2 = 1.4 \pm 0.1\text{A};$<br>$I_3 = 1.6 \pm 0.1\text{A}。$ | | |

（2）交流电源测试用例（见表 14-3）

**表 14-3　手动测试用例-交流电源测试**

| 用例名称 | | 交流电源测试 | | | | |
|---|---|---|---|---|---|---|
| 前提条件 | | 无 | | | | |
| 用例编号 | 用例描述 | 输入/动作 | 测试数据 | 预期结果 | 实际结果 | 备注 |
| 1 | 验证交流电源输出电压是否满足要求 | 1. 把万用表扳到直流电压档,然后将万用表的正、负端分别连接到×××测试电缆 XP1 插头的 55 针和 54 针<br>2. 在人工(干预)测试面板上将"115VAC 电源开关"接通,万用表测量两端的电压值为 $V$<br>3. 测试结束后,在人工(干预)测试界面将"115VAC 电源开关"关闭 | | $V = 115 \pm 11.5VAC$ | | |

（3）音频输出显示测试（见表 14-4）

**表 14-4　手动测试用例-音频输出显示检查**

| 用例名称 | | 音频输出显示检查 | | | | |
|---|---|---|---|---|---|---|
| 前提条件 | | 直流电源测试 | | | | |
| 用例编号 | 用例描述 | 输入/动作 | 测试数据 | 预期结果 | 实际结果 | 备注 |
| 1 | 验证音频输出显示测试功能是否满足要求 | 1. 将函数发生器 33220A 输出 1kHz,有效值为 6.5V,阻抗 50 音频信号,连接到测试电缆 XP1 插头的 48 针和 47 针<br>2. 观察面板上音频输出显示的电压值为 $V_1$<br>3. 测试完成后,拆除函数发生器 | | $V_1 = 6.5 \pm 1V$ | | |

（4）自动测试用例

自动测试用例主要检测测试程序自动测试模块的输入/输出功能是否正常,见表 14-5。

**表 14-5 自动测试用例-电源测试**

| 用例名称 | | | 电源测试 | | | | |
|---|---|---|---|---|---|---|---|
| 前提条件 | | | 执行电源测试项目,设置 TPS 软件为单步运行状态 | | | | |
| Modu 序号 | STEP 序号 | 用例描述 | 输入/动作 | 测试数据 | 预期结果 | 实际结果 | 备注 |
| 001 | 1 | 验证直流电源输出电压是否满足要求 | 1. 把万用表扳到直流电压档,然后将万用表的正、负端分别连接到测试电缆 XP1 插头的 46 针和 47 针<br>2. 调用"电源测试"自动测试模块<br>3. 在测试程序暂停后,万用表测量两端的电压值为 $V_1$<br>4. 测试结束后,拆除万用表 | | $V_1 = 28.5 \pm 3.0\text{VDC}$ | | |
| | 2 | 验证交流电源输出电压是否满足要求 | 1. 把万用表扳到交流电压档,然后将万用表的正、负端分别连接到测试电缆 XP1 插头的 55 针和 54 针<br>2. 调用"电源测试"自动测试模块<br>3. 在测试程序暂停后,万用表测量两端的电压值为 $V_2$<br>测试结束后,拆除万用表 | | $V_2 = 115 \pm 6.0\text{VAC}$ | | |

# 第十五章 案 例 介 绍

现代社会生活中，电子产品无处不在，直接影响着人们生活的方方面面。而且电子产品形态各异，大大小小，千姿百态，但大家基本上都会关注同一个问题，那就是这个东西好不好用，会不会经常出问题。其实这就是说产品的可靠性高不高。影响一个产品可靠性的因素也是千奇百怪，但万变不离其宗，只要我们能抓住主要矛盾，即坚持应该坚持的原则，在辅以各种设计检验手段，则相信产品的可靠性自然不会低。这就要求我们的设计人员"以原则为指南，以经验为指导"来指引我们的设计工作，我们的产品自然而然地就会是一个质量过硬的产品。

由于各种电子产品的差异性，在这将电子产品大致分为"板卡级"、"设备级"、"系统级"三类，"板卡级"作为一个电子产品的基本组成部分（或说是一个基本组成模块），能独立实现一定的或基本的功能，并且能方便地拆除更换维修，在维修领域我们可以把它定义为一个最基本的 LRU（现场可更换单元）。其简单的表现形式可能就是一块电路板，稍复杂的可能由相关的几块电路板及其辅助的结构件组成。一般情况下，其不具备独立完成任务的能力。而"设备级"由许多的"板卡级"模块组成，能实现较复杂的功能或独立完成特定的任务。"系统级"则包含有许多的"设备级"、"板卡级"的单元或模块，其能完成复杂的、要求较高的任务。下面就以上三种类型的产品分别举例介绍设计中如何遵守本书前述各章中列举的相关原则及采取的相应措施。

## 第一节 PCB 设计示例

PCB 的设计在电子产品的设计中可谓是必不可少的且重中之重的，PCB 设计的好与坏将直接影响到产品功能的实现。设计一个 PCB 电路实现其功能并不难，难的是其不受各种影响（如温湿度变化，气压变化，机械冲击、腐蚀影响等）而能持续保持正常稳定的工作，这样我们就会采取各种设计手段或制造工艺措施来排除或减少这些影响以保证 PCB 的正常工作，比如选用更宽温的元器件以适应高温或低温的使用环境；尽量使印制板两面的电路图形的面积相等来防止温度变化带来的印制板翘曲变形；合理安排大且重的元器件在印制板的位置并设计相应的安装固定结构以防止振动造成元器件脱落等。

本节主要从 PCB 接地设计、PCB 叠层设计、PCB 布局设计及 PCB 布线设计等几个方面简单介绍 PCB 设计中应关注的一些共性的问题。

## 一、PCB 接地设计

首先最重要的就是接地，大家都知道接地设计是系统设计的基础，良好的接地是一个系统安全、稳定工作的前提。广义的接地包含两方面的意思，即接实地和接虚地。接实地指的是与大地连接；接虚地指的是与电位基准点连接，当这个基准点与大地电气绝缘，则称为浮地连接。接地的目的有两个：一是为了保证控制系统稳定可靠地运行，防止地环路引起的干扰，常称为工作接地；二是为了避免操作人员因设备的绝缘损坏或下降遭受触电危险和保证设备的安全，这称为保护接地。

如果不考虑安全接地，仅从电路参考点的角度考虑，接地可分为悬浮地、单点接地、多点接地和混合接地。浮地的目的是将电路或设备与公共地或可能引起环流的公共导线隔离开。这种接地方式的缺点是设备不与大地直接相连，容易产生静电积累，并最终发生具有强大放电电流的静电击穿现象。通常采取的办法是在设备与大地之间接进一个阻值很大的电阻，以消除静电积累。单点接地是指在一个电路中，只有一个物理点被定义为接地参考点。多点接地是指某个系统中，各个接地点都接到距离它最近的接地平面上，以使接地引线长度最短。它是高频信号电路唯一实用的接地方式。一般来说，当频率低于 1MHz 时，采用单点接地方式为好；当频率高于 10MHz 时，采用多点接地方式为好；而在 1 ~ 10MHz 之间时，如果采用单点接地，其地线长度不得超过波长的 1/20，否则应采用多点接地方式。一般情况下，在普通的工业控制系统中，信号频率大多小于 1MHz，所以通常也就采用单点接地方式。混合接地就是单点接地和多点接地的组合，适用的工作频率范围一般为 500kHz ~ 30MHz。

在计算机控制系统中，大致又分为以下几种地线：模拟地、数字地、信号地、系统地、交流地和保护地。模拟地作为传感器、变送器、放大器、A-D 和 D-A 转换器中模拟电路的零电位。模拟信号有精度要求，它的信号比较小，而且与生产现场连接。有时为区别远距离传感器的弱信号地与主机的模拟地关系，把传感器的地又叫信号地。数字地作为计算机各种数字电路的零电位，应该与模拟地分开，避免模拟信号受数字脉冲的干扰。系统地是上述几种地的最终回流点，直接与大地相连作为基准零电位。交流地是计算机交流供电的动力线地或称零线，它的零电位很不稳定。在交流地上任意两点之间往往就有几伏乃至几十伏的电位差存在。另外，交流地也容易带来各种干扰。因此，交流地绝不允许与上述几种地相连，而且交流电源变压器的绝缘性能要好，绝对要避免漏电现象。保护地也叫安全地、机壳地或屏蔽地，目的是使设备机壳与大地等电位，以避免机壳带电影响人身及设备安全。

了解了地线的分类和作用后，就需要将 PCB 中的地线进行区别分类，并采取相应的处理办法来设计地线。如 TTL、CMOS 器件的地线要呈辐射状，不能形成环形；印制电路板上的地线要根据通过的电流大小决定其宽度，不要小于 3mm，在可能的情况下，地线越宽越好；旁路电容的地线不能长，应尽量缩短；大电流的零电位地线应尽量宽，而且必须和小信号的地分开。还有一些设计原则和方法可参考第十章中关于 PCB 地线设计的要求进行设计。

为便于合理地选择接地导体及其连接方式我们按表 15-1 对接地进行了一些分类。

表 15-1　接地的分类

| 接地分类 | 接地电流的幅值范围 | 接地电流的频率范围 | 典型的波头时间 |
|---|---|---|---|
| 功能电路接地 | 几毫安 ~ 几安 | 直流 ~ 吉赫兹 | — |
| 电源接地 | 10A ~ 1000A | <50/60Hz | 秒或分 |
| 安全接地 | 10A ~ 1000A | <50/60Hz | 秒或分 |
| 防雷接地 | <240kA | 200kHz ~ 500MHz | 1 ~ 5μs |
| EMI 接地 | 几微安 ~ 几安 | 直流 ~ 微波 | — |

还有一个需要重视的问题是 PCB 设计中对于参考平面的处理，这会直接影响到 PCB 的质量。一般我们可按照如下方法进行一些处理：

1）电源平面紧靠地平面（仅限于高频电路）：当电路的工作频率很高（如大于 100MHz）时，电源平面应该紧靠地平面，这样可以最大化电源平面与地平面的电容耦合，降低电源的噪声。

2）多个地平面用过孔相连：当 PCB 中有多个地平面层时，应该在板上用较多分散的过孔将地平面连接在一起，特别在信号集中换层的地方，以便为换层的信号提供较短回路和降低辐射。如图 15-1 所示在平面的周用过孔将地平面连接在一起，可以有效地降低 PCB 对外的辐射。

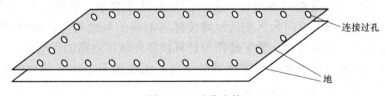

连接过孔

地

图 15-1　过孔连接

3）条件允许时，采用 20H 原则：由于电源层与地层之间的电场是变化的，在板的边缘会向外辐射电磁干扰，称为边沿效应。解决的办法是将电源层内缩，使得电场只在接地层的范围内传导。以一个 H（电源和地之间的介质厚度）为单位，若内缩20H则可以将70%的电场限制在接地层边沿内；内缩100H则可以将98%的电场限制在内。在实施20H原则时，应该优先满足信号的回路最小，信号阻抗连续。即缩进电源平面时，若相邻的信号层在电源平面边缘有走线，可以在此范围内不考虑20H原则，确保信号不跨越，而且电源平面的边缘应该延伸出信号线位置。

4）加地平面作为信号隔离层：当信号层数较多需要加隔离层时，最好加地平面作为隔离层，不要加电源层作为隔离层。

5）控制好平面的延伸区域：在进行电源地平面设计时，应控制好平面的延伸区域，避免不同类型电路的参考平面交叠。此外，平行的带电平面之间存在电容耦合，如图15-2所示模拟电源平面Analog P和数字地平面Digital G之间会相互耦合。

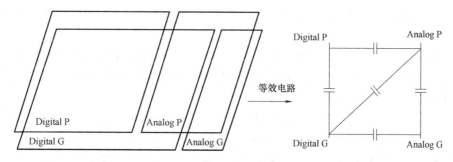

图15-2 控制好平面的延伸区域

### 二、PCB叠层设计

既然说到了参考平面的处理，其实应该属于叠层设计的范畴了。PCB的叠层设计不是层的简单堆叠，其中地层的安排是关键，它与信号的安排和走向有密切的关系。多层板的设计和普通的PCB相比，除了添加了必要的信号走线层之外，最重要的就是安排了独立的电源和地层（铺铜层）。在高速数字电路系统中，使用电源和地层来代替以前的电源和地总线的优点主要在于：

1）为数字信号的变换提供一个稳定的参考电压。

2）均匀地将电源同时加在每个逻辑器件上。

3）有效地抑制信号之间的串扰。

其原因在于，使用大面积铺铜作为电源和地层大大减小了电源和地的电阻，使得电源层上的电压均匀平稳，而且可以保证每根信号线都有很近的地平面相对应，这同时也减小了信号线的特征阻抗，也可有效地减少串扰。所以，对于某些高端的高速电路设计，已经明确规定一定要使用6层（或以上的）的叠层方案，如Intel对PC133内存模块PCB的要求。这主要就是考虑到多层板在电气特性，以及对电磁辐射的抑制，甚至在抵抗物理机械损伤的能力上都明显优于低层数的 PCB。

一般情况下均按以下原则进行叠层设计：满足信号的特征阻抗要求；满足信号回路最小化原则；满足最小化 PCB 内的信号干扰要求；满足对称原则。具体而言在设计多层板时需要注意以下几个方面：

1) 一个信号层应该和一个敷铜层相邻，信号层和敷铜层要间隔放置，最好每个信号层都能和至少一个敷铜层紧邻。信号层应该和临近的敷铜层紧密耦合（即信号层和临近敷铜层之间的介质厚度很小）。

2) 电源敷铜和地敷铜应该紧密耦合并处于叠层中部。缩短电源和地层的距离，有利于电源的稳定和减少 EMI。尽量避免将信号层夹在电源层与地层之间。电源平面与地平面的紧密相邻好比形成一个平板电容，当两平面靠得越近，则该电容值就越大。该电容的主要作用是为高频噪声（诸如开关噪声等）提供一个低阻抗回流路径，从而使接收器件的电源输入拥有更小的纹波，增强接收器件本身的性能。

3) 在高速的情况下，可以加入多余的地层来隔离信号层，多个地敷铜层可以有效地减小 PCB 的阻抗，减小共模 EMI。但建议尽量不要多加电源层来隔离，这样可能造成不必要的噪声干扰。

4) 系统中的高速信号应该在内层且在两个敷铜之间，这样两个敷铜可以为这些高速信号提供屏蔽作用，并将这些信号的辐射限制在两个敷铜区域。

5) 优先考虑高速信号、时钟信号的传输线模型，为这些信号设计一个完整的参考平面，尽量避免跨平面分割区，以控制特性阻抗和保证信号回流路径的完整。

6) 两信号层相邻的情况。对于具有高速信号的板卡，理想的叠层是为每一个高速信号层都设计一个完整的参考平面，但在实际中我们总是需要在 PCB 层数和 PCB 成本上做一个权衡。在这种情况下不能避免有两个信号层相邻的现象。目前的做法是让两信号层间距加大和使两层的走线尽量垂直，以避免层与层之间的信号串扰。

7) 铺铜层最好要成对设置，比如六层板的 2、5 层或者 3、4 层要一起铺铜，这是考虑到工艺上平衡结构的要求，因为不平衡的铺铜层可能会导致 PCB 的翘曲变形。

8) 次表面（即紧靠表层的层）设计成地层，有利于减小 EMI。

9) 根据 PCB 器件密度和引脚密度估算出所需信号层数，确定总层数。

板层的结构是决定系统的 EMC 性能一个很重要的因素。一个好的板层结构对抑制 PCB 中辐射起到良好的效果。在现在常见的高速电路系统中大多采用多层板而不是单面板和双面板。下面分别就四层板、六层板、八层板、十层板的板层结构设计做一简单的说明。

（1）四层板设计（见表15-2）

表15-2　四层板叠层设计示例

| | A | B | C | D |
|---|---|---|---|---|
| Layer1（层1） | Signal（信号） | Power（电源） | Ground（地） | Signal/Power（信号或电源） |
| Layer2（层2） | Power（电源） | Signal（信号） | Signal/Power（信号或电源） | Ground（地） |
| Layer3（层3） | Ground（地） | Signal（信号） | Signal/Power（信号或电源） | Ground（地） |
| Layer4（层4） | Signal（信号） | Ground（地） | Signal（信号） | Signal/Power（信号或电源） |

　　一般来说，对于较复杂的高速电路，最好不采用四层板，因为它存在若干不稳定因素，无论从物理上还是电气特性上。如果一定要进行四层板设计，则可以考虑设置为：电源-信号-信号-地。还有一种更好的方案是：外面两层均走地层，内部两层走电源和信号线。这种方案是四层板设计的最佳叠层方案，对 EMI 有极好的抑制作用，同时对降低信号线阻抗也非常有利，但这样布线空间较小，对于布线密度较大的板子显得比较困难。

　　（2）六层板设计（见表15-3）

　　现在很多电路板都采用六层板技术，比如内存模块 PCB 的设计，大部分都采用六层板（高容量的内存模块可能采用 10 层板）。最常规的六层板叠层是这样安排的：信号-地-信号-信号-电源-信号。从阻抗控制的观点来讲，这样安排是合理的，但由于电源离地平面较远，对较小共模 EMI 的辐射效果不是很好。如果改将敷铜区放在 3 和 4 层，则又会造成较差的信号阻抗控制及较强的差模 EMI 等问题。还有一种添加地平面层的方案，布局为：信号-地-信号-电源-地-信号，这样无论从阻抗控制还是从降低 EMI 的角度来说，都能实现高速信号完整性设计所需要的环境。但不足之处是层的堆叠不平衡，第 3 层是信号走线层，但对应的第 4 层却是大面积敷铜的电源层，这在 PCB 工艺制造上可能会遇到一点问题，在设计时可以将第 3 层所有空白区域敷铜来达到近似平衡结构的效果。

表15-3　六层板叠层设计示例

| | A | B | C | D |
|---|---|---|---|---|
| Layer1（层1） | Signal（信号） | Signal（信号） | Ground（地） | Signal（信号） |
| Layer2（层2） | Ground（地） | Signal（信号） | Signal（信号） | Ground（地） |
| Layer3（层3） | Signal（信号） | Power（电源） | Power（电源） | Signal（信号） |
| Layer4（层4） | Signal（信号） | Ground（地） | Signal（信号） | Power（电源） |
| Layer5（层5） | Power（电源） | Signal（信号） | Ground（地） | Ground（地） |
| Layer6（层6） | Signal（信号） | Signal（信号） | Signal（信号） | Signal（信号） |

下面就表 15-3 中所列四种 6 层板结构做一说明。

A：第 2 和第 5 层为电源和地敷铜，由于电源敷铜阻抗高，对控制共模 EMI 辐射非常不利。不过，从信号的阻抗控制观点来看，这一方法却是非常正确的。因为这种板层设计中，信号走线层的 Layer1 和 Layer3，Layer4 和 Layer6 构成了两对较为合理的走线组合。

B：将电源和地分别放在第 3 和第 4 层，这一设计解决了电源敷铜阻抗问题，由于第 1 层和第 6 层的电磁屏蔽性能差，增加了差模 EMI。如果两个外层上的信号线数量最少，走线长度很短（短于信号最高谐波波长的 1/20），则这种设计可以解决差模 EMI 问题。将外层上的无元件和无走线区域敷铜填充并将敷铜区接地（每 1/20 波长为间隔），则对差模 EMI 的抑制特别好。

C：从信号的质量角度考虑，很显然这种板层安排最为合理的。因为这样的结构对信号高频回流的路径是比较理想的。但是这样安排有个比较突出的缺点，即信号的走线层少。所以这样的系统适用于高性能的要求。

D：这可实现信号完整性设计所需要的环境。信号层与接地层相邻，电源层和接地层配对。显然，不足之处是层的结构不平衡（不平衡的敷铜可能会导致 PCB 的翘曲变形）。解决问题的办法是将第 3 层所有的空白区域敷铜，敷铜后如果第 3 层的敷铜密度接近于电源层或接地层，这块板可以不严格地算作是结构平衡的电路板。敷铜区必须接电源或接地。

（3）八层板设计（见表 15-4）

**表 15-4　八层板叠层示例**

| | A | B | C |
| --- | --- | --- | --- |
| Layer1（层 1） | Signal（信号） | Ground（地） | Signal（信号） |
| Layer2（层 2） | Power（电源） | Signal（信号） | Ground（地） |
| Layer3（层 3） | Ground（地） | Ground（地） | Signal（信号） |
| Layer4（层 4） | Signal（信号） | Signal（信号） | Ground（地） |
| Layer5（层 5） | Signal（信号） | Signal（信号） | Power（电源） |
| Layer6（层 6） | Ground（地） | Power（电源） | Signal（信号） |
| Layer7（层 7） | Power（电源） | Signal（信号） | Ground（地） |
| Layer8（层 8） | Signal（信号） | Ground（地） | Signal（信号） |

现在使用的八层板多数是为了提高六层板的信号质量而设计的。由表 15-4 中可以知道，八层板相比六层板并没有增加信号的走线层，而是多了两个敷铜层，所以可以优化系统的 EMC 性能。

（4）十层板设计（见表 15-5）

表 15-5 十层板叠层示例

| | A | B | C |
|---|---|---|---|
| Layer1（层1） | Signal（信号） | Ground（地） | Signal（信号） |
| Layer2（层2） | Ground（地） | Signal（信号） | Power（电源） |
| Layer3（层3） | Signal（信号） | Signal（信号） | Signal（信号） |
| Layer4（层4） | Signal（信号） | Ground（地） | Ground（地） |
| Layer5（层5） | Power（电源） | Signal（信号） | Signal（信号） |
| Layer6（层6） | Ground（地） | Signal（信号） | Signal（信号） |
| Layer7（层7） | Signal（信号） | Power（电源） | Ground（地） |
| Layer8（层8） | Signal（信号） | Signal（信号） | Signal（信号） |
| Layer9（层9） | Ground（地） | Signal（信号） | Ground（地） |
| Layer10（层10） | Signal（信号） | Ground（地） | Signal（信号） |

十层的 PCB 绝缘介质层很薄，信号层可以离地平面很近，这样就非常好地控制了层间的阻抗变化，一般只要不出现严重的叠层设计错误，设计者都能较容易地完成高质量的高速电路板设计。如果走线非常复杂，需要更多的走线层，我们可以将叠层设置为：信号-信号-地-信号-信号-信号-信号-电源-信号-信号。当然这种情况不是最理想的，我们要求信号走线能在少量的层中布完，而是用多余的地层来隔离其他信号层，所以更通常的叠层方案是：信号-地-信号-信号-电源-地-信号-信号-地-信号。可以看到，这里使用了三层地平面层，而只用了一层电源（我们只考虑单电源的情况）。这是因为，虽然电源层在阻抗控制上的效果和地平面层一样，但电源层上的电压受干扰较大，存在较多的高阶谐波，对外界的 EMI 也强，所以和信号走线层一样，是最好被地平面屏蔽起来的。同时，如果使用多余的电源层来隔离，回路电流将不得不通过去耦电容来实现从地平面到电源平面的转换。这样，在去耦电容上过多的电压降会产生不必要的噪声。

其实在叠层设计时还是需要灵活运用上述原则的。有时并不能同时满足所有原则或者将所有原则应用到最佳，这就需要根据实际的系统要求选择确定适当的板层结构。

### 三、PCB 布局设计

地线、板层既然确定了，就需要开始考虑在板子上"排兵布阵"了。布局设计是 PCB 设计的关键步骤之一，布局时应考虑电路的功能模块划分，关键信号的走向，布通率等因素。建议设计 PCB 时尽量按图 15-3、图 15-4、图 15-5 所示布局。

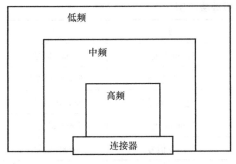

图 15-3　PCB 布局设计（1）

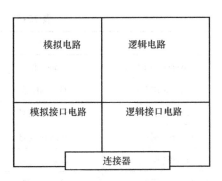

图 15-4　PCB 布局设计（2）

　　下面详细介绍一下在 PCB 的布局设计时的一些具体做法。

　　1）混合电路的分区：数字电路和模拟电路分区布置，数字部分和模拟部分单点接地（见图 15-6）。图中的"GND REF"选择在单板的紧靠插座的位置。布局时应该将数字电路和模拟电路分开，各部分内器件排列尽量紧凑，预留出足够的隔离空间。

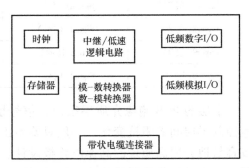

图 15-5　PCB 布局设计（3）

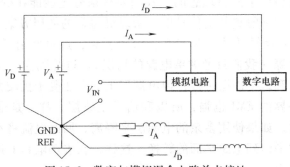

图 15-6　数字与模拟混合电路单点接地

　　2）数字电路的分区：数字电路应根据速率高速、中速、低速、I/O 电路分区布局，如图 15-7 所示。避免高速电路噪声通过接口向外辐射。

　　3）高频高速电路和敏感电路的布局：高频高速电路和敏感电路内部的布局应尽量紧凑，最小化敏

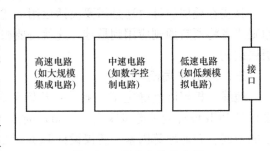

图 15-7　数字电路的分区

感信号回路。高频高速电路和敏感电路之间的布局应尽量隔离，以减少高频高速电路对敏感电路的干扰。高速电路和敏感电路应尽量远离 PCB 边缘。晶振与时钟分发、倍频器、驱动、串阻应尽量集中在一起，并远离高速 CPU、高速信号、I/O 电路和无关的敏感电路。

4）保护器件的布局：在印制板上，雷击浪涌保护器件应尽可能靠近插座或印制板的边缘，保护地应尽可能粗、短且均匀，保护地除了与保护器件相连外不能与其他元器件和其他地线相连。保护地与其他焊盘、走线应隔离足够距离。芯片的保护电路应紧靠芯片放置。

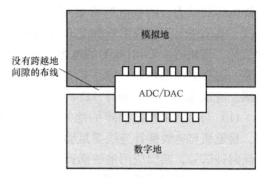

图 15-8　数模转换器连接数模分区

5）端接器件的放置：串联端接电阻必须放在源端，并联端接电阻必须放在接收端。

6）A-D 转换器跨模数分区放置：应注意 A-D 转换器的模拟地和数字地的交流压差不能大。在 A-D 转换器之下是模拟地和数字地相连的最佳位置之一，如图 15-8 所示。

7）连接器的安排：由于连接器的信号出入 PCB 时，容易出现共模干扰问题，所以在安排连接器位置时，应该避免 I/O 信号贯穿 PCB 的长边。

8）I/O 滤波器与变压器的放置：I/O 滤波器与变压器应该非常靠近 I/O 连接器（见图 15-9），以免 I/O 信号再次被干扰。

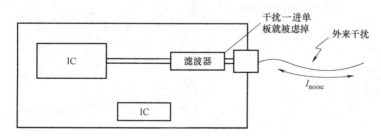

图 15-9　滤波器靠近连接器布置

9）大电流器件的放置：大电流器件应靠近电源，远离 I/O 连接器，减小回流距离和对其他信号线的耦合。

10）去耦电容的放置：有源器件在开关时产生的高频开关噪声将沿着电源线传播。去耦电容的主要功能就是提供一个局部的直流电源给有源器件，以减少开关噪声在板上的传播和将噪声引导到地。实际上，旁路电容和去耦电容都应该尽可能地放在靠近电源输入处以帮助滤除高频噪声。去耦电容的取值是旁路电容的 1/100 ~ 1/1000。为了得到更好的 EMC 特性，去耦电容还应尽可能地靠近每个集成块（IC），如图 15-10 所示（左图示意为最佳，右图示意次之），去耦电容的摆放要尽量靠近芯片的电源引脚，因为布线阻抗将减小去耦电容的效力。陶瓷电容常被用来

图 15-10　去耦电容的放置

去耦，其值决定于最快信号的上升时间和下降时间。例如，对一个 33MHz 的时钟信号，可使用 4.7 ~ 100nF 的电容；对一个 100MHz 时钟信号，可使用 10nF 的电容。选择去耦电容时，除了考虑电容值外，ESR 值也会影响去耦能力。为了去耦，应该选择 ESR 值低于 1Ω 的电容。

11）与后背板相连插座的地线插针的设计：地线插针应足够多且应纵向安排，接地线与地线插针连线要足够粗，以免形成接地瓶颈。对于高频信号尤其是高频时钟信号，四周应用地线插针包围。

12）外接端口共模电感的布局：网线接口、电话线接口等端口信号线上所加的一些抑制共模噪声的共模电感在布局时要尽量靠近端口放置，以减小板内噪声通过端口线缆传导和辐射出去，同时也可减小外部噪声通过端口线缆耦合进板内，如图 15-11 所示。

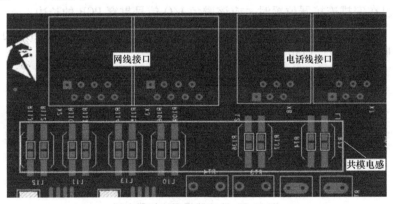

图 15-11　外接端口共模电感布局

13）在直流电源端口处上串联的高频磁珠应尽量靠近端口放置，如图 15-12 所示。

14）跨接电容的位置：信号线以不同电平的平面作为参考平面，如图 15-13 所示。当跨越平面分割区域时，参考平面间的续流电容必须靠近信号的走线区域。

15）桥接：如果分区的数字电路与模拟电路之间有少量信号线相联系，则

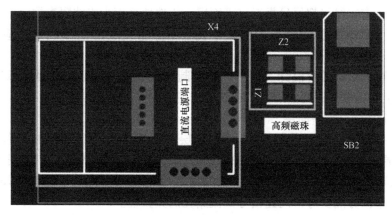

图 15-12　高频磁珠的位置

应在其分割开的数字地与模拟地之间搭桥，实现两地的单点连接。桥的位置应在信号线的下方，并应保证所有信号线在跨越两区时都从桥的上面走线，如图15-14所示。如果分区的数字电路与模拟电路之间有很多信号线相联系，且这些信号线很难集中走线，则数字地与模拟地之间不应进行分割，两地为一个完整的地层。布线时除了连接两区的信号线可以跨区外，各区内部的信号线严禁跨区走线。

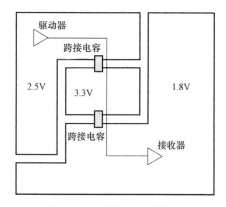

图 15-13　跨接电容的位置

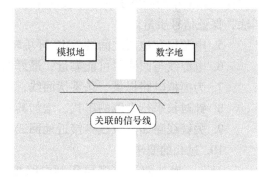

图 15-14　模拟地与数字地的桥接

**四、PCB 布线设计**

"排兵布阵"完成后就需要将这些元器件有机地联系起来了。布线的具体要求和做法简单列举如下：

1. 布线层设置

1）在高速数字电路设计中，电源与地线应尽量靠在一起，中间不安排布线。

2）所有布线层都尽量靠近一平面层，优选地平面为走线隔离层。

3）为了减少层间信号的电磁干扰，相邻布线层的信号线走向应取垂直方向。

4）可以根据需要设计一两个阻抗控制层。阻抗控制层要按要求标注清楚，将单板上有阻抗控制要求的网络布线分布在阻抗控制层上。

2. 定义和分割平面层

1）平面层一般用于电路的电源和地层（参考层），由于电路中可能用到不同的电源和地层，需要对电源层和地层进行分隔，其分隔宽度需考虑不同电源之间的电位差，电位差大于 12V 时，分隔宽度为 50mil，反之，可选 20～25mil。

2）平面分隔要考虑高速信号回流路径的完整性。

3）当由于高速信号的回流路径遭到破坏时，应当在其他布线层给予补偿，如可用接地的铜箔将该信号网络包围，以提供信号的地回路。

3. 布线优先顺序

1）关键信号优先原则：电源、模拟小信号、高速信号、时钟信号和同步信号等关键信号优先布线。

2）密度优先原则：从单板上连接关系最复杂的元器件着手布线，从单板上连线最密集的区域开始布线。

4. 尽量为时钟信号、高频信号、敏感信号等关键信号提供专门的布线层，并保证其最小的回路面积。必要时采取手工优先布线、屏蔽和加大安全间距等方法，保证信号质量。

5. 电源层和地层之间的 EMC 环境较差，应避免布置对干扰敏感的信号。

6. 电源线与回线尽可能靠近，最好的方法各走一面。

7. 为模拟电路提供一条零伏回线，信号线与回程线小于 5:1。

8. 针对长平行走线的串扰，增加其间距或在走线之间加一根零伏线。

9. 关键线路如复位线等接近地回线。

10. 过孔的要求

过孔一般被使用在多层印制电路板中。当是高速信号时，过孔产生 1～4nH 的电感和 0.3～0.8pF 的电容路径。因此，当敷设高速信号通道时，过孔应该被保持到绝对的最小。对于高速的并行线（例如地址和数据线），如果层的改变是不可避免，应该确保每根信号线的过孔数一样。

11. 45°角规则：布线时尽量避免直角的转弯路径，因为它在内部的边缘能产生集中的电场，该电场能产生耦合到相邻路径的噪声，因此，当有转弯

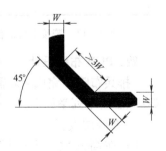

图 15-15　45°路
径的一般规则

路径时全部的直角路径应该采用45°的，如图 15-15 所示。

12. 环路最小规则

即信号线与其回路构成的环面积要尽可能小，环面积越小，对外的辐射越少，接收外界的干扰也越小（见图 15-16）。如在双层板设计中，在为电源留出足够空间的情况下，应该将留下的部分用参考地填充，且增加一些必要的孔，将双面地信号有效连接起来，对一些关键信号尽量采用地线隔离，对一些频率较高的设计，建议采用多层板设计。

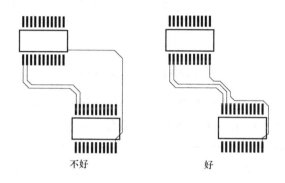

图 15-16　环路最小设计

13. 对应地线回路规则

这个也是为了尽量减小信号的回路面积，多见于一些比较重要的信号，如时钟信号（见图 15-17）、同步信号等。对于一些特别重要，频率特别高的信号，应考虑采用同轴电缆屏蔽结构设计，即将所布的线上下左右用地线隔离，而且还要考虑如何有效的让屏蔽地与实际地平面有效结合。

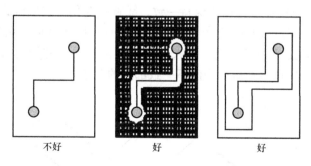

图 15-17　对应地线回路设计

14. 正交走线规则

相邻层的走线方向成正交结构（见图 15-18）。避免将不同的信号线在相邻层走成同一方向，以减少不必要的层间串扰；当由于板结构限制（如某些背板）

难以避免出现该情况，特别是信号速率较高时，应考虑用地平面隔离各布线层，用地信号线隔离各信号线。

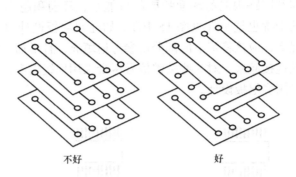

图 15-18　正交布线规则

15. 为了避免产生"天线效应"，减少不必要的干扰辐射，一般不允许出现一端浮空的布线（见图 15-19），否则可能会带来不可预知的后果。

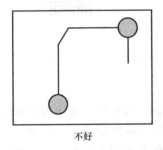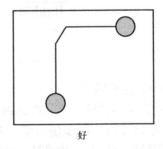

图 15-19　避免浮空布线

16. 同一网络的布线宽度应保持一致，线宽的变化会造成线路特性阻抗的不均匀，当传输的速度较高时会产生反射，设计时应尽量避免（见图 15-20）。在某些条件下，如接插件引出线、BGA 封装的引出线类似的结构时，可能无法避免线宽的变化，应该尽量减少中间不一致部分的有效长度。

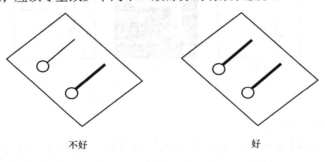

图 15-20　同一网络线宽一致

17. 防止信号线在不同层间形成自环（如图 15-21）。多层板设计尤其容易发生此类问题，自环将引起辐射干扰。

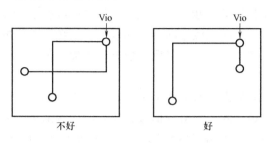

图 15-21　防止"自环"布线

18. 对于高频信号的布线，其布线长度不得与其波长成整数倍关系（见图 15-22），以免产生谐振现象。

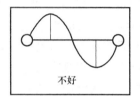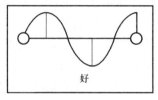

图 15-22　高频信号的布线

19. 短线规则：布线时长度应尽量短（见图 15-23），以减少由于走线过长带来的干扰问题，特别是一些重要信号线，如时钟线，务必将其振荡器放在离器件很近的地方。对驱动多个器件的情况，应根据具体情况决定采用何种网络拓扑结构。

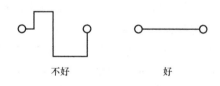

图 15-23　布线时尽量短

# 第二节　某设备可靠性设计示例

"设备级"电子产品与"板卡级"的要求就大为不同，作为能独立完成任务的"设备级"和"系统级"电子产品来说，首先其工作环境的要求就要比"板卡级"的严苛很多。举个例子，比如某板卡的工作环境温度范围较窄，一般来说能达到 −20℃ 的工作温度已经很不错了，但我们的产品要求在 −40℃ 或更低的低温情况下的室外工作，这样为保证板卡的正常工作，就需要为板卡营造适合其工作的小环境，让设备成为带有"空调"的温暖的小"房子"，让在里面工作的各成员都能稳定而舒适地发挥其效能。而且这样一来，还降低了对板卡工作温度要求的设计难度，板卡上的元器件选择的要求大大降低，可选的元器件范围大大增加，PCB 的设计制作的要求也没有那么高，板卡的成本也会大大地降低。又比如，为保护板卡，减轻机械振动对内部板卡、线缆等工作的影响，设备内部可以设计一些减振缓冲的机械结构以保证板卡、线缆等最终受到的振动冲击在其可接受的范围以内。

还有一种看不见的东西对电路板影响很大，它就是充斥在我们这个星球大气之中的高密度、宽频谱的各种电磁信号，使我们周围形成了复杂的电磁环境，其对产品的功能的顺利实现造成巨大影响甚至成为灾难。比如"福莱斯特"号航母，1967 年在执行一项任务的过程中，航母上某架舰载飞机上挂载的火箭意外发射击中前面正准备起飞的飞机而引发航母甲板大火继而引发舰上炸弹爆炸，最终造成 134 人死亡，161 人重伤，21 架飞机彻底报废，经济损失高达 7220 万美元的重大灾难事故。事后美军的调查发现就是由于航母上集中了大量电子设备，电磁环境异常复杂，在飞机通电瞬间，本不该被激活的火箭炮由于周围复杂的电磁环境，被莫名其妙地接通了，并导致该火箭被发射。可见如何处理电磁环境对产品的影响至关重要。所以在设计阶段充分考虑电磁兼容设计将会有效减少发生电磁干扰。而电子产品的干扰抑制涉及面很广，从传输线的阻抗匹配到元器件的 EMC 控制，从生产工艺到扎线方法，从编码技术到软件抗干扰等等不一而足。

所以说影响产品可靠性的因素是很多的，不同的产品面临的问题也不同，甚至可能相同的问题采取不同的方法得到的效果也大不相同。这就要求设计人员充分考虑各种可能性，并一一妥善解决。下面仅以某室外型便携式设备研发过程中采取的措施来介绍下相关（如电磁兼容设计、热设计、抗振设计、维修性、测试性等）的可靠性原则在设计中的应用。

**一、设备技术要求及设备设计**

作为一个产品的开发，无论其简单或复杂，都要进行全面而细致的市场或客户调研，以能充分了解客户对产品的需求，包括产品将要工作或贮存的环境条件、客户的使用方式方法或使用习惯以及有可能对产品造成伤害的各种不利因素等。并在此基础上借鉴以前类似的产品的设计经验来制定技术方案，提出合适的可靠性指标，并在产品研制的过程中贯彻执行这些要求。举个很简单的关注细节的例子：一台设备需要在北方寒冷的冬天在野外使用，这时操作者会戴着厚厚的手套工作，这时如果设备上的操作按钮或按键较小且排列距离较近就会给操作人员带来麻烦，可能按不准或不小心同时按到其他按键造成误操作。所以说虽然产品的性能没有任何问题，但该产品仍不是个好产品。当然，本书的例子也不能面面俱到，讲到如此细节的东西，只希望能提醒设计人员能够多重视市场调研和需求分析，多站在客户或使用者的角度考虑问题，将困难或问题想得更复杂点、更全面些，这样在设计中才能做到尽量避免这些情况的发生。因为有些问题可能从一开始就已经决定了我们产品的成败。

1. 技术要求（只列举部分）

1）通用技术要求：设备应满足相应国标或相关规定，并具有三防（GJB150B 相关试验标准要求）能力。虽然看上去有点像废话，但有些废话还不得不说，仔细想一想，似乎还不是废话，因为其里面隐含的内容却非常丰富，有可能最终这句套话会变成像书一样厚并成为指导或制约后续产品设计的各种需求，比如设备要求是手提便携式，则关于便携式设备的体积大小、重量、单人提还是双人台，提起来提多高对应的重量是多少等，在相应的国军标里就有非常详细的规定，而这些规定就成为产品设计中必须要遵守的要求。

2）环境适应性要求：工作环境温度：$-40 \sim +55℃$；贮存温度：$-40 \sim +60℃$；相对湿度：不大于 95%（$+60℃$ 时）。

3）电磁兼容性要求：设备应具有抑制电磁干扰和外向电磁干扰的措施，电磁兼容性应满足 GJB151A-1997 和 GJB152A-1997 中 CE102、CS101、CS114、RE102、RS103 的试验要求。

4）工作时间要求：设备连续工作时间不低于 24h。

5）可扩展性要求：软件存储容量应有 50% 的裕量；电源负荷裕量应为 30%；硬件资源应有不低于 25% 的裕量。

6）可靠性要求：平均故障间隔时间（MTBF）：1500h。

7）维修性要求：操作、维修简单，可达性好，标准化、模块化、互换程度高；平均修复时间 MTTR：≤1.5h；最大修复时间：≤4.5h。

8）测试性要求：测试设备应具有加电自检、周期自检和维护自检功能，并能向操作者实时显示自检结果；自检测能力还应包括感受与该设备连接的其他设备可能引起本设备故障的信号，并立即断开与本设备连接的其他设备；测试设备应提供必要的检测点，且检测点应醒目标记，采用汉字、数字、字母、铭牌等，符合 Q/HX001.009 中的规定。

9）安全性要求：除符合 GJB 1622 中第 3.5 条规定外，还应满足如下要求：

① 设备应设有过电流、短路、欠电压保护措施；过电流保护：4A；过电压保护：DC36V；欠电压保护：DC18V；

② 设备应设有接地保护，其设备金属表面与接地端子间的电阻不大于 0.1Ω；

③ 设备不应影响被测设备以及其他机载设备正常工作；

④ 设备应具有防误操作功能，具有连接操作提示，防止使用错误程序或与被测试的机载设备错误地连接。

10）室外使用，手提便携式；

11）设备应设计有不拆机计量端口，设备的计量周期为 12 个月，在出厂前完成一次设备计量。

2. 设备箱的选择

由于该设备定位于手提便携式设备，则要求机箱小巧、轻便。又由于该设备应适应野外作业的要求，则该设备机箱还应有较高的结构强度，具有较高的抗摔打能力和较高的防水等级。

如果采用金属结构的机箱，则机箱的重量必将大大提高，再加上设备自身的重量，则该设备的重量较重不便于携带。故我们选择了较为小巧的塑料材质的派力肯（塘鹅）安全箱，如图 15-24 所示。

派力肯（塘鹅）安全箱采用 GE 塑料材质，成分为 ABS 工程塑料混合聚丙烯异分子，高压铸塑技术成型。箱体经过卡车碾压、散弹枪近距离轰射试验，永不破裂。更是通过 IP67 认证，其在 10m 深的水下也不会渗水，水汽更无法穿透。

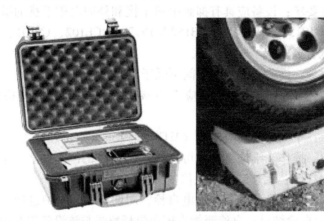

图 15-24　派力肯（塘鹅）安全箱

机箱选择完成后发现一个问题，机箱的体积较小，就要求内部实现产品功能的控制电路、板卡模块等集合起来的体积不能太大，否则有可能无法装入该塘鹅箱。

3. PC/104 的选择

尽管 PC、PC/AT 结构在通用和专用领域中的使用非常广泛，但在嵌入式微机的应用中，由于标准 PC、PC/AT 主板和扩充卡的巨大尺寸受到限制，而 PC/104 则是一种紧凑型的 ISA（PC、PC/AT）总线结构（图 15-25 为典型的 PC/104 总线模块堆布局），正好能满足这个机箱的要求。其与标准 ISA 总线的主要区别在于：

1）将板卡的长宽比降至 96mm:90mm。

2）通过自堆叠总线，省去了对底板或板卡插槽的需求。

3）通过将多数信号的总线驱动电流减小至 4mA，将元器件数量和功耗降到最低（典型地，模块功耗为 1~2W）。

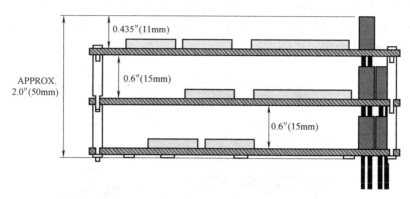

图 15-25 为典型的 PC/104 总线模块堆布局

确定 PC/104 总线后，新问题又来了：从 PC/104 总线模块的安装形式可以看出，其抗振等级并不高，可能几个不算厉害的颠簸就能造成 PC/104 模块的松脱从而影响产品功能的实现。虽然塘鹅机箱抗振防摔，但是内部的结构又是如何抗振防摔的呢？ PC/104 模块的安装结构是如何设计以保证其能抗振防摔呢？还有由于塘鹅手提箱是塑料材质的，无法做到电磁防护，如何是好？还是塘鹅箱，塑料不导热，那么箱体内部的热设计又是如何设计的呢？问题一个一个来了，没关系，有句俗话说得好：办法总比问题多。下面我们一个一个问题分析，一个一个问题解决。

**二、抗振设计及振动试验**

塘鹅机箱的抗振防摔性能好，内部的结构安装就显得非常重要，否则到时可能是金玉其外，败絮其中。

分析一下机箱内部容易受振动影响的地方：一是板卡上的元器件；二是 PC/104 的叠加结构本身；三是板卡的安装；四是机箱内部线缆。同时受制于选定的塘鹅机箱的体积大小，不可能在机箱内部安排较占用体积的减振装置，只能在结构强度和安装方式、方法上面想办法，即尽量让元器件、板卡、线缆等及其安装结构件成为一个整体，即使受到振动冲击，其安装固定仍然能紧密固定，不产生任何位移。当然，如果空间足够，是可以选择减振装置的，可能效果更好。

1. 板卡上元器件的固定

对于重量、大小超过一定程度的元器件总的安装原则是尽量不直接靠引脚固定，而需另外设计固定结构将其固定在 PCB 或底板上，主要是为了防止由于疲劳或振动而引起引脚断裂。本设备的 PCB 设计上对超大、超高、超重的元器件采取降低重心（如卧式安装的方法），并用固定胶将元器件固定在印制电路板上，如图 15-26 所示。这样元器件的受力点就不再只是依靠引脚，而且重心降低后元器件的晃动也会减小，再加上固定胶将元器件固定住，这样只要不是特别特殊的情况造成固定胶的脱落，元器件在 PCB 上的位置基本不会产生位移，也就不会对引脚产生危害。

图 15-26　超重、超高的元器件卧式安装

2. PC/104 板卡的安装

由于 PC/104 特殊的结构形式，致使 PC/104 板卡堆叠后无法抵御较大的振动，容易发生接口脱落，安装立柱变形等安全隐患，导致设备故障。故对 PC/104 各板卡均专门设计强度较高的金属结构的安装支架，将 PC/104 板卡安装到其专用的安装支架上，再将安装支架堆叠安装（见图 15-27），这样可以有效提高 PC/104 板卡安装的抗振能力。

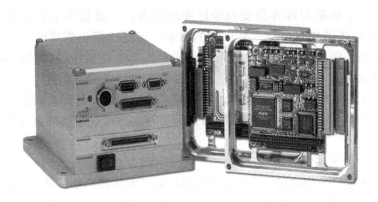

图 15-27　PC/104 堆叠安装支架结构示意

3. 板卡的安装固定

为了方便维护更换，板卡的设计安装采用了插拔式安装结构，在板卡的安装卡槽里虽然有些有可以防止振动的类似弹簧的结构，但一般来说，其并不足以抵抗较大的振动，并且板卡压缩弹簧仍然会产生位移，这就会带来板卡与其母板或其他板卡连接的不可靠性。同时由于板卡仍然有振动，这也对板卡上元器件的安装可靠性造成影响，故为了抗振，板卡除了常规的安装之外，还需增加固定措施。如图 15-28 所示为专用 PCB 安装固定锁紧条结构形式。当锁紧条锁紧后可有效防止振动过程中板卡及元器件损坏。图 15-29 为锁紧状态示意图，图 15-30 为实物状态图。

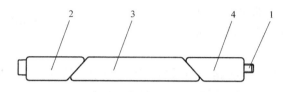

图 15-28 PCB 锁紧条

1—锁条拉杆 2—锁条滑块 1 3—锁条滑块 2 4—锁条滑块 3

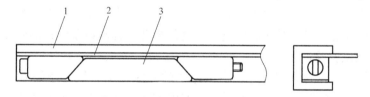

图 15-29 PCB 锁紧条锁紧示意图

1—PCB 卡槽 2—PCB 3—锁紧条

图 15-30 PCB 锁紧条已锁紧状态

### 4. 线缆的安装固定

由于设备内航空插座处线缆较多，且受空间限制，线缆在插座出口处就需转弯，在这扎线缆中有些线缆已经承受较大的拉力，如果再经受较大的振动，线缆的插针接头处极易断开，造成设备故障。故在航空插座出线处安装弯头固定尾夹（见图 15-31），以保证线缆焊接或压接接头处即使设备承受极大的振动，但线缆接头处相对插座而言均牢固不动，也不发生位移。

图 15-31　弯头固定尾夹

另外，各线缆在其走线路径的适当位置均应设置线缆绑扎结构，将线缆牢牢绑扎在设备的结构件上以防止线缆在振动时随意摆动而造成线缆断开、接插座松脱等故障。同时，在设计线缆时，应分析设备使用的信号，合理选择适当的线缆线型，尽量选用较细的线，如能用 26 号线的就不用 24 号线，能用普通电缆就不用屏蔽电缆等。尽量降低线缆束的粗细，方便线缆在设备内的安装敷设，同时也减少了拆卸时拉扯线缆对元器件或连接处的损坏，提高设备维护的便捷性。

### 5. 振动试验验证

前面各章述说的原则也好，本章介绍的办法也罢，最终还是需要实践来检验，好不好，用事实来说话。本设备按 GJB 150.16A—2009《军用装备实验室环境试验方法 第 16 部分：振动试验》中的试验方法进行随机振动试验。对受试样机的 $X$、$Y$、$Z$ 三轴向施加振动，每轴向 1h。试验期间产品不工作。

由于设备采取以上各种抗振设计的措施，并在加工过程中采用抗振工艺措施（如螺纹紧固的须加螺纹紧固胶以防止螺纹松动等），设备在经过三轴向振动试验后，设备保持完好，开机自检合格。振动试验顺利通过。

有关振动试验，在第五章第三节中某产品的振动试验中有过介绍，本节不详述了。

### 三、电磁兼容设计及试验

#### 1. 结构电磁兼容设计

关于电磁防护问题，由于塘鹅机箱基本无电磁防护能力，这就需要对塘鹅机箱进行相应的改造。电磁兼容设计一般主要从抑制干扰源、切断干扰传播途径的方法着手，其实用通俗简单的说法来说就是"围追堵截"，让机箱成为一个坚实的堡垒，让机箱内部与外部电磁环境完全隔离开来，不留一丝缝隙让"可恶的电磁分子"有机可乘，有缝可钻。

我们在箱体内侧采用全面敷设导电布（见图15-32）并与机箱面板全面紧密结合，机箱面板采用铝合金材质且内表面采用导电氧化，保证电的连续性和屏蔽效能。这样整个箱体就像一个纯金属的壳体，对机箱内部的板卡、模块等提供最严密的保护，同时为了使屏蔽壳体有更好的屏蔽效能，机箱与面板结合的缝隙按前述第三章中关于缝隙处理的要求进行设计制作，即缝隙的最大尺寸 $<\lambda/4$（$\lambda$ 为系统内的最高工作频率信号的波长）。

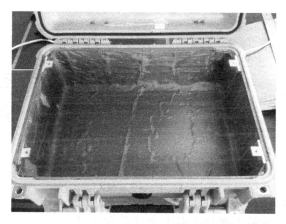

图 15-32　塑料便携箱内侧全面敷设导电布以保证机箱的屏蔽效能

塘鹅箱处理完毕，并没完，还没做到"赶尽杀绝"，还有诸如指示灯、开关、连接器插座等元件和机箱面板之间的缝隙也需要按前述方法进行"封闭"。对于指示灯、开关、插座等元器件选用自身屏蔽性能优良的器件并对其和机箱面板之间的缝隙，在其与机箱面板的接触面导电处理并用导电垫圈密封。

其实设备的显示器就是一个大洞，所以显示器必须要选用或设计成满足电磁兼容要求的显示器。图 15-33 就是一个能满足电磁兼容要求的显示器设计，其采用良好的屏蔽外壳；金属外壳的缝隙和孔径的大小也按要求设计，即缝隙的最大尺寸 $<\lambda/4$，孔径最大尺寸 $<\lambda/20$，接缝的深度不小于 9mm；显示器对外的接口线缆尽量短，尽量使用屏蔽线，避免线缆作为天线对外辐射干扰。

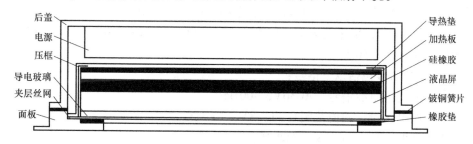

图 15-33　满足电磁兼容要求的液晶显示屏设计

　　还有些地方也是必须要留孔洞的，比如散热风道的进、出风口。留孔处的屏蔽处理我们采取如下的方法：通风口安装防尘屏蔽通风板（见图 15-34），这种屏蔽板是由三层铝制金属丝屏夹在坚固的拉制金属中间，然后装配在面板内侧，其装配缝隙仍按上述方法（加导电垫圈）处理，其屏蔽效能（平面波）达 80dB（1GHz）~60dB（10GHz）。

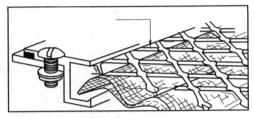

图 15-34　防尘屏蔽通风板及其内部结构

　　另外通风孔洞的大小、排列设计也需考虑屏蔽效果，根据面板厚度适当选择孔洞大小（孔洞直径尽量不超过 3mm），如图 15-35 所示。经过理论计算，该组通风孔的屏蔽效能约在 60dB，再加上防尘屏蔽通风板后，其屏蔽效能达到 100dB 以上，可以满足屏蔽要求。

图 15-35　通风孔设计

　　2. 电路电磁兼容设计

　　结构上的孔、洞、缝隙处理完了，还有更重要的在于电路本身，既要防止内部干扰外泄的同时也防止外部干扰进入系统，故选择电源连接器时我们选用了带滤波器的连接器。还要在设备内部各板卡、模块间建立防护机制，防止内部各信号之间相互干扰。这样需要对设备内部各种信号进行分析分类，对于不同信号采取不同的方法进行处理。该设备具有数字信号、模拟信号、电源等信号，其中：

　　1）数字信号的波形为方波，幅度为 +2 ~ +6V、-2 ~ -6V，频率范围 0 ~ 10MHz，占空比为 50%。

　　2）模拟信号包括以下信号：

　　① 1 路交流电源信号，AC36V，400Hz。

　　② 8 路电压量，幅值范围 0 ~ 11.8V，400Hz。

　　③ 1 路电压量，DC48V，无调制。

　　④ 3 路 AD 输入，幅值范围 DC ±10V，无调制。

⑤ 1 路 AD 输出，幅值范围 DC ±10V，无调制。

⑥ 1 路频率量，0~2MHz，100mV$_{PP}$正弦信号。

⑦ 1 路 AM 信号，5~25μV，500~1600kHz，调制度 30%。

⑧ 2 路开关量，支持低开、高开、0V/26V 的离散信号，无调制。

⑨ 24 路开关量，支持低开、高开、0V/5V 的离散信号，无调制。

3）电源：设备采用 PC104 电源模块，支持输入电压为 DC6~40V，提供 +5V、+3.3V、±12V 输出，输出功率最大为 100W，为设备内部各单元供电。DC +27V 电源除了给 PC104 电源模块供电以外，还需要给同步器板卡、信号调理板卡供电。

了解这些之后，可知本设备的电磁干扰主要在于电源模块、VGA 视频信号、时钟信号、以太网信号、显示屏、CPU 主频信号。这么多不同的干扰源，怎么办？没关系，策略是"各个击破"，下面就需要针对不同的信号特征采取不同的处理方式，如针对电源模块采取如下的电磁干扰预防措施：

1）电源线需要给几个板卡供电时必须先经过滤波器再分几路分别给各个板卡供电。

2）采用图 15-36 电源滤波器组成进行电源模块滤波，其只是一级滤波，必要时可采用二级，甚至三级滤波。

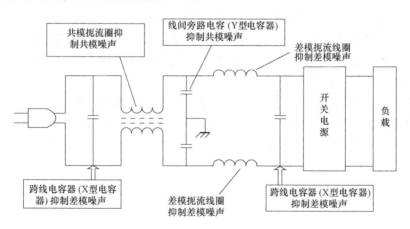

图 15-36 电源滤波器组成

注：1. 共模扼流圈和线间旁路电容（Y 型电容）用于抑制共模噪声。Y 型电容一般接到机箱地或屏蔽地。
　　2. 跨线电容器（X 型电容器）和差模扼流圈（一般为电感或磁珠）可用于抑制差模噪声。

3）电源部分放置位置方向主要是考虑输入输出线的顺畅，避免交叉和相互之间的耦合。

4）电源总输入端接入电源滤波器，且靠近接口放置。避免已经经过了滤波的线路被再次耦合。典型的电源布局，如图 15-37 所示。

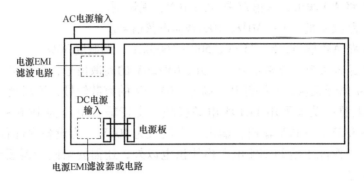

图 15-37　典型的电源布局图

5）确保每一路电源都有相应的滤波电路。

6）在选择功能芯片时，尽量减少电源的种类。

7）选择电源模块时，尽量选择开关频率低的模块。

对于 VGA 视频信号，由于 VGA 视频信号是模拟信号，容易受到干扰，所以在排线设计时应让它远离高频线、时钟线等；而且 VGA 视频信号的接口还要采用相应的滤波电路，如增加磁珠和三端电容来滤波；而 VGA 视频信号线包含 R、G、B 信号，为高频信号，是干扰威胁来源，必须用编织网进行屏蔽处理，屏蔽层两端接地；最后 VGA 视频信号采用保护地处理。

对于时钟信号，在满足性能的条件下，尽量选择速率低的时钟信号；时钟信号可采用串联电阻匹配，以降低电路上下沿跳变速率；当一条时钟信号供给两个或以上设备时，不可以只留一组 RC，必须分别预留；保证时钟信号走线的参考平面的连续性和阻抗的一致性，且走线应尽量短。有源晶振采用如图 15-38 所示的滤波电路（说明：$R_1$ 为预留匹配设计，可根据实际情况进行调整或更换磁珠处理。$C_1$ 为预留设计，可根据实际情况进行增加或调整）；晶振尽量靠近到用该时钟的器件，晶振的外壳接地并固定。

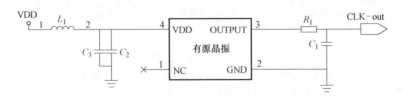

图 15-38　有源晶振的滤波电路

说到这里，似乎有个很重要的问题被忽略了，对，就是接地问题，前文也说到了"良好的接地是一个系统安全、稳定工作的前提"，我们不可能不重视接地问题。对于本设备，首先保证机箱的接地柱与大地之间良好的电气连接，尽量使得机箱的接地电阻足够小之外，将机箱内部地线按电源地和信号地分别采取不同的处理方法。

电源地主要作了如下处理：组件主电源回路不要连接到机箱上；组件内二次电源的地与主电源的电源地隔离；组件内每个二次电源都使用单独的地线回路。

而信号地：对于低频（频率低于30kHz）多级电路采用单点接地形式；对于高频信号（频率高于300kHz）多级电路采用多点接地方式；对于频率在30～300kHz范围内的电路，若用单点接地形式，则此地线长度应小于0.15λ，否则应采用多点接地；低电平信号电路接地点应与其他所有接地点分开；模拟地和数字地分开敷设，仅通过连接桥连接。屏蔽地与安全地直接相连；模拟地、数字地通过磁珠与安全地连接。

对于PCB的设计均按照前面相关章节的原则进行，本节不再赘述。而"设备级"与"板卡级"的区别其中很重要的一条就是设备由板卡组成，而内部的PCB板卡或模块是通过很多条电缆连接起来才能形成整体，而各板卡模块才能顺利地工作起来。这样，电缆的作用就很重要了，对于容易产生干扰或容易受到干扰的信号电缆就需要对电缆加以屏蔽或选择合适的屏蔽电缆，具体操作如下：

1）VGA视频信号、以太网信号、USB信号等属于高速信号，特别是VGA视频信号为外露信号，容易产生电磁干扰，故对VGA视频信号、以太网信号、USB信号的信号线加以屏蔽。

2）××信号为模拟信号，幅度只有几十微伏，为微弱信号，容易接受电磁干扰，故对××模拟信号的信号线加以屏蔽。

3）DC27V以及AC36V为主电源信号，容易产生电磁干扰，故对主电源线加以屏蔽。

还有CPU板卡包含的信号类型较多，具体见表15-6。由于频率都比较高，且均在高频部分，故CPU板卡亦为主要的干扰源。

表15-6　CPU板卡资源列表

| 序号 | 信号名称 | 最高频率/Hz |
|---|---|---|
| 1 | CPU | 1.6G |
| 2 | 以太网 | 25M |
| 3 | USB | 48M |
| 4 | RS485 | 5M |

除了表中所列之外，还有一些总线信号，比如VGA信号，其有比较陡的上升下降沿，也属于干扰源。针对以上信号特点，CPU板卡设计时按如下要求进行了处理：其对外的接口线缆尽量短，尽量使用屏蔽线，避免线缆作为天线对外辐射干扰；差分信号应采用屏蔽双绞线；散热条件、空间、成本允许的情况下，

屏蔽 CPU 板卡。

线缆设计完成后，关于线缆在设备内部如何走线，还有设备内部各板卡上的信号连接器插针种类数量繁多，如何合理布局分配也会关系到设备的抗电磁干扰效果。具体我们采用如下几个设计原则来规范线缆及插针的布局设计：

线缆的布局核心原则就是从空间上避免不同线缆之间的相互干扰，即将某一类电缆与另一类的电缆在空间上隔离开来，如高频信号导线与弱信号导线，电源线与弱信号导线等，减少信号之间的互相耦合；另外合理安排板卡的方向，各种接口的位置，力求电路安排紧凑、密集，以缩短引线的长度，避免线缆之间的交叉。

对于信号连接器插针种类数量多的问题，采取模块化设计，模块选择按信号特征不同进行分配，分区安装，以保证实现：模拟信号与数字信号分开；高频信号与低频信号分开；强电信号与弱电信号分开；电源与信号分开等。

同时由于设备内部板卡较多，板卡接口及线缆种类较多，合理规划板卡上接口的位置，保证接口引出的线缆能就近地连接到其相应的对接接口处，避免过长的线缆在设备内部无谓的绕来绕去。对所有自研的板卡统一规划板子的接口，使得板子的接口尽量从一个方向出线。

最后还要提一下的是，产品加工的工艺也会直接影响到产品电磁兼容性的好坏，比如屏蔽电缆加工时对屏蔽层的处理，如果不能将屏蔽层 360°的与插座外壳紧密连接，而是有缺缝或甚至拧成麻花辫的形式，那就有大麻烦了，这条裂缝有可能造成电磁泄漏，而麻花辫甚至就是一根发射天线，这样整台设备的电磁兼容设计都会功亏一篑。所以设计人员在设计时还要多考虑工艺性的东西，因为设计工艺性不仅直接影响产品的可制造性，更影响到产品质量和可靠性。

3. 电磁兼容试验验证

说一千，道一万，设备按以上要求进行电气及结构设计，做了那么多毕竟还只是理论上的说法，但真正的效果如何，还得事实来说话。于是还需要根据研制要求中有关电磁兼容方面的要求，同时按 GJB 151A—1997《军用设备和分系统电磁发射和敏感度要求》和 GJB 152A—1997《军用设备和分系统电磁发射和敏感度测量》中的有关规定，本设备对以下 5 个电磁兼容试验项目（见表 15-7）进行考核试验。

表 15-7　设备电磁兼容试验项目

| 序号 | 试验项目 | 频率范围 | 项目名称 |
| --- | --- | --- | --- |
| 1 | CE102 | 10kHz～10MHz | 电源线传导发射 |
| 2 | CS101 | 25Hz～50kHz | 电源线传导敏感度 |
| 3 | CS114 | 10kHz～30MHz | 电缆束注入传导敏感度 |
| 4 | RE102 | 2MHz～18GHz | 电场辐射发射 |
| 5 | RS103 | 10kHz～18GHz | 电场辐射敏感度 |

（1）CE102（电源线传导发射）

测试连接框图如图 15-39 所示。

工作状态：设备应工作在自检状态下。

适用范围：直流电源线（包括返回线）。

试验步骤：按 GJB 152A—1997 中的规定进行。

试验频率范围：10kHz ~ 10MHz。

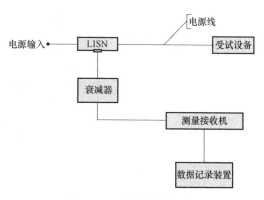

图 15-39 测试连接框图

适用限值：应满足 GJB151A—1997 中图 CE102-1 基准曲线（直流），如图 15-40 所示。

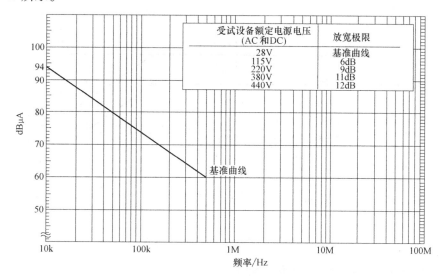

| 受试设备额定电源电压<br>（AC 和 DC） | 放宽极限 |
|---|---|
| 28V | 基准曲线 |
| 115V | 6dB |
| 220V | 9dB |
| 380V | 11dB |
| 440V | 12dB |

图 15-40 CE102-1 基准曲线

（2）CS101（电源线传导敏感度）

测试连接框图如图 15-41 所示。

工作状态：设备应工作在自检状态下。

适用范围：直流电源线。

试验步骤：按 GJB 152A—1997 中的规定进行。

试验频率范围：直流电源线：25Hz ~ 50kHz。

适用限值：测试施加信号应按 GJB 151A—1997 中图 CS101-1 中曲线 2（直流电源线）规定的试验信号电平进行试验，如图 15-42 所示。

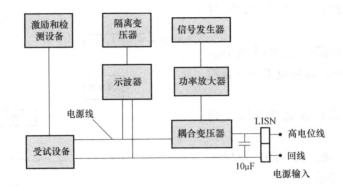

图 15-41　测试连接框图

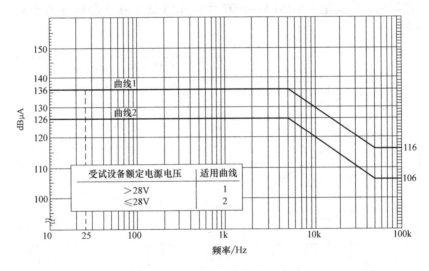

图 15-42　CS101-1 施加信号曲线

**(3) CS114（电缆束注入传导敏感度）**

测试连接框图如图 15-43 所示。

工作状态：设备应工作在自检状态下。

适用范围：电源线、互连线缆。

试验步骤：按 GJB 152A—1997 中的规定进行。

试验频率范围：10kHz ~ 30MHz。

适用限值：按 GJB 151A—1997 中图 CS114-1 的要求，10kHz ~ 2MHz 按曲线 3 所示电平信号进行试验，2MHz ~ 30MHz 按曲线 4 所示电平信号进行试验。

当按图 CS114-1 中要求电平信号进行试验时，如果受试电缆感应出所要求电流而受试设备不敏感时，则认为受试设备满足要求，如图 15-44 所示。

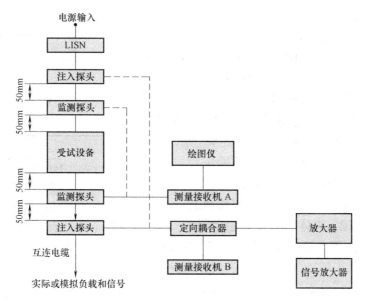

图 15-43　测试连接框图

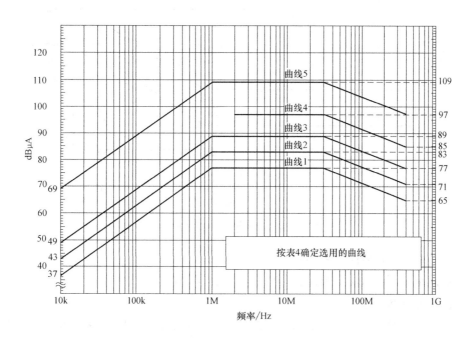

图 15-44　CS114 施加信号曲线

（4）RE102（电场辐射发射）

测试连接框图如图 15-45 所示。

工作状态：设备应工作在自检状态下。

适用范围：壳体和所有互连线缆。

试验步骤：按 GJB152A-1997 中的规定进行。

试验频率范围：2MHz ~ 18GHz。

适用限值：按 GJB 151A—1997 中的要求，同时结合产品实际情况，选用图 RE102-3 中海军（固定的）和空军极限值的曲线，如图 15-46 所示。

（5）RS103（电场辐射敏感度）

测试连接框图如图 15-47 所示。

工作状态：设备应工作在自检状态下。

适用范围：壳体和所有互连线缆。

测试步骤：按 GJB152A—1997 中的规定进行。

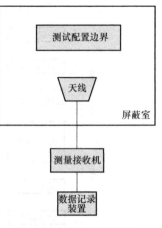

图 15-45　测试连接图

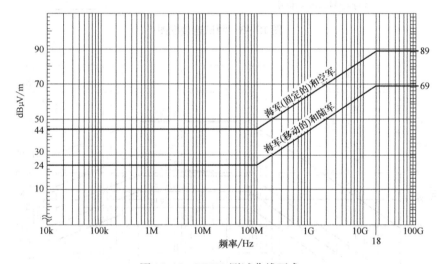

图 15-46　RE102 测试曲线要求

适用频率：10kHz ~ 18GHz。

适用限值：10kHz ~ 2MHz，20V/m；2MHz ~ 18GHz，50V/m。

（6）敏感度判据

针对 CE102 和 RE102 项目，原位故障诊断设备在通电后，绿色指示灯应点亮，工作在维护自检状态下，接收机接收的辐射数据曲线符合相应曲线要求则判定为合格。

针对 CS101、CS114 和 RS103 项目，原位故障诊断设备在加电后，绿色指示灯应点亮，工作在维护自检状态下，在施加干扰的过程中，若指示灯无变化同时

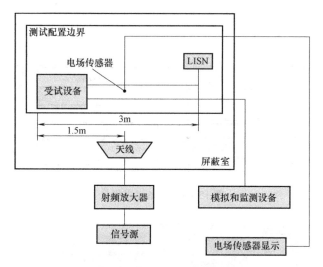

图 15-47　测试连接框图

自检结果正常，则认为该系统对所施加的干扰不敏感。

（7）结论

在上述试验过程中，设备工作正常，绿色指示灯点亮，数据曲线均符合相应曲线要求，结论为合格。这也证明了在设计过程中采取的方法措施是适当的正确的。

**四、热设计及高低温试验**

大家都知道，热传递的方式主要有三种：辐射、传导、对流。而塘鹅手提箱的塑料材质决定了在本设备上利用辐射和传导的方式将热量传递到机箱外部空气中的方式基本上是"痴人说梦"，那就唯有利用对流散热的方式了，而且应是快速对流的方式。这样在设备箱内部的风道设计、设备箱内部各板卡模块的排列方式就非常有讲究了。总体思想就是利用空气的顺畅流动，以便能尽快地将热空气排出设备箱外。

1. 风道设计及板卡布局

风道设计及板卡布局设计如图 15-48 所示。

通过分析比较机箱内部各板卡的发热情况，发现板卡中发热量最大的是电源模块和 CPU 模块，且其均为 PC/104 结构形式。为利于其热量尽快排出，可将 PC/104 模组安排在靠近出风口，且有鼓风机帮助往外排气。而其他板卡模块则安排在稍远的位置，同时各板卡的安装方式为顺空气流动方向水平安装，利于冷空气在板卡之间的空隙中流过而带走热量。设备内部布局效果如图 15-49 所示。在研制板卡时，应尽量降低板卡功率，减少发热量。

2. CPU 板卡散热设计

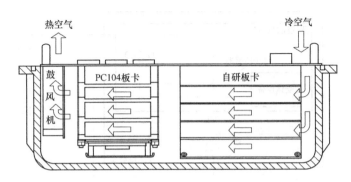

图 15-48　设备风道设计

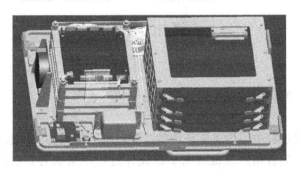

图 15-49　设备内部布局（图中线缆仅
为路径示意，不代表真实线缆）

本产品各板卡中 PC/104 CPU 板卡
发热量是最大的，且由于 PC/104 特殊的
安装方式，CPU 板卡产生的热量不能很
快地散发出来。为此，我们设计了可快
速散热的热管将热量迅速传导到安装架
上，该安装架上设计有散热片（见图
15-50），然后再利用鼓风机将热量排出
设备外，以保证设备内 PC/104 CPU 板
卡始终处于适当的温度范围内。

3. 风扇的选择

由于受手提箱尺寸的限制及产品外
部供电限制，经过理论计算，在满足安

图 15-50　PC/104 CPU 板
卡散热设计（热管散热）

装空间的情况下，普通的轴流风扇无法满足散热要求，于是选择 DC12V 的鼓风
机（型号 BG1002）作为散热风扇。其技术参数见表 15-8，外形尺寸如图 15-51
所示。

### 表 15-8 鼓风机的技术参数

| 产品序号 | 额定电压/V | 工作电压/V | 电流/A | 输入功率/W | 转速/min | 最大空气流速/（m³/min） | 最大静态压力/Pa | 噪声/dB | 质量/g |
|---|---|---|---|---|---|---|---|---|---|
| BG1002-B044-000 | 12 | 6~13.8 | 0.56 | 6.7 | 3300 | 0.61 | 190 | 47 | 170 |

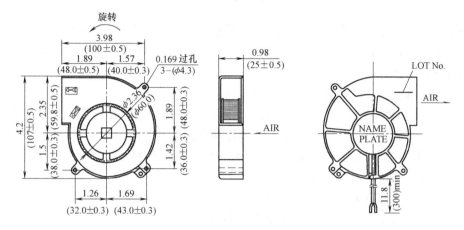

图 15-51　鼓风机的外形尺寸

**4. 环境试验验证**

按 GJB 150.1A—2009《军用装备实验室环境试验方法 第 1 部分：通用要求》规定的顺序，以及 GJB 150.3A—2009《军用装备实验室环境试验方法 第 3 部分：高温试验》和 GJB 150.4A—2009《军用装备实验室环境试验方法 第 4 部分：低温试验》的方法进行试验。

设备在 -40℃ 环境中，工作 2h，设备自检合格。

设备在 55℃ 环境中，工作 2h，设备自检合格。

设备在 -55℃ 环境中，贮存 24h，恢复常温后，设备自检和性能指标合格。

设备在 70℃ 环境中，贮存 48h，恢复常温后，设备自检和性能指标合格。

注：整个试验过程中的湿度控制在 30%，设备没有凝露现象；整个试验过程中的温度升高和降低时变化速率均控制在 1℃/min。

试验结论为设备满足技术要求中关于工作温度和贮存温度的要求，设备能正常工作，设备合格。

**五、可靠性预计**

可靠性模型是从对系统故障规律认知的角度，对系统及其组成部分进行建模，反映系统的主要故障特征，用于预计和估算产品的可靠性。模型的类型很多，本设备的基本可靠性模型为串联模型，如图 15-52 所示。

可靠性预计是在设计阶段对系统可靠性进行定量的估计，是根据历史的产品

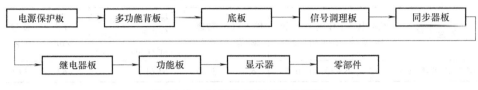

图 15-52　设备的基本可靠性框图

可靠性数据、系统的构成和结构特点、系统的工作环境等因素估计组成系统的部件及系统的可靠性。本设备采用 GJB/Z 299C—2006 中提供的元器件计数可靠性预计法进行预计。

为了保证预计的一致性，特作如下规定：

1）元器件要求：为了保证预计的可信度，在预计报告中应给出所有元器件的数量、类别、型号规格、质量等级和各种系数。

2）预计温度的选取：根据产品的工作环境，采用下列公式计算元器件的结温：

① $T_J$（结温）$= T_A + 20℃$ （二极管）。

② $T_J$（结温）$= T_A + 30℃$ （晶体管）。

③ $T_J$（结温）$= T_A + 30℃$ （集成电路）。

其中 $T_A$ 为元器件工作的环境温度。本系统取 30℃。

3）质量系数的选取：质量系数取决于所选元器件的质量等级。

4）环境类别和系数的选取：本设备按照 GJB/Z 299C—2006 中表 A.4.3-1 定义的 $G_{M1}$（平稳地面移动）环境类别选取相对应的环境系数；由供应商提供的元器件 MTBF 或失效率均视为在 $G_B$（地面良好）环境条件下给出的值。在预计中，对处于平稳地面移动环境条件下的本设备而言，其元器件的失效率应乘以一个环境折合系数 $G_{M1}/G_B$。

首先假定在进行可靠性预计时，寿命分布假设为指数分布，故障之间是相互独立的。

数据来源及数据的有效性是依据产品选用元器件的质量等级、环境类别 GM1 以及对应的系数来选取数据。对于国内元器件，可从 GJB/Z 299C—2006 电子设备可靠性预计手册正文有关章节录取数据；对国外元器件，可从 GJB/Z 299C—2006 电子设备可靠性预计手册附录 A 有关章节录取数据。

预计过程如下：预计出每个子单元（SRU 级）中每一种类元器件的工作失效率。将计算得到的各类元器件的工作失效率相加，即得到该子单元的工作失效率；将所有子单元的工作失效率相加，即得到 LRU 级产品的工作失效率，从而得到 LRU 级产品的平均故障间隔时间（MTBF）。预计过程（节选）见表 15-9 及表 15-10。

预计结果如下：该设备基本可靠性预计值为 MTBF = 2066h，为目标值 750h

的 2.8 倍，预计值大于目标值，满足的技术战术指标的要求。

依据预计结果和表 15-9 及表 15-10 中的详细预计，分析主要薄弱环节是：显示器板块中外购的 8.4in 显示屏和电阻触摸屏的失效率偏高；外购的 16G 硬盘和鼓风机失效率偏高。

**表 15-9　组件级（SRU）可靠性预计记录**

| 组件（SRU）名称 | | | 显示器 | | SRU 编号 | | | 可靠性框图序号 | | — |
|---|---|---|---|---|---|---|---|---|---|---|
| 预计依据 | GJB/Z 299C—2006 元器件计数法 | | | | 环境类别 | GM1 | | 环境温度 | | 30℃ |
| 编号 | 元器件名称 | 国产 | 进口 | 型号规格 | 数量 $N_i$ | 质量等级 | 质量系数 $\pi_{Qi}$ | 通用失效率 $\lambda_{Gi}$（×$10^{-6}$/h） | 工作失效率（×$10^{-6}$/h）$\lambda_{Pi}=\lambda_{Gi}\pi_{Qi}=N_i$ | |
| 1 | 显示屏 | | √ | 8.4in/800 * 600/600cd/LED 背光/5.6W | 1 | — | — | 90 | 90 | |
| 2 | 电阻触摸屏 | | √ | T084S-5RB004N-0A18R0-150FH/8.4in/-30℃ ~ +85℃ | 1 | — | — | 90 | 90 | |
| 3 | 连接器 | | √ | D221Y22D63/针/矩 形/11pin×2/2mm | 1 | 识别图样 | 2 | 0.0088 | 0.0176 | |
| 4 | 连接器 | | √ | 201V22L/针/矩 形/双 排/22pin/2mm | 1 | 识别图样 | 2 | 0.0088 | 0.0176 | |
| 5 | 连接器 | | √ | 201V20L/针/矩 形/双 排/20pin/2mm | 1 | 识别图样 | 2 | 0.0088 | 0.0176 | |
| 6 | 连接器 | | √ | 201V12L/针/矩 形/双 排/12pin/2mm | 1 | 识别图样 | 2 | 0.0088 | 0.0176 | |
| 7 | 稳压器 | √ | | 78L05/SOT-89 | 1 | — | — | 0.03 | 0.03 | |
| 8 | 电容 | | √ | 100nF/0805/50V/10% | 2 | 未知筛选等级 | 10 | 0.0013 | 0.026 | |
| 9 | 电容 | | √ | 10μF/0805/25V/10% | 4 | 未知筛选等级 | 10 | 0.0013 | 0.052 | |
| 10 | 触摸屏控制板 | | √ | RC-3100C/RS232/USB 接口/70×20×8.5mm | 1 | — | — | 45 | 45 | |
| 11 | 电源模块 | | √ | JZL-LED150A/输入：5 ~ 12V/输出:0 ~ 320mA | 1 | — | — | 14.985 | 14.985 | |
| 12 | 连接器 | | √ | G12LAC-P19LFD0-0000/针/圆形/19pin | 1 | 识别图样 | 2 | 0.0088 | 0.0176 | |
| 13 | 连接器 | | √ | 202S22/孔/矩 形/双 排/22pin/2mm | 1 | 识别图样 | 2 | 0.0088 | 0.0176 | |
| 14 | 连接器 | | √ | 202S20/孔/矩 形/双 排/20pin/2mm | 1 | 识别图样 | 2 | 0.0088 | 0.0176 | |

（续）

| 组件(SRU)名称 | | | | 显示器 | | | SRU 编号 | | | 可靠性框图序号 | | — |
|---|---|---|---|---|---|---|---|---|---|---|---|---|
| 预计依据 | | | | GJB/Z299C—2006 元器件计数法 | | | 环境类别 | GM1 | | 环境温度 | | 30℃ |

| 编号 | 元器件名称 | 国产 | 进口 | 型号规格 | 数量 $N_i$ | 质量等级 | 质量系数 $\pi_{Qi}$ | 通用失效率 $\lambda_{Gi}$（$\times 10^{-6}$/h） | 工作失效率（$\times 10^{-6}$/h）$\lambda_{Pi} = \lambda_{Gi}\pi_{Qi} = N_i$ |
|---|---|---|---|---|---|---|---|---|---|
| 15 | 连接器 | | √ | 202S12/孔/矩形/双排/12pin/2mm | 1 | 识别图样 | 2 | 0.0088 | 0.0176 |
| 16 | 连接器 | | √ | 51021-0600/孔/矩形/6pin/1.25mm | 1 | 识别图样 | 2 | 0.0088 | 0.0176 |
| 17 | 接触体 | | √ | 50079-8100/26-28AWG/1A | 6 | 识别图样 | 2 | 0.0097 | 0.1164 |
| 18 | 连接器 | | √ | PHR-5/孔/矩形/5pin/2mm | 1 | 识别图样 | 2 | 0.0097 | 0.0194 |
| 19 | 接触体 | | √ | BPH-002T-P2.25S/30-24AWG/2A | 5 | 识别图样 | 2 | 0.0097 | 0.097 |
| 20 | 连接器 | | √ | 20197-020U-F/孔/矩形/1.25mm/20pin | 1 | 识别图样 | 2 | 0.0097 | 0.0194 |
| 数量合计 $N_{si} = \sum\limits_{i=1}^{n} N_i$ | | | | | 33 | 合计 $\lambda_{si} = \sum\limits_{i=1}^{n} \lambda_{Pi}$ | | | 240.5036 |
| 合计 $MTBF_{si} = 1/\lambda_{si}$ | | | | | | | | | 4157.941919 |

| 预计者： | 日期： | 审定： | 日期： |
|---|---|---|---|

### 表15-10　单元/设备级（LRU）产品各类元器件失效率统计表

| 设备(LRU)名称 | | 设备 | 所属 LRU 编号 | | 可靠性框图序号 | — |
|---|---|---|---|---|---|---|
| 预计依据 | | GJB/Z 299C—2006 电子设备可靠性预计手册 | 环境类别 | GM1 | 环境温度 | 30℃ |

| 序号 | 组件(SRU)名称 | 组件(SRU)编号 | 元器件数量 $N_{si}$ | 工作失效率 $\lambda_{si}$（$\times 10^{-6}$/h） | $MTBF_{si}$ /h |
|---|---|---|---|---|---|
| 1 | 电源保护板 | #1.1 | 16 | 1.7626 | 567343.6968 |
| 2 | 多功能背板 | #1.2 | 7 | 0.613 | 1631321.37 |
| 3 | 底板 | #1.3 | 51 | 0.8998 | 1111358.08 |
| 4 | 信号调理板 | #1.4 | 212 | 36.4289 | 27450.7328 |
| 5 | 同步器板 | #1.5 | 110 | 17.5699 | 56915.52029 |
| 6 | 继电器板 | #1.6 | 137 | 45.7668 | 21849.89993 |
| 7 | 功能板 | #1.7 | 250 | 15.9054 | 62871.7291 |
| 8 | 显示器 | #1.8 | 33 | 240.5036 | 4157.941919 |
| 9 | 零部件 | #1.9 | 217 | 124.6326 | 8023.582915 |
| 元器件数量合计 $N_{Li} = \sum N_{si}$ | | | 1033 | 失效率合计 $\lambda_{Li} \times 10^{-6}$/h | 484.0826 |
| $MTBF_{Li} = 1/\lambda_{Li}$ | | | | | 2065.7632 |

| 预计者： | 日期： | 审定： | 日期： |
|---|---|---|---|

由于硬盘和鼓风机是有寿命部件，当设备通电时间达到部件的寿命期，应更换达到寿命期限的部件。建议与上述产品的供应商沟通，注意在设备制造和使用过程中密切关注以上失效率较高部件的失效状况，或要求供应商提高产品的可靠性指标或采购高可靠性指标的类似产品。建议在设计过程，针对电源模块的使用也要开展降额设计、热设计。

# 第三节　某系统设计示例

对于系统级的电子产品来说，其关注点同"板卡级"和"设备级"的产品就不同了。在系统内部的单元设备和各板卡、模块均符合要求的情况下，系统级的产品更关注于各单元设备及模块之间的联系是否可靠以及系统整体的防护是否达到可靠性要求。本节则针对这两方面的设计作一些简单介绍。

## 一、系统概述

该系统为电子设备综合维修检测系统，可对某类型的电子设备进行定检和日常维护修理工作，适用于海洋舰船工作环境。该系统由主控计算机、电源单元、基础资源设备、扩展设备、阵列接口共同构成，资源采用 LXI + VXI + GPIB 混合总线控制。

## 二、系统电路的可靠性设计

系统的接地设计参考 ARINC608A 标准的接地形式，按照以下原则设计：系统地与安全地严格分开，最后在大地入口进行汇合；所有信号地、电源地、屏蔽地在适配器内连接；屏蔽层在仪器端不接，采用单点接地（射频信号除外）；信号的屏蔽接地在适配器内与电源地连接；系统机箱内设置 1 个接地线排，位于各个机箱内侧；单元设备机箱具备接地接线柱，位置选择设备后部右下角。系统接地原理如图 15-53 所示。

由于系统内部单元设备较多，且还要与外部其他设备连接，所以系统内部各种电缆的数量也较多。按种类分有普通单芯线缆，有双绞线缆，有普通屏蔽线缆，有射频线缆等。故电缆的可靠性设计和加工在系统内就显得特别重要。设计电缆屏蔽层接地时按信号工作频率可选择单端或两端接地：低频信号线的屏蔽层采用单端接地；高频信号和数字信号，电缆的屏蔽层应采用两端接地。对于电缆的选择及其接地方式的选择见表 15-11。

对于电缆束敷设设计要求如下：

1）对系统内的电缆分组敷设，每组互相连线应捆扎成束，每组间应留有一定的间距；

2）电缆束分组原则：同轴电缆分为一组；中性类可与其他类分为一组；干扰类与交流电源电路和控制电路可分为一组；极敏感类和轻微敏感信号电缆尽量各自单独分为一组。

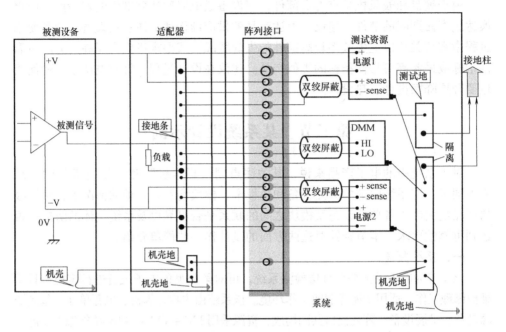

图 15-53　系统接地原理框图

**表 15-11　电缆和接地方式的选择**

| 序号 | 信号 | 电缆选择 | 电缆分类 | 屏蔽层接地方式 | 信号接地方式 |
|------|------|----------|----------|----------------|--------------|
| 1 | AC220V | 双绞或双绞屏蔽线 | Ⅲ类 | 单端接地 | 单点接地 |
| 2 | PCIE | 采用成品线 | Ⅱ类 | 两端接地 | 多点接地 |
| 3 | LAN | 采用双绞屏蔽线 | Ⅱ类 | 两端接地 | 多点接地 |
| 4 | 高速数字 I/O | 采用专用电缆 | Ⅰ类 | — | 多点接地 |
| 5 | USB | 使用 USB 专用线改造 | Ⅰ类 | 两端接地 | 多点接地 |
| 6 | GPIB | 采用专用电缆 | Ⅰ类 | — | — |
| 7 | RS485 | 采用标准电缆;若采用线加工,则双绞屏蔽 | Ⅱ类 | 两端接地 | 多点接地 |
| 8 | RS232 | 采用标准电缆;若采用线加工,则双绞屏蔽 | Ⅱ类 | 两端接地 | 多点接地 |
| 9 | RS422 | 采用标准电缆;若采用线加工,则双绞屏蔽 | Ⅱ类 | 两端接地 | 多点接地 |
| 10 | 接口检测信号 | 采用双绞线,不屏蔽 | Ⅱ类 | — | — |
| 11 | RI +/RI − | 采用双绞非屏蔽线 | Ⅱ类 | — | — |

3）当多类互相连线不可避免的从同一设备上的同一插座引出时，多组线束分支的共同走线长度尽量短。

4）所有的线束应尽量靠近结构体敷设。

5）极敏感类应严格与弱干扰类和强干扰类分开，电缆束分类见表15-12。

表15-12　系统电缆束分类

| 序号 | 电缆束标号 | 信号 | 电缆束分类 |
|------|-----------|------|-----------|
| 1 | ×××-×××× | PCIE | 轻微敏感类 |
| 2 | ×××-×××× | AC220V | 弱干扰类 |
| 3 | ×××-×××× | LAN | 轻微敏感类 |
| 4 | ×××-×××× | 接地线 | 中性类 |
| 5 | ××-×××× | DC12V | 弱干扰类 |
| 6 | ××-×××× | EN信号 | 敏感类 |

系统的屏蔽设计采用屏蔽单个设备的办法，即每个单元设备均有屏蔽外壳；板卡都采用屏蔽外壳设计。为保证高速信号线 GPIB 及 USB 电缆屏蔽的连续性，对加工的 GPIB 及 USB 电缆应采用导电布进行屏蔽。

系统的搭接设计如下：设备底板和机架之间的搭接是通过设备底板和机柜左右水平导板的接触来实现的，水平导板用螺栓连接到机柜的框架上，螺栓头部下面放置一个大的刚性垫圈，增加有效的接触面积；同轴电缆屏蔽层搭接到连接器的方案是使屏蔽层完好地引入连接器壳体，并使屏蔽层四周 360° 和连接器壳体之间形成清洁的金属和金属接触；屏蔽电缆采用辫线将屏蔽层与连接器插针进行连接，要求采用的辫线应尽可能短，不大于 8cm；电缆托架采用搭接条连接到设备外壳上。

系统安全性设计采取如下措施：系统总电源输入端应安装了 DEHNGUARD S385 浪涌避雷器，由大容量的氧化锌压敏电阻组成，具有高放电能力；接地电缆的选择，平台地线长度为 5m，因此接地电缆横截面积为 $17mm^2$，其直径应不小于 5mm；电源输入端安装漏电保护开关，保护使用人员的安全；应用插头脱落监控功能，在插头脱落时系统自动复位。

**三、系统机柜的可靠性设计**

为了解决海洋环境对电子设备可靠性影响的问题，必须采取抗恶劣环境技术。①材料防护，用高强度高性能的非金属材料替代金属材料。②结构防护，从结构设计领域采取防护措施。通常包括热设计、隔振设计和加固技术、电磁兼容设计、三防设计以及密封设计等。③工艺防护，如表面涂镀工艺处理、绝缘和灌封处理、防霉和防盐雾处理、去应力处理等。以往舰船电子装备大多数采用敞开式设计，尽管在设计中采取了"三防"措施，但大量的潮气、盐雾、霉菌仍会侵入设备之中，严重影响了设备的可靠性。因此对于舰船电子装备采取密封性设计就成为了最佳选择。

本项目中使用的密封组合机柜采用铝合金铸铝骨架与环氧树脂基玻纤材料，经复合工艺加工制作成的组合机柜，称之为复合气密型组合机柜。其组成包括：上中下三段式气密机柜单元、气密机柜电子换热器单元、气密机柜压力调节与盐雾空气净化单元、机柜减振底座等，其组装如图 15-54 所示。

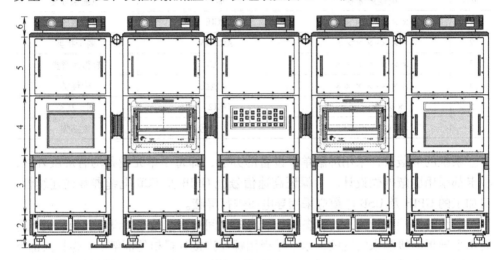

图 15-54　系统机柜组合图

1—机柜减振底座　2—机柜压力调节与盐雾空气净化单元

3、4、5—气密机柜单元　6—机柜电子换热器单元

该系统机柜设计具有良好的维修可达性，系统组合、分解操作简单、方便；满足设备对强度、刚度的要求，并尽量减小重量，缩小体积；系统整体结构具备上舰防摇摆、防颠振、防滑移设计；能同时满足散热、电磁兼容性、防冲振、维护性等要求，可创造使仪器正常、可靠工作的良好环境。

该系统机柜各方面性能达到如下要求：

1）机柜抗振性：1~60Hz，三轴方向（符合 GJB 1060.1—1991 中的规定）。

2）机柜防盐雾：符合 GJB 1060.2—1991 中的规定。

3）机柜防冲击：C 级（符合 GJB 1060.1—1991 中的规定）。

4）设计机柜试验样件和选择典型部件，进行"三防"验证试验。

1. 机柜的电磁兼容设计

1）系统具有良好的电搭接，系统的机箱、密封机柜和机箱盖、密封盖等均加装导电橡胶，可起到密封机柜的效果。

2）系统具有良好的接地，从连接器到设备机壳，最短的接线作为接地线，并不允许将此线作为回路；交流和直流回路，不接到设备机壳上，电源电流不流过设备机壳，交、直流接地分开。

3）在系统供电电源的输入端，设置电源滤波器。

2. 机柜的抗振设计

机柜底座选用船用阻尼隔振器，共4只（见图15-55）。机柜与船舱墙壁及机柜与机柜之间的减振连接选用钢缆隔振器（见图15-56），其中每个机柜与墙壁用两只连接，机柜之间在机柜上前部位用一只连接，以隔离来自舱内的巅振和特殊情况下的冲击振动等的影响。

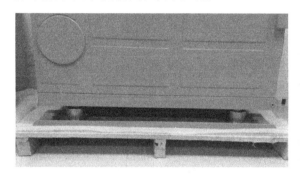

图15-55 机柜的减振底座

图15-56 机柜间的减振连接

3. 机柜间的线缆通道

在一种动态的工作环境中，机柜与机柜间存在着相对运动，受限于结构加工与安装精度达不到，组合机柜在水平方向上无法实现刚性连接。为了解决系统机柜与机柜间的电气互连互通问题，需要采用柔性风琴式电缆防护罩。该防护罩是采用"蛇腹"的原理制成，外形类似风琴风箱结构（其结构与尺寸见图15-57），能够形成一个柔性的电缆防护通道。图15-58为连接效果图。

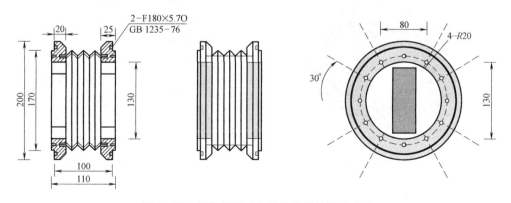

图15-57 柔性风琴式电缆防护罩结构尺寸图

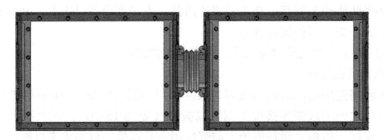

图 15-58　机柜间柔性风琴式电缆防护罩连接效果图

4. 机柜缝隙的密封处理

机柜门与机柜之间、机柜每单元之间的接缝中应安装导电密封胶圈（见图 15-59），既能填充机柜门与机柜之间、机柜每单元之间的间隙，保证密封效果，又能保证机柜各单元框架之间的电气连接，保证机柜电气连接的整体性，以达到电磁防护的良好效果。

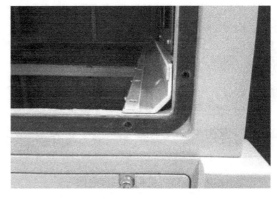

图 15-59　机柜缝隙安装导电密封胶圈

系统对外联系的接口（包括电源的输入插座、与外界的通信插座等）应选择密封性良好的航空插头、插座，比如网线接头应选择航空插座式的密封网口（见图 15-60），并选择带屏蔽罩的网络插头（见图 15-61），这样就同时满足机柜密封和电磁兼容的要求。

图 15-60　密封网口插座

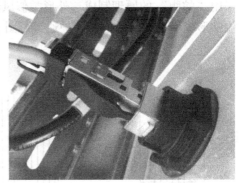

图 15-61　带屏蔽罩的网络插头

5. 试验验证

该系统完成后（见图 15-62）按要求进行高低温试验、霉菌试验、湿热试验、盐雾试验、振动试验、电磁兼容试验等一系列严苛的试验以验证系统的可靠性。相关的试验介绍大家可以参考相关章节的介绍，此处不再重述。

图 15-62 系统实物效果图（与实际安装有小小差异）

### 四、环境应力筛选介绍

电子设备在生产制造过程中，由于经历了大量的复杂操作工艺或使用了不符合可靠性要求的元器件，这样在产品中就不可避免地引入了各种或明或暗的缺陷和隐患。其中有些缺陷和隐患在产品使用过程中会以早期故障的形式表现出来。而环境应力筛选就是通过向电子产品施加合理的环境应力和电应力，将产品内部的潜藏缺陷加速变成故障，并加以发现和排除的一种工艺手段。它是一种经济有效地保障硬件无制造缺陷和元器件缺陷的工艺过程，而非一般意义上的试验。因此为了剔出这些潜在的缺陷和隐患，避免或尽量减少生产过程造成的可靠性降低，对研制、生产过程中的产品进行环境应力筛选就显得十分必要，同时也可作为早期发现设计隐患提高产品可靠性的手段。

为了保证交付给客户低故障率的产品，我们需想办法在最短的时间内使产品度过早期故障期，使其转入相对比较稳定的偶然故障期。环境筛选试验的目的就是在高应力条件下尽可能多地诱发产品的潜在缺陷并设法排除。故环境应力筛选主要用于产品的批生产阶段，产品出厂前，一般应 100%进行环境应力筛选，至少应在元器件级以上的最低组装或根据实际情况规定的最佳组装级的产品上逐个进行环境应力筛选，以消除早期故障。筛选试验是参照了产品生命周期故障率分布的"浴盆曲线"如图 15-63 所示。

环境应力筛选试验条件一般包括温度循环试验条件和随机振动试验条件。

1. 板级温度循环条件（循环剖面见图 15-64）

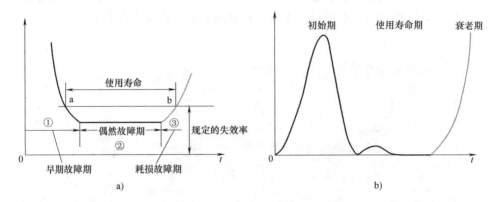

图 15-63　产品生命周期故障率分布图

1) 高低温极限值：指试验箱内的空气温度，取受试产品的贮存极限温度，即高温 +70℃，低温 -55℃。

2) 高低温保持时间：高温保持时间和低温保持时间各为30min。

3) 温度变化速率：10℃/min（整个温度变化幅度内的平均值）。

4) 一次循环时间：85min。

5) 温度循环数及温度循环试验时间：温度循环次数为 10 次，相应的试验时间为 14h 10min。

6) 通/断电状态：温度循环期间不通电。

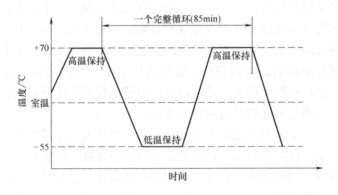

图 15-64　板级环境应力筛选温度循环剖面图

2. 设备级随机振动试验条件（振动功率谱密度见图 15-65）

1) 施振轴向：取设备的实际安装重力垂直方向为施振方向；必要时也可增加设备中垂直于印制板板面的方向。

2) 施振时间：在缺陷剔除试验阶段为 5min，在无故障试验阶段为

5～15min。

　3）控制点：控制点选在夹具和台面上最接近受试样机刚度最大的部位，采用多点平均控制的控制方式。

　4）通电监测：施振期间，通电对受试样机的机械结构和电性能进行监测。

　5）受试样机在进行振动筛选时，应直接安装在振动台上，不带外部减振装置。

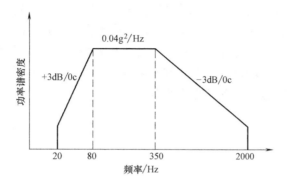

图 15-65　随机振动功率谱密度

3. 故障判据

　功能和性能检测满足要求为合格，否则为不合格。当筛选过程中的全部测试结果合格时，才认为试验合格。

　出现下列任一情况均判为故障：

　1）在规定条件下，任一功能丧失。

　2）在规定条件下，任一性能指标超出允许范围。

　3）在规定条件下，出现影响设备功能、性能和结构完整性的机械部件、结构件或元器件的破裂、断裂或损坏状态。

# 结　束　语

　　本书从各个不同的专业角度和利用三个不同级别的产品分别介绍了可靠性设计原则及在具体产品中采取的可靠性设计措施，但这些是远远不够的，因为可靠性设计涉及方方面面，既有宏观原则，也有细枝末节，还有许多的矛盾体需要平衡取舍，如三防与散热的关系，既要防止潮气的进入，又要利于热气的散发。有时还有成本的限制，什么都做到最好了，那成本肯定也是最高了。这就要求我们的设计师们在如何既坚持可靠性原则，又适当妥协设计上综合考虑，灵活运用，达成共赢，这样也才能设计生产出价廉物美，好用、耐用且用户爱用的优质产品。本书也希望能起到一点点的帮助作用。

# 参 考 文 献

[1] 康锐，等. 可靠性维修性保障性技术规范 [M]. 北京：国防工业出版社，2010.

[2] 《可靠性设计大全》编撰委员会. 可靠性设计大全 [M]. 北京：中国标准出版社，2006.

[3] 胡昌寿. 航天可靠性设计手册 [M]. 北京：机械工业出版社，1998.

[4] 陈云翔. 可靠性与维修性工程 [M]. 北京：国防工业出版社，2007.

[5] 龚庆祥. 型号可靠性工程手册 [M]. 北京：国防工业出版社，2007.

[6] 邱成悌，赵惇殳，蒋全兴. 电子设备结构设计原理 [M]. 南京：东南大学出版社，2001.

[7] 成大先. 机械设计手册 [M]. 北京：化学工业出版社，2008.